2021年版全国一级建造师执业资格考试案例分析专项突破

建筑工程管理与实务案例分析专项突破

全国一级建造师执业资格考试案例分析专项突破编写委员会　编写

中国建筑工业出版社

图书在版编目（CIP）数据

建筑工程管理与实务案例分析专项突破/全国一级建造师执业资格考试案例分析专项突破编写委员会编写. —北京：中国建筑工业出版社，2021.5

2021年版全国一级建造师执业资格考试案例分析专项突破

ISBN 978-7-112-26028-7

Ⅰ.①建… Ⅱ.①全… Ⅲ.①建筑工程-工程管理-资格考试-自学参考资料 Ⅳ.①TU71

中国版本图书馆CIP数据核字（2021）第057143号

本书根据考试大纲的要求，以历年实务科目实务操作和案例分析真题的考试命题规律及所涉及的重要考点为主线，收录了2011—2020年度全国一级建造师执业资格考试实务操作和案例分析真题，并针对历年实务操作和案例分析真题中的各个难点进行了细致的讲解，从而有效地帮助考生突破固定思维，启发解题思路。

同时以历年真题为基础编排了大量的典型实务操作和案例分析习题，注重关联知识点、题型、方法的再巩固与再提高，着力培养考生对"能力型、开放型、应用型和综合型"试题的解答能力，使考生在面对实务操作和案例分析考题时做到融会贯通、触类旁通，顺利通过考试。

本书可供参加全国一级建造师执业资格考试的考生作为复习指导书，也可供工程施工管理人员参考。

责任编辑：冯江晓　牛　松
责任校对：张　颖

2021年版全国一级建造师执业资格考试案例分析专项突破
建筑工程管理与实务案例分析专项突破
全国一级建造师执业资格考试案例分析专项突破编写委员会　编写

*

中国建筑工业出版社出版、发行（北京海淀三里河路9号）
各地新华书店、建筑书店经销
北京建筑工业印刷厂制版
北京圣夫亚美印刷有限公司印刷

*

开本：787毫米×1092毫米　1/16　印张：16½　字数：400千字
2021年5月第一版　2021年5月第一次印刷
定价：**45.00**元
ISBN 978-7-112-26028-7
（37215）

前　言

为了帮助广大考生在短时间内掌握考试中的重点和难点，迅速提高应试能力和答题技巧，更好地适应考试，我们组织了一批优秀的一级建造师考试领域的权威专家，根据考试大纲要求，以历年考试命题规律及所涉及的重要考点为主线，精心编写了这套《2021年版全国一级建造师执业资格考试案例分析专项突破》丛书。

本套丛书共分5册，涵盖了一级建造师执业资格考试的5个专业科目，分别是：《建筑工程管理与实务案例分析专项突破》《机电工程管理与实务案例分析专项突破》《市政公用工程管理与实务案例分析专项突破》《公路工程管理与实务案例分析专项突破》《水利水电工程管理与实务案例分析专项突破》。

本套丛书具有以下特点：

要点突出——本套丛书对每一章的要点进行归纳总结，帮助考生快速抓住重点，节约学习时间，更加有效地形成基础知识的提高与升华。

布局清晰——每套丛书分别从进度、质量、安全、成本、合同、现场等方面，将历年真题进行合理划分，并配以典型习题。有助于考生抓住考核重点，各个击破。

真题全面——本套丛书收录了2011—2020年度全国一级建造师执业资格考试实务操作和案例分析真题，便于考生掌握考试的命题规律和趋势，做到运筹帷幄。

一击即破——针对历年真题中的各个难点，进行细致的讲解，从而有效地帮助考生突破固态思维，茅塞顿开。

触类旁通——以历年真题为基础编排的典型习题，着力加强“能力型、开放型、应用型和综合型”试题的开发与研究，注重关联知识点、题型、方法的再巩固与再提高，加强考生对知识点的进一步巩固，做到融会贯通、触类旁通。

为了配合考生的备考复习，我们配备了专家答疑团队，开通了答疑QQ群984295660、933201669（加群密码：助考服务），以便及时解答考生所提的问题。

由于本书编写时间仓促，书中难免存在疏漏之处，望广大读者不吝赐教。

目　录

全国一级建造师执业资格考试答题方法及评分说明

全国一级建造师执业资格考试设《建设工程经济》《建设工程项目管理》《建设工程法规及相关知识》三个公共必考科目和《专业工程管理与实务》十个专业选考科目（专业科目包括建筑工程、公路工程、铁路工程、民航机场工程、港口与航道工程、水利水电工程、矿业工程、机电工程、市政公用工程和通信与广电工程）。

《建设工程经济》《建设工程项目管理》《建设工程法规及相关知识》三个科目的考试试题为客观题。《专业工程管理与实务》科目的考试试题包括客观题和主观题。

一、客观题答题方法及评分说明

1. 客观题答题方法

客观题题型包括单项选择题和多项选择题。对于单项选择题来说，备选项有4个，选对得分，选错不得分也不扣分，建议考生宁可错选，不可不选。对于多项选择题来说，备选项有5个，在没有把握的情况下，建议考生宁可少选，不可多选。

在答题时，可采取下列方法：

（1）直接法。这是解常规的客观题所采用的方法，就是考生选择认为一定正确的选项。

（2）排除法。如果正确选项不能直接选出，应首先排除明显不全面、不完整或不正确的选项，正确的选项几乎是直接来自于考试教材或者法律法规，其余的干扰选项要靠命题者自己去设计，考生要尽可能多排除一些干扰选项，这样就可以提高选择出正确答案的概率。

（3）比较法。直接把各备选项加以比较，并分析它们之间的不同点，集中考虑正确答案和错误答案关键所在。仔细考虑各个备选项之间的关系。不要盲目选择那些看起来、读起来很有吸引力的错误选项，要去误求正、去伪存真。

（4）推测法。利用上下文推测词义。有些试题要从句子中的结构及语法知识推测入手，配合考生平时积累的常识来判断其义，推测出逻辑的条件和结论，以期将正确的选项准确地选出。

2. 客观题评分说明

客观题部分采用机读评卷，必须使用2B铅笔在答题卡上作答，考生在答题时要严格按照要求，在有效区域内作答，超出区域作答无效。每个单项选择题只有1个备选项最符合题意，就是4选1。每个多项选择题有2个或2个以上备选项符合题意，至少有1个错项，就是5选2～4，并且错选本题不得分，少选，所选的每个选项得0.5分。考生在涂卡时应注意答题卡上的选项是横排还是竖排，不要涂错位置。涂卡应清晰、厚实、完整，保持答题卡干净整洁，涂卡时应完整覆盖且不超出涂卡区域。修改答案时要先用橡皮擦将原涂卡处擦干净，再涂新答案，避免在机读评卷时产生干扰。

二、主观题答题方法及评分说明

1. 主观题答题方法

主观题题型是实务操作和案例分析题。实务操作和案例分析题是通过背景资料阐述一个项目在实施过程中所开展的相应工作，根据这些具体的工作提出若干小问题。

实务操作和案例分析题的提问方式及作答方法如下：

（1）补充内容型。一般应按照教材将背景资料中未给出的内容都回答出来。

（2）判断改错型。首先应在背景资料中找出问题并判断是否正确，然后结合教材、相关规范进行改正。需要注意的是，考生在答题时，有时不能按照工作中的实际做法来回答问题，因为根据实际做法作为答题依据得出的答案和标准答案之间存在很大差距，即使答了很多，得分也很低。

（3）判断分析型。这类型题不仅要求考生答出分析的结果，还需要通过分析背景资料来找出问题的突破口。需要注意的是，考生在答题时要针对问题作答。

（4）图表表达型。结合工程图及相关资料表回答图中构造名称、资料表中缺项内容。需要注意的是，关键词表述要准确，避免画蛇添足。

（5）分析计算型。充分利用相关公式、图表和考点的内容，计算题目要求的数据或结果。最好能写出关键的计算步骤，并注意计算结果是否有保留小数点的要求。

（6）简单论答型。这类型题主要考查考生记忆能力，一般情节简单、内容覆盖面较小。考生在回答这类型题时要直截了当，有什么答什么，不必展开论述。

（7）综合分析型。这类型题比较复杂，内容往往涉及不同的知识点，要求回答的问题较多，难度很大，也是考生容易失分的地方。要求考生具有一定的理论水平和实际经验，对教材知识点要熟练掌握。

2. 主观题评分说明

主观题部分评分是采取网上评分的方法来进行，为了防止出现评卷人的评分宽严度差异对不同考生产生影响，每个评卷人员只评一道题的分数。每份试卷的每道题均由2位评卷人员分别独立评分，如果2人的评分结果相同或很相近（这种情况比例很大）就按2人的平均分为准。如果2人的评分差异较大超过4～5分（出现这种情况的概率很小），就由评分专家再独立评分一次，然后用专家所评的分数和与专家评分接近的那个分数的平均分数为准。

主观题部分评分标准一般以准确性、完整性、分析步骤、计算过程、关键问题的判别方法、概念原理的运用等为判别核心。标准一般按要点给分，只要答出要点基本含义一般就会给分，不恰当的错误语句和文字一般不扣分，要点分值最小一般为0.5分。

主观题部分作答时必须使用黑色墨水笔书写作答，不得使用其他颜色的钢笔、铅笔、签字笔和圆珠笔。作答时字迹要工整、版面要清晰。因此书写不能离密封线太近，密封后评卷人不容易看到；书写的字不能太粗、太密、太乱，最好买支极细笔，字体稍微书写大点、工整点，这样看起来工整、清晰，评卷人也愿意多给分。当本页不够答题要占用其他页时，在下面注明：转第×页；因为每个评卷人仅改一题，若转到另一页评卷人可能就看不到了。

主观题部分作答应避免答非所问，因此考生在考试时要答对得分点，答出一个得分点就给分，说的不完全一致，也会给分，多答不会给分的，只会按点给分。不明确用到什么规范的情况就用“强制性条文”或者“有关法规”代替，在回答问题时，只要有可能，就在答题的内容前加上这样一句话：根据有关法规或根据强制性条文，通常这些是得分点之一。

主观题部分作答应言简意赅，并多使用背景资料中给出的专业术语。考生在考试时应相信第一感觉，往往很多考生在涂改答案过程中，“把原来对的改成错的”这种情形有很多。在确定完全答对时，就不要展开论述，也不要写多余的话，能用尽量少的文字表达出正确的意思就好，这样评卷人看得舒服，考生自己也能省时间。如果答题时发现错误，不得使用涂改液等修改，应用笔画个框圈起来，打个“×”即可，然后再找一块干净的地方重新书写。

本科目常考的标准、规范

1.《建设工程施工合同（示范文本）》GF—2017—0201
2.《建设工程监理合同（示范文本）》GF—2012—0202
3.《民用建筑工程室内环境污染控制标准》GB 50325—2020
4.《混凝土结构工程施工质量验收规范》GB 50204—2015
5.《砌体结构工程施工质量验收规范》GB 50203—2011
6.《建筑施工组织设计规范》GB/T 50502—2009
7.《建设工程文件归档规范》GB/T 50328—2014（2019年版）
8.《建设工程施工现场消防安全技术规范》GB 50720—2011
9.《建筑施工安全检查标准》JGJ 59—2011
10.《建筑施工场界环境噪声排放标准》GB 12523—2011
11.《混凝土结构工程施工规范》GB 50666—2011
12.《建设工程工程量清单计价规范》GB 50500—2013
13.《建设工程项目管理规范》GB/T 50326—2017
14.《建筑工程施工质量验收统一标准》GB 50300—2013

第一章　建筑工程施工技术

2011—2020年度实务操作和案例分析题考点分布

考点 \ 年份	2011年	2012年	2013年	2014年	2015年	2016年	2017年	2018年	2019年	2020年
土钉墙护坡面层构造要求				●						
人工降排地下水的施工技术	●									
土方填筑与压实的施工技术要点								●		
基坑验槽		●								
建筑物的变形观测						●				
桩基础施工技术要求						●				
钢筋混凝土预制桩										●
桩基检测技术										●
钢筋工程施工技术要求							●			
模板支撑										●
模板与支架承载力计算内容										●
大体积混凝土工程施工技术	●									
混凝土的温控指标									●	
填充墙工程的施工技术要点		●				●				
网架安装的方法		●								
水泥砂浆防水层的施工技术要求							●			
女儿墙防水节点施工技术要求					●					
建筑幕墙防火构造要求					●					
冬期施工技术管理									●	

【专家指导】

近年来，考题对建筑工程施工技术中实务操作和案例分析题的考核力度有所加大，不再仅仅是选择题形式的考核。考生在复习过程中要足够重视建筑工程施工技术的学习，土方工程施工技术、混凝土基础施工技术、模板工程、钢筋工程、混凝土工程等相关施工技术与施工工艺流程的要点更是重中之重，要重点掌握避免丢分。

要 点 归 纳

1. 结构的功能要求【重要考点】

结构应具有的功能：安全性、适用性、耐久性。

2. 筒体结构【高频考点】

在高层建筑中，特别是超高层建筑中，水平荷载越来越大，起着控制作用。筒体结构便是抵抗水平荷载最有效的结构体系。内筒一般由电梯间、楼梯间组成。内筒与外筒由楼盖连接成整体，共同抵抗水平荷载及竖向荷载。这种结构体系可以适用于高度不超过300m的建筑。多筒结构是将多个筒组合在一起，使结构具有更大的抵抗水平荷载的能力。

3. 作用（荷载）的分类【高频考点】

（1）按随时间的变化分类：永久作用；可变作用；偶然作用。

（2）按结构的反应分类：静态作用或静力作用；动态作用或动力作用。

（3）按荷载作用面大小分类：均布面荷载；线荷载；集中荷载。

4. 装修对结构的影响及对策【高频考点】

（1）装修时不能自行改变原来的建筑使用功能。如若必须改变时，应该取得原设计单位的许可。

（2）在进行楼面和屋面装修时，新的装修构造做法产生的荷载值不能超过原有建筑装修构造做法荷载值。

（3）在装修施工中，不允许在原有承重结构构件上开洞凿孔，降低结构构件的承载能力。如果确有需要，应经原设计单位的书面有效文件许可，方可施工。

（4）装修时，不得自行拆除任何承重构件，或改变结构的承重体系；更不能自行设置夹层或增加楼层。如果必须增加面积，使用方应委托原设计单位或有相应资质的设计单位进行设计。

（5）装修施工时，不允许在建筑内楼面上堆放大量建筑材料，如水泥、砂石等，以免引起结构的破坏。

5. 框架结构的抗震构造措施【重要考点】

框架结构震害的严重部位多发生在框架梁柱节点和填充墙处；一般是柱的震害重于梁，柱顶的震害重于柱底，角柱的震害重于内柱，短柱的震害重于一般柱。为此采取了一系列措施，把框架设计成延性框架，遵守强柱、强节点、强锚固，避免短柱、加强角柱，框架沿高度不宜突变，避免出现薄弱层，控制最小配筋率，限制配筋最小直径等原则。构造上采取受力筋锚固适当加长，节点处箍筋适当加密等措施。

6. 建筑钢材的主要性能【重要考点】

力学性能：拉伸性能、冲击性能、疲劳性能。工艺性能：弯曲性能和焊接性能。

7. 混凝土拌合物的和易性【重要考点】

（1）和易性是一项综合的技术性质，包括流动性、黏聚性和保水性三方面的含义。

（2）影响混凝土拌合物和易性的主要因素包括单位体积用水量、砂率、组成材料的性质、时间和温度等。单位体积用水量决定水泥浆的数量和稠度，它是影响混凝土和易性的最主要因素。

8. 混凝土外加剂的分类**【重要考点】**

（1）改善混凝土拌合物流动性的外加剂：各种减水剂、引气剂和泵送剂等。

（2）调节混凝土凝结时间、硬化性能的外加剂：缓凝剂、早强剂和速凝剂等。

（3）改善混凝土耐久性的外加剂：引气剂、防水剂和阻锈剂等。

（4）改善混凝土其他性能的外加剂：膨胀剂、防冻剂、着色剂等。

9. 木材的湿胀干缩与变形**【重要考点】**

（1）由于木材构造的不均匀性，木材的变形在各个方向上也不同；顺纹方向最小，径向较大，弦向最大。

（2）干缩会使木材翘曲、开裂、拼缝不严。湿胀可造成表面鼓凸。

10. 建筑物细部点平面位置的测设**【重要考点】**

建筑物细部点平面位置的测设主要包括：直角坐标法、极坐标法、角度前方交会法、距离交会法、方向线交会法。其中，当建筑场地的施工控制网为方格网或轴线形式时，采用直角坐标法放线最为方便。

11. 土方回填**【重要考点】**

（1）一般不能选用淤泥、淤泥质土、有机质大于5%的土、含水量不符合压实要求的黏性土。

（2）当填土场地地面陡于1/5时，应先将斜坡挖成阶梯形，阶高0.2～0.3m，阶宽大于1m，然后分层填土，以利接合和防止滑动。

（3）填土应从场地最低处开始，由下而上整个宽度分层铺填。每层虚铺厚度应根据夯实机械确定。

（4）填方应在相对两侧或周围同时进行回填和夯实。

（5）填土应尽量采用同类土填筑，压实系数为土的控制（实际）干土密度ρ_d与最大干土密度ρ_{dmax}的比值。最大干土密度ρ_{dmax}是当最优含水量时，通过标准的击实方法确定的。

12. 桩身完整性分类**【一般考点】**

桩身完整性分为Ⅰ类桩、Ⅱ类桩、Ⅲ类桩、Ⅳ类桩共4类。Ⅰ类桩桩身完整；Ⅱ类桩桩身有轻微缺陷，不会影响桩身结构承载力的正常发挥；Ⅲ类桩桩身有明显缺陷，对桩身结构承载力有影响；Ⅳ类桩桩身存在严重缺陷。

13. 大体积混凝土工程**【重要考点】**

（1）施工要求

① 大体积混凝土施工宜采用整体分层或推移式连续浇筑施工。

② 当采用跳仓法时，跳仓的最大分块单向尺寸不宜大于40m，跳仓间隔施工的时间不宜小于7d，跳仓接缝处应按施工缝的要求设置和处理。

③ 混凝土的浇灌应连续、有序，宜减少施工缝。

④ 混凝土宜采用泵送方式和二次振捣工艺。

⑤ 应及时对大体积混凝土浇筑面进行多次抹压处理。

⑥ 大体积混凝土应采取保温保湿养护。

（2）大体积混凝土施工温控指标

① 混凝土浇筑体在入模温度基础上的温升值不宜大于50℃。

② 混凝土浇筑体里表温差（不含混凝土收缩当量温度）不宜大于25℃。

③ 混凝土浇筑体降温速率不宜大于2.0℃/d。

④ 拆除保温覆盖时混凝土浇筑体表面与大气温差不应大于20℃。

14. 后浇带的设置和处理【重要考点】

后浇带是在现浇钢筋混凝土结构施工过程中，为避免由于温度、收缩等原因导致有害裂缝而设置的临时施工缝。后浇带通常根据设计要求留设，并在主体结构保留一段时间（若设计无要求，则至少保留14d）后再浇筑，将结构连成整体。

填充后浇带，可采用微膨胀混凝土、强度等级比原结构强度提高一级，并保持至少14d的湿润养护。后浇带接缝处按施工缝的要求处理。

15. 网架安装的方法【重要考点】

网架安装的方法：高空散装法、分条或分块安装法、滑移法、整体吊装法、整体提升法、整体顶升法。要了解其适用情形。

16. 装配式混凝土构件钢筋套筒连接灌浆的质量要求【重要考点】

钢筋套筒灌浆连接接头、钢筋浆锚搭接连接接头应按检验批划分要求及时灌浆，灌浆作业应符合国家现行标准和施工方案的要求，并符合下列规定：

（1）灌浆施工时，环境温度不应低于5℃，当连接部位养护温度低于10℃时，应采取加热保温措施；

（2）灌浆操作全过程应有专职检验人员负责旁站监督并及时形成施工质量检查记录；

（3）按产品使用要求计量灌浆料和水的用量，并均匀搅拌，每次拌制的灌浆料拌合物应进行流动度的检测；

（4）灌浆作业应采用压浆法从下口灌注，浆料从上口流出后应及时封堵，必要时可设分仓进行灌浆；

（5）灌浆料拌合物应在制备后30min内用完。

17. 施工检测试验计划【重要考点】

施工检测试验计划应在工程施工前由施工项目技术负责人组织有关人员编制，并应报送监理单位进行审查和监督实施。根据施工检测试验计划，应制订相应的见证取样和送检计划。施工检测试验计划应按检测试验项目分别编制，并应包括：① 检测试验项目名称；② 检测试验参数；③ 试样规格；④ 代表批量；⑤ 施工部位；⑥ 计划检测试验时间。

历 年 真 题

实务操作和案例分析题一［2019年真题］

【背景资料】

某工程钢筋混凝土基础底板，长度120m，宽度100m，厚度2.0m。混凝土设计强度等级P6C35，设计无后浇带。施工单位选用商品混凝土浇筑，P6C35混凝土设计配合比为：1 : 1.7 : 2.8 : 0.46（水泥 : 中砂 : 碎石 : 水），水泥用量400kg/m^3。粉煤灰掺量20%（等量替换水泥），实测中砂含水率4%、碎石含水率1.2%。采用跳仓法施工方案，分别按1/3长度与1/3宽度分成9个浇筑区（如图1–1所示），每区混凝土浇筑时间3d，各区依次连续浇筑，同时按照规范要求设置测温点（如图1–2所示）（资料中未说明条件及因素均视为符合要求）。

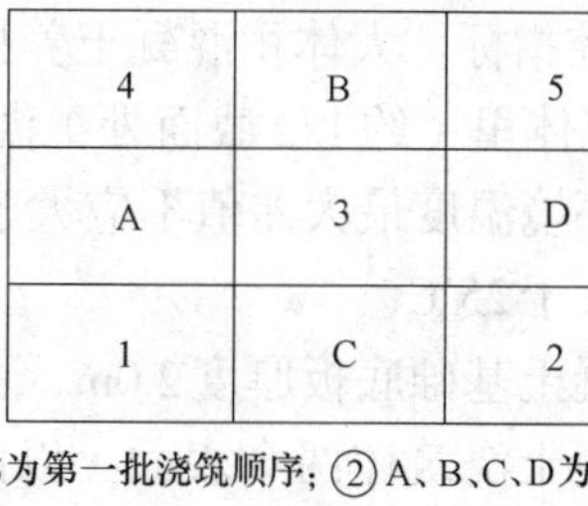

4	B	5
A	3	D
1	C	2

注：①1～5为第一批浇筑顺序；②A、B、C、D为填充浇筑区编号

图1-1 跳仓法分区示意图

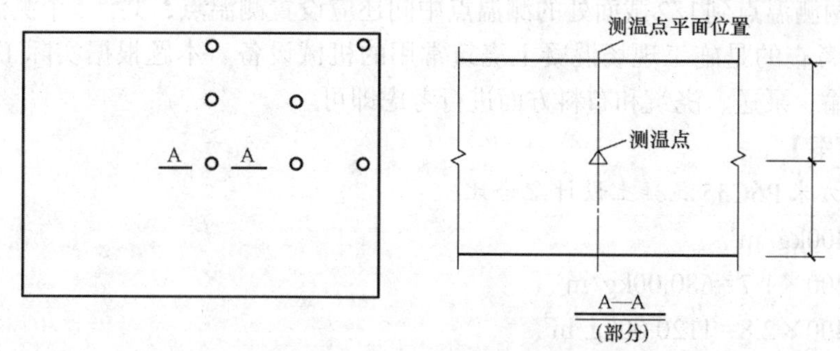

图1-2 分区测温点位置平面布置示意图

【问题】

1. 计算每立方米P6C35混凝土设计配合比的水泥、中砂、碎石、水的用量是多少？计算每立方米P6C35混凝土施工配合比的水泥、中砂、碎石、水、粉煤灰的用量是多少？（单位：kg，小数点后保留2位）

2. 写出正确的填充浇筑区A、B、C、D的先后浇筑顺序（如表示为A–B–C–D）。

3. 在答题卡上画出A—A剖面示意图（可手绘），并补齐应布置的竖向测温点位置。

4. 写出施工现场混凝土浇筑常用的机械设备名称。

【解题方略】

1. 本题考查的是混凝土的配合比。第一眼读到题目，发现配合比的应用在教材上并没有具体的内容。考生要注意的是，背景资料中“P6C35混凝土设计配合比为：1∶1.7∶2.8∶0.46（水泥∶中砂∶碎石∶水），水泥用量$400kg/m^3$”是重要的线索，其使该问题变成了简单的计算。回答该类问题考生要注意计算题的计算过程，这将影响本题的得分。该问中的施工配合比稍稍有点难度，施工配合比中比设计配合比多了一项“粉煤灰掺量20%（等量替换水泥）”，即原水泥用量为：400×（1－20%）=$320kg/m^3$。考生还应注意设计配合比中的中砂、碎石通常为干燥的，而实际施工中要考虑它的含水率。中砂：400×1.7×（1+4%）=$707.20kg/m^3$。碎石计算原理同中砂计算，考虑到含水率即可。同理，施工配合比中水的用量也有变化，应排除中砂和碎石中的含水量，即：184－(680×4%)－(1120×1.2%)。

2. 本题考查的是跳仓法施工。首先应了解跳仓法的目的是为了释放大体积混凝土施工中的水化热。结合背景图中的施工顺序，剩下的A、B、C、D考虑其周围模块中的先后顺序即可，因C在1、2中间，B在4、5中间，必然最先施工C，最后施工B，更为合理。考虑A、D的顺序时，其区别主要在于靠后的4、5，可看出A更靠前。即可得出浇筑顺序：C—A—D—B。部分考生会给出浇筑顺序：C—A—B—D，也可适当给分。

3. 本题考查的是混凝土的温控指标。大体积混凝土养护阶段，混凝土浇筑体表面（以内约50mm处）温度与混凝土浇筑体里（约1/2截面处）温度差值不应大于25℃；结束养护时，混凝土浇筑体表面温度与环境温度最大差值不应大于25℃。大体积混凝土浇筑体内部相邻两测温点的温度差值不应大于25℃。

根据背景资料已知该钢筋混凝土基础底板厚度2.0m，可知其为大体积混凝土。图中已知的测温点为约1/2截面处。混凝土浇筑体两个表面（以内约50mm处）应设置两个测温点。还有一个关键点是大体积混凝土浇筑体内部相邻两测温点的距离不能超过500mm，则在已画出的两测温点到1/2截面处的测温点中间还应设置测温点，共计5个测温点。

4. 本题考查的是施工现场混凝土浇筑常用的机械设备。本题根据实际工作经验从混凝土工程运输、泵送、浇筑和布料方面进行考虑即可。

【参考答案】

1. 每立方米P6C35混凝土设计配合比：

水泥：400kg/m^3。

中砂：400×1.7=680.00kg/m^3。

碎石：400×2.8=1120.00kg/m^3。

水：400×0.46=184.00kg/m^3。

每立方米P6C35混凝土施工配合比：

水泥：400×（1−20%）=320.00kg/m^3。

粉煤灰：400×20%=80.00kg/m^3。

中砂：680×（1+4%）=707.20kg/m^3。

碎石：1120×（1+1.2%）=1133.44kg/m^3。

水：184−（680×4%）−（1120×1.2%）=143.36kg/m^3。

2. 填充浇筑区的浇筑顺序为：C→A→D→B。

3. 该工程钢筋混凝土基础底板应布置的竖向测温点位置如图1-3所示：

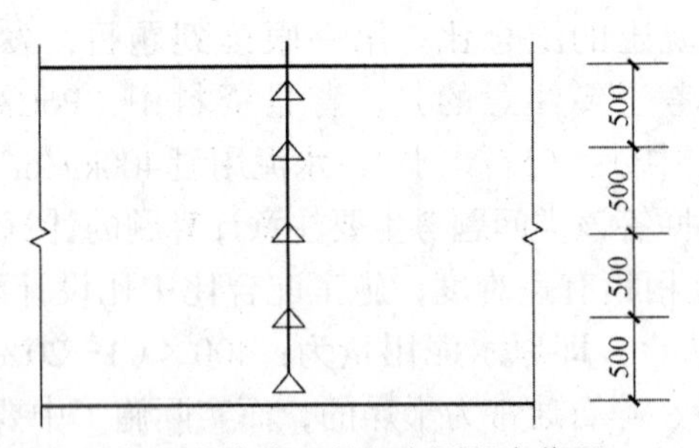

图1-3 应布置的竖向测温点位置

4. 混凝土施工常用机械：机动翻斗车、固定泵、泵车（汽车泵）、混凝土搅拌输送车、混凝土布料机、振动棒、平板振动器、收面机、塔吊。

实务操作和案例分析题二［2019年真题］

【背景资料】

某高级住宅工程，建筑面积80000m^2，由3栋塔楼组成，地下2层（含车库），地上28层，底板厚度800mm，由A施工总承包单位承建。合同约定工程最终达到绿色建筑评价二星级。

工程开始施工正值冬季，A施工单位项目部编制了冬期施工专项方案，根据当地资源和气候情况对底板混凝土的养护采用综合蓄热法，对底板混凝土的测温方案和温差控制、温降梯度，及混凝土养护时间提出了控制指标要求。

项目部制订了项目风险管理制度和应对负面风险的措施。规范了包括风险识别、风险应对等风险管理程序的管理流程；制定了向保险公司投保的风险转移等措施，达到了应对负面风险管理的目的。

施工中，施工员对气割作业人员进行安全作业交底，主要内容有：气瓶要防止暴晒；气瓶在楼层内滚动时应设置防震圈；严禁用带油的手套开气瓶。切割时，氧气瓶和乙炔瓶的放置距离不得小于5m；气瓶离明火的距离不得小于8m；作业点离易燃物的距离不小于20m；气瓶内的气体应尽量用完，减少浪费。

外墙挤塑板保温层施工中，项目部对保温板的固定、构造节点处理等内容进行了隐蔽工程验收，保留了相关的记录和图像资料。

工程验收竣工投入使用一年后，相关部门对该工程进行绿色建筑评价，按照评价体系各类指标评价结果为：各类指标的控制项均满足要求，评分项得分均在42分以上，工程绿色建筑评价总得分65分，评定为二星级。

【问题】

1. 冬期施工混凝土养护方法还有哪些？对底板混凝土养护中温差控制、温降梯度、养护时间应提出的控制指标是什么？

2. 项目风险管理程序还有哪些？应对负面风险的措施还有哪些？

3. 指出施工员安全作业交底中的不妥之处，并写出正确做法。

4. 墙体节能工程隐蔽工程验收的部位或内容还有哪些？

5. 绿色建筑运行评价指标体系中的指标共有几类？不参与设计评价的指标有哪些？绿色建筑评价各等级的评价总得分标准是多少分？

【解题方略】

1. 本题考查的是冬期施工技术管理。防水混凝土的冬期施工中，应采取保湿保温措施。防水混凝土的中心温度与表面温度的差值不应大于25℃，表面温度与大气温度的差值不应大于20℃，温降梯度不得大于2℃/d，养护时间不应少于14d。

2. 本题考查的是风险管理。项目风险管理应包括下列程序：风险识别，风险评估，风险应对，风险监控。项目管理机构应采取下列措施应对负面风险：风险规避；风险减轻；风险转移；风险自留。

3. 本题考查的是气瓶的安全控制要点。气瓶的放置地点，不得靠近热源和明火，可燃、助燃性气体气瓶，与明火的距离一般不小于10m；严禁用带油的手套开气瓶。瓶阀冻结时，不得用火烘烤；夏季要有防日光暴晒的措施。气瓶内的气体不能用尽，必须留有剩余压力或重量。气瓶必须配好瓶帽、防震圈（集装气瓶除外）；旋紧瓶帽，轻装，轻卸，严禁抛、滑、滚动或撞击。焊、割作业点与氧气瓶、乙炔瓶等危险物品的距离不得小于10m，与易燃易爆物品的距离不得少于30m。

4. 本题考查的是墙体节能。关于墙体节能工程应对哪些部位或内容进行隐蔽工程验收，并应有详细的文字记录和必要的图像资料，考生应对该部分内容进行熟练的掌握。

5. 本题考查的是绿色建筑评价与等级划分。

【参考答案】

1. 冬期施工混凝土养护的方法还有：蓄热法、暖棚法、掺化学外加剂法、负温养护法。

对底板混凝土养护中温差控制、温降梯度、养护时间应提出的控制指标是：

混凝土中心温度与表面温度的差值不应大于25℃；表面温度与大气温度的差值不应大于20℃；温降梯度不得大于2℃/d；养护时间不应少于14d。

2. 项目风险管理程序还有：风险评估、风险监控。

项目管理机构可采取的措施除风险转移外还有：风险规避、风险减轻、风险自留以及几种风险措施组合。

3. 不妥之处和正确做法如下：

（1）不妥之处：气瓶在楼层内滚动。

正确做法：气瓶应轻装，轻卸，严禁滚动或撞击。

（2）不妥之处：气瓶离明火距离不小于8m。

正确做法：气瓶的放置地点离明火距离一般不小于10m。

（3）不妥之处：切割时，作业点离易燃物的距离不小于20m。

正确做法：焊、割作业点与易燃易爆物品的距离不得少于30m。

（4）不妥之处：气瓶内的气体应尽量用完。

正确做法：气瓶内的气体不能用尽，必须留有剩余压力或重量。

4. 墙体节能工程隐蔽工程验收部位或内容还有：

（1）保温层附着的基层及其表面处理。

（2）锚固件的数量及深度。

（3）增强网铺设。

（4）墙体热桥部位处理。

（5）保温板的板缝处理。

（6）现场喷涂或浇注有机类保温材料的界面。

（7）被封闭的保温材料厚度。

（8）保温隔热砌块填充墙。

5.绿色建筑运行评价指标体系中的指标共有7类。

设计评价时，不对施工管理和运营管理2类指标进行评价。

绿色建筑评价各等级总得分标准是：一星级50分、二星级60分、三星级80分。

实务操作和案例分析题三［2018年真题］

【背景资料】

某新建高层住宅工程建筑面积16000m^2，地下1层，地上12层，2层以下为现浇钢筋混凝土结构，2层以上为装配式混凝土结构，预制墙板钢筋采用套筒灌浆连接施工工艺。

施工总承包合同签订后，施工单位项目经理遵循项目质量管理程序，按照质量管理PDCA循环工作方法持续改进质量工作。

监理工程师在检查土方回填施工时发现：回填土料混有建筑垃圾；土料铺填厚度大于400mm；采用振动压实机压实2遍成活；每天将回填2～3层的环刀法取的土样统一送检测单位检测压实系数。对此提出整改要求。

“后浇带施工专项方案”中确定：模板独立支设；剔除模板用钢丝网；因设计无要求，基础底板后浇带10d后封闭等。

监理工程师在检查第4层外墙板安装质量时发现：钢筋套筒连接灌浆满足规范要求；留置了3组边长为70.7mm的立方体灌浆料标准养护试件；留置了1组边长70.7mm的立方体坐浆料标准养护试件；施工单位选取第4层外墙板竖缝两侧11m^{2}的部位在现场进行淋水试验，对此要求整改。

【问题】

1. 写出PDCA工作方法内容，其中“A”的工作内容有哪些？

2. 指出土方回填施工中的不妥之处，并写出正确做法。

3. 指出“后浇带专项方案”中的不妥之处。写出后浇带混凝土施工的主要技术措施。

4. 指出第4层外墙板施工中的不妥之处，并写出正确做法。装配式混凝土构件钢筋套筒连接灌浆质量要求有哪些？

【解题方略】

1. 本题考查的是PDCA工作方法内容。项目质量管理应贯穿项目管理的全过程，坚持“计划、实施、检查、处理”（PDCA）循环工作方法，持续改进施工过程的质量控制。

2. 本题考查的是土方填筑与压实的施工技术要点。采用振动压实机的分层厚度为250～350mm，每层压实遍数为3～4遍。土方回填前应清除基底的垃圾、树根等杂物，抽除坑穴积水、淤泥，验收基底标高。

3. 本题考查的是后浇带的设置和处理。填充后浇带，可采用微膨胀混凝土、强度等级比原结构强度提高一级，并保持至少14d的湿润养护。后浇带接缝处按施工缝的要求处理。

4. 本题考查的是混凝土预制构件安装与连接的主控项目要求和装配式混凝土构件钢筋套筒连接灌浆质量要求。灌浆料强度应符合标准的规定和设计要求。每工作班应制作1组且每层不应少于3组40mm×40mm×160mm的长方体试件，标养28d后进行抗压强度试验。坐浆料强度应满足设计要求。每工作班同一配合比应制作1组且每层不应少于3组边长为70.7mm的立方体试件，标养28d后进行抗压强度试验。外墙板接缝的防水性能应符合设计要求。每1000m^{2}外墙（含窗）面积应划分为一个检验批，不足1000m^{2}时也应划分为一个检验批；每个检验批应至少抽查一处，抽查部位应为相邻两层四块墙板形成的水平和竖向十字接缝区域，面积不得少于10m^2，进行现场淋水试验。

【参考答案】

1.（1）PDCA工作方法内容：计划P、实施D、检查C、处理A。

（2）A的工作内容：包括纠偏和预防改进两个方面。

2.（1）不妥之1：回填土料混有建筑垃圾；

正确做法：回填土料不允许有建筑垃圾。

（2）不妥之2：土料铺填厚度大于400mm；

正确做法：振动压实机土料铺填厚度250～350mm。

（3）不妥之3：采用振动压实机压实2遍成活；

正确做法：采用振动压实机压实3～4遍成活。

（4）不妥之4：2～3层环刀法取的土样统一送检测单位检测压实系数；

正确做法：每层取样送检。

3. 不妥之处：基础底板后浇带10d后封闭。

后浇带混凝土施工的主要技术措施：

（1）清理杂物和松动石子；

（2）加以充分湿润冲洗干净；

（3）浇筑混凝土前，宜在施工缝处先刷一层水泥浆；

（4）采用微膨胀混凝土；

（5）强度等级比原结构提高一级；

（6）保持至少14d的湿润养护。

4.（1）不妥之1：留置了3组边长为70.7mm的立方体灌浆料标准养护试件；

正确做法：留置3组40mm×40mm×160mm的长方体试件。

不妥之2：留置了1组边长70.7mm的立方体坐浆料标准养护试件；

正确做法：留置不少于3组边长70.7mm的立方体坐浆料标准养护试件。

不妥之3：施工单位选取第4层外墙板竖缝两侧11m²的部位在现场进行淋水试验；

正确做法：施工单位选取与第4层相邻两层四块墙板形成的水平和竖向十字接缝区域进行淋水试验。

（2）装配式混凝土构件钢筋套筒连接灌浆质量要求：

1）灌浆施工时，环境温度不应低于5℃，当连接部位养护温度低于10℃时，应采取加热保温措施；

2）灌浆操作全过程应有专职检验人员负责旁站监督并及时形成施工质量检查记录；

3）按产品使用要求计量灌浆料和水的用量，并均匀搅拌，每次拌制的灌浆料拌合物应进行流动度的检测；

4）灌浆作业应采用压浆法从下口灌注，浆料从上口流出后应及时封堵，必要时可设分仓进行灌浆；

5）灌浆料拌合物应在制备后30min内用完；

6）钢筋采用套筒灌浆连接、浆锚搭接连接时，灌浆应饱满、密实，所有出口均应出浆。

实务操作和案例分析题四［2017年真题］

【背景资料】

某新建别墅群项目，总建筑面积45000m²，各幢别墅均为地下1层，地上3层，砖混结构。某施工总承包单位项目部按幢编制了单幢工程施工进度计划。某幢计划工期为180d，施工进度计划见图1-4。

现场监理工程师在审核该进度计划后，要求施工单位制定进度计划和包括材料需求计划在内的资源需求计划，以确保该幢工程在计划日历天内竣工。该别墅工程开工后第46d进行的进度检查时发现，土方工程和地基基础工程在第45天完成，已开始主体结构工程施工，工期进度滞后5d。项目部依据赶工参数（具体见表1-1），对相关施工过程进行压缩，确保工期不变。项目部对地下室M5水泥砂浆防水层施工提出了技术要求；采用普通硅酸盐水泥、自来水、中砂、防水剂等材料拌合，中砂含泥量不得大于3%；防水层施工前应采用强度等级M5的普通砂浆将基层表面的孔洞、缝隙堵塞抹平；防水层施工要求一遍成型，铺抹时应压实、表面应提浆压光，并及时进行保湿养护7d。

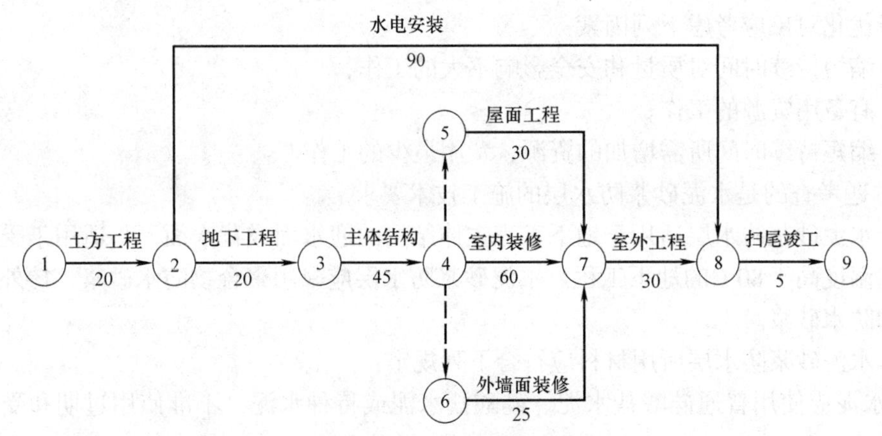

图1-4　某幢施工进度计划图（单位：d）

赶工参数表　　　　**表1-1**

序号	施工过程	最大可压缩时间（d）	赶工费用（元/d）
1	土方工程	2	800
2	地下工程	4	900
3	主体结构	2	2700
4	水电安装	3	450
5	室内装修	8	3000
6	屋面工程	5	420
7	外墙面装修	2	1000
8	室外工程	3	4000
9	扫尾竣工	0	

监理工程师对室内装饰装修工程检查验收后，要求在装饰装修完工后第5天进行TVOC等室内环境污染物浓度检测。项目部对检测时间提出异议。

【问题】

1. 项目部除了材料需求计划外，还应编制哪些资源需求计划？

2. 按照经济、合理原则对相关施工过程进行压缩，请分别写出最适宜压缩的施工过程和相应的压缩天数。

3. 找出项目部对地下室水泥砂浆防水层施工技术要求的不妥之处，并分别说明理由。

4. 监理工程师要求的检测时间是否正确，并说明理由。针对本工程，室内环境污染物浓度检测还应包括哪些项目？

【解题方略】

1. 本题考查的是资源需求计划的编制。资源需要量及供应平衡表是根据施工总进度计划表编制的保证计划，可包括劳动力、材料、预制构件和施工机械等资源的计划。

2. 本题考查的是工期优化。

工期优化也称时间优化，其目的是当网络计划计算工期不能满足要求工期时，通过不断压缩关键线路上的关键工作的持续时间等措施，达到缩短工期、满足要求的目的。

选择优化对象应考虑下列因素：

（1）缩短持续时间对质量和安全影响不大的工作；

（2）有备用资源的工作；

（3）缩短持续时间所需增加的资源、费用最少的工作。

3. 本题考查的是水泥砂浆防水层的施工技术要求。

（1）水泥砂浆防水层适用于地下工程主体结构的迎水面或背水面，不适用于受持续振动或环境温度高于80℃的地下工程。水泥砂浆防水层应采用聚合物防水砂浆，掺外加剂或掺合料的防水砂浆。

（2）水泥砂浆防水层所用材料应符合下列规定：

1）水泥应使用普通硅酸盐水泥、硅酸盐水泥或特种水泥，不准使用过期和受潮结块的水泥；

2）砂宜采用中砂，含泥量不应大于1%，硫化物和硫酸盐含量不应大于1%；

3）用于拌制水泥砂浆的水，应采用不含有害物质的洁净水；

4）聚合物乳液的外观为均匀液体，无杂质、无沉淀、不分层；

5）外加剂的技术性能应符合现行国家或行业有关标准的质量要求。

（3）水泥砂浆防水层的基层质量应符合下列要求：

1）基层表面应平整、坚实、清洁，并应充分湿润，无明水；

2）基层表面的孔洞、缝隙，应采用与防水层相同的水泥砂浆堵塞并抹平；

3）施工前应将埋设件、穿墙管预留凹槽内嵌填密封材料后，再进行水泥砂浆防水层施工。

（4）水泥砂浆防水层施工应符合下列要求：

1）水泥砂浆的配置，应按所掺材料的技术要求准确计量；

2）分层铺抹或喷涂，铺抹时应压实、抹平，最后一层表面应提浆压光；

3）防水层各层应紧密贴合，每层宜连续施工；必须留施工缝时，应采用阶梯坡形槎，但与阴阳角处的距离不得小于200mm；

4）水泥砂浆终凝后应及时进行养护，养护温度不宜低于5℃，并保持砂浆表面湿润，养护时间不得少于14d；聚合物水泥砂浆未达到硬化状态时，不得浇水养护或直接受雨水冲刷，硬化后应采用干湿交替的养护方法。潮湿环境中，可在自然条件下养护；

5）水泥砂浆防水层检验批抽样数量，应按每$100m^2$抽查1处，每处$10m^2$。

4. 本题考查的是民用建筑工程验收时室内环境污染物的浓度检测。

民用建筑工程及室内装修工程的室内环境质量验收，应在工程完工至少7d以后、工程交付使用前进行。

【参考答案】

1. 还应编制：资金需求计划、劳动力需求计划、机械设备（工器具）需求计划、技术管理计划、半成品加工计划、准备工作计划。

2. 需要压缩的工序是：主体结构、室内装修，压缩天数分别为2d、3d。

3. 项目经理部对防水砂浆层技术要求不妥之处及理由：

不妥1：中砂含泥量不得大于3%，理由：含泥量不得大于1%；

不妥2：用同等级普通砂浆，理由：应用与防水层相同的防水砂浆；

不妥3：保湿养护7d，理由：保湿养护不得少于14d；

不妥4：一遍成活，理由：宜分层成活。

4. 项目经理部提出异议：正确。

理由是：应在工程完工至少7d后、工程交付使用前进行。

针对本工程，室内环境污染物浓度检测还应包括的项目是氡、甲醛、苯、氨、甲苯、二甲苯。

实务操作和案例分析题五［2015年真题］

【背景资料】

某高层钢结构工程，建筑面积$28000m^2$，地下1层，地上12层，外围护结构为玻璃幕墙和石材幕墙，外围保温材料为新型保温材料；屋面为现浇钢筋混凝土板，防水等级为I级。采用卷材防水。

在施工过程中，发生了下列事件：

事件1：钢结构安装施工前，监理工程师对现场的施工准备工作进行检查，发现钢构件现场堆放存在问题。现场堆放应具备的基本条件不够完善。劳动力进场情况不符合要求，责令施工单位进行整改。

事件2：施工中，施工单位对幕墙与各楼层楼板间的缝隙防火隔离处理进行了检查，对幕墙的抗风压性能、空气渗透性能、雨水渗透性能，平面变形性能等有关安全和功能检测项目进行了见证取样或抽样检查。

事件3：监理工程师对屋面卷材防水进行了检查，发现屋面女儿墙墙根处等部位的防水做法存在问题（节点施工做法如图1–5所示）责令施工单位整改。

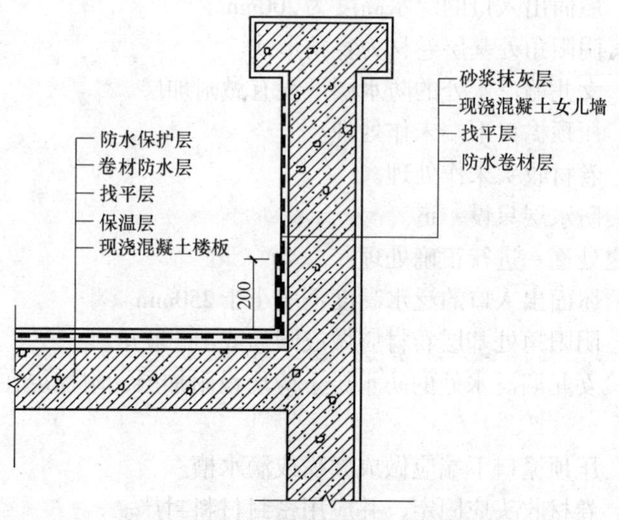

图1–5　女儿墙防水节点施工做法

事件4：本工程采用某新型保温材料，按规定进行了材料评审、鉴定并备案，同时施工单位完成相应程序性工作后，经监理工程师批准投入使用。施工完成后，由施工单位项目负责人主持，组织总监理工程师、建设单位项目负责人，施工单位技术负责人、相关专业质量员和施工员进行了节能工程部分验收。

【问题】

1. 事件1中，高层钢结构安装前现场的施工准备还应检查哪些工作？钢构件现场堆场应具备哪些基本条件？

2. 事件2中，建筑幕墙与各楼层楼板间的缝隙隔离的主要防火构造做法是什么？幕墙工程中有关安全和功能的检测项目有哪些？

3. 事件3中，指出防水节点施工图做法图示中的错误。

4. 事件4中，新型保温材料使用前还应有哪些程序性工作？节能分部工程的验收组织有什么不妥？

【解题方略】

1. 本题考查的是高层钢结构安装及钢构件现场堆场准备工作。此类题并无难点，考生可联系工程实际进行解答。

2. 本题考查的是建筑幕墙施工要求。关于建筑幕墙与各楼层楼板间的缝隙隔离的考核，需要考生抓住材料、厚度等关键点进行解答，即：采用不燃材料封堵；填充材料采用厚度不应小于100mm的岩棉（矿棉）；防火层采用厚度不小于1.5mm的镀锌钢板承托，不得采用铝板；承托板与主体结构、幕墙结构及承托板之间的缝隙应采用防火密封胶密封。防火密封胶应有法定检测机构的防火检验报告。

关于装饰装修工程各子分部工程有关安全和功能检测项目，门窗工程和幕墙工程考核较多，考生只需记住后者比前者在三性试验（耐风压性能、气密性能、水密性能）检测的基础上多加一项层间变形性能检测。

3. 本题考查的是女儿墙防水节点施工技术要求。解答本题需要结合图1–5，从中找出错误之处，即：

（1）错误之处：屋面出入口的泛水高度为200mm。

（2）错误之处：阴阳角处基层卷材为直角形式。

（3）错误之处：女儿墙泛水处的防水层下没有做附加层。

（4）错误之处：压顶檐口下端未作处理。

（5）错误之处：卷材收头未作处理。

（6）错误之处：防水层只设一道。

针对上述错误之处逐一进行正确处理：

（1）正确做法：屋面出入口的泛水高度不应小于250mm。

（2）正确做法：阴阳角处基层卷材应做成圆弧或45° 坡角。

（3）正确做法：女儿墙泛水处的防水层下应增设附加层，附加层在平面和立面的宽度均不应小于250mm。

（4）正确做法：压顶檐口下端应做成鹰嘴或滴水槽。

（5）正确做法：卷材收头应固定，并应用密封材料封严。

（6）正确做法：Ⅰ级防水设两道防水。

4. 本题考查的是新型保温材料使用前的程序性工作及节能分部工程验收。新型保温材料使用前的程序性工作可联系工程实际进行解答。

关于节能分部工程验收，考核热点在于验收的组织者及参加者。考生应重点掌握，这样才能很快找出背景资料所给内容的不妥之处。

（1）组织者：总监理工程师或建设单位项目负责人。

（2）参加者：施工单位项目经理、项目技术负责人和相关专业的质量检查员、施工员；施工单位的质量或技术负责人；设计单位节能设计人员。

【参考答案】

1. 事件1中，高层钢结构安装前现场的施工准备还应检查的工作包括：钢构件预检和配套、定位轴线及标高和地脚螺栓的检查、安装机械的选择、安装流水段的划分和安装顺序的确定等。

钢构件现场堆场应具备的基本条件包括：场地平整、有电源、有水源、排水畅通。

2. 事件2中，建筑幕墙与各楼层楼板间的缝隙隔离的主要防火构造做法包括：幕墙与各层楼板、隔墙外沿间的缝隙，应采用不燃材料封堵，填充材料可采用岩棉或矿棉，其厚度不应小于100mm，并应满足设计的耐火极限要求，在楼层间形成水平防火烟带。防火层应采用厚度不小于1.5mm的镀锌钢板承托，不得采用铝板。承托板与主体结构、幕墙结构及承托板之间的缝隙应采用防火密封胶密封。防火密封胶应有法定检测机构的防火检验报告。

幕墙工程中有关安全和功能的检测项目主要有：（1）硅酮结构胶的相容性试验；（2）幕墙后置埋件的现场拉拔力；（3）幕墙的耐风压性能、气密性能、水密性能及层间变形性能。

3. 事件3中，防水节点施工图做法图示中的错误之处如下：

（1）错误之处：泛水高度不够。

正确做法：屋面出入口的泛水高度不应小于250mm。

（2）错误之处：阴阳角处基层卷材为直角形式。

正确做法：阴阳角处基层卷材应做成圆弧或45°坡角。

（3）错误之处：女儿墙泛水处的防水层下没有做附加层。

正确做法：女儿墙泛水处的防水层下应增设附加层，附加层在平面和立面的宽度均不应小于250mm。

（4）错误之处：压顶檐口下端未作处理。

正确做法：压顶檐口下端应做成鹰嘴或滴水槽。

（5）错误之处：卷材收头未作处理。

正确做法：卷材收头应固定，并应用密封材料封严。

（6）错误之处：防水层只设一道。

正确做法：Ⅰ级防水设两道防水。

4. 事件4中，新型保温材料使用前还应有的程序性工作：

进行施工工艺评价；制定专门施工技术方案。

节能分部工程的验收组织存在的不妥之处：

（1）不妥之处：由施工项目负责人主持。

正确做法：《建筑节能工程施工质量验收规范》GB 50411—2007规定，节能分部工程验收应由总监理工程师（建设单位项目负责人）主持。

（2）不妥之处：组织总监理工程师、建设单位项目负责人，施工单位技术负责人、相关专业质量员和施工员进行了节能工程部分验收。

正确做法：《建筑节能工程施工质量验收规范》GB 50411—2007规定，施工单位项目经理、项目技术负责人和相关专业的质量检查员、施工员参加；施工单位的质量或技术负责人应参加；设计单位节能设计人员应参加。

实务操作和案例分析题六［2011年真题］

【背景资料】

某办公楼工程，建筑面积82000m^2，地下3层，地上20层，钢筋混凝土框架—剪力墙结构，距邻近6层住宅楼7m。地基土层为粉质黏土和粉细砂，地下水为潜水，地下水位-9.5m，自然地面-0.5m。基础为筏板基础，埋深14.5m，基础底板混凝土厚1500mm，水泥采用普通硅酸盐水泥，采取整体连续分层浇筑方式施工。基坑支护工程委托有资质的专业单位施工，降排的地下水用于现场机具、设备清洗。主体结构选择有相应资质的A劳务公司作为劳务分包，并签订了劳务分包合同。

合同履行过程中，发生了下列事件：

事件1：基坑支护工程专业施工单位提出了基坑支护降水采用“排桩＋锚杆＋降水井”方案，施工总承包单位要求基坑支护降水方案进行比选后确定。

事件2：底板混凝土施工中，混凝土浇筑从高处开始，沿短边方向自一端向另一端进行，在混凝土浇筑完12h内对混凝土表面进行保温保湿养护，养护持续7d。养护至72h时，测温显示混凝土内部温度70℃，混凝土表面温度35℃。

事件3：结构施工到10层时，工期严重滞后。为保证工期，A劳务公司将部分工程分包给了另一家有相应资质的B劳务公司，B劳务公司进场工人100人。因场地狭小，B劳务公司将工人安排在本工程地下室居住。工人上岗前，项目部安全员向施工作业班组进行了安全技术交底，双方签字确认。

【问题】

1. 事件1中，适用于本工程的基坑支护降水方案还有哪些？

2. 降排的地下水还可用于施工现场哪些方面？

3. 指出事件2中底板大体积混凝土浇筑及养护的不妥之处，并说明正确做法。

4. 指出事件3中的不妥之处，并分别说明理由。

【解题方略】

1. 本题考查的是基坑支护与降水方案。深基坑支护形式有排桩支护、地下连续墙、水泥土桩墙、逆作拱墙。

人工降低地下水位可以采用真空（轻型）井点、喷射井点、管井井点、截水、井点回灌等措施。

真空（轻型）井点适于渗透系数为0.1～20.0m/d的土以及土层中含有大量的细砂和粉砂的土或明沟排水易引起流沙、塌方等情况使用。

喷射井点适于基坑开挖较深、降水深度大于6m、土渗透系数为0.1～20.0m/d的填土、粉土、黏性土、砂土中使用。

管井井点适于渗透系数较大，地下水丰富的土层、砂层或用明沟排水法易造成土粒大量流失，引起边坡塌方及用轻型井点难以满足要求的情况下使用。

2. 本题考查的是降排的地下水用途。考查考生解决实际施工问题的能力，可联系工程实际进行解答。

3. 本题考查的是大体积混凝土工程施工技术。混凝土浇筑应注意浇筑顺序，从低处开始，沿长边方向自一端向另一端进行。背景资料中的浇筑顺序出现了两处错误：一是从高处开始；二是沿短边方向自一端向另一端进行。

大体积混凝土应进行保温保湿养护，保湿养护的持续时间不得少于14d。背景资料中养护持续7d不妥。

大体积混凝土工程施工前，应对施工阶段大体积混凝土浇筑体的温度、温度应力及收缩应力进行试算，并确定施工阶段大体积混凝土浇筑体的升温峰值，里表温差及降温速率的控制指标，制定相应的温控技术措施。温控指标宜符合下列规定：

（1）混凝土浇筑体在入模温度基础上的温升值不宜大于50℃；

（2）混凝土浇筑体的里表温差（不含混凝土收缩的当量温度）不宜大于25℃；

（3）混凝土浇筑体的降温速率不宜大于2.0℃/d；

（4）混凝土浇筑体表面与大气温差不应大于20℃。

4. 本题考查的是劳务分包的相关规定。这是一道综合性题型，考核知识点较分散，需要考生认真分析，灵活作答。

分包单位将其承包的建设工程再分包的属于违法分包。所以，A劳务公司将部分工程分包给另一家有相应资质的B劳务公司不妥。

施工现场的施工区域应与办公、生活区划分清晰，并应采取相应的隔离防护措施。在建工程内严禁住人。所以，B劳务公司将工人安排在本工程地下室居住不妥。

安全技术交底的交底人根据字面意思也应该明确是与技术有关的人员，所以可以很直观的判断“安全员”是错误的。职业健康安全技术交底应符合下列规定：

（1）工程开工前，项目经理部的技术负责人应向有关人员进行安全技术交底；

（2）结构复杂的分部分项工程实施前，项目经理部的技术负责人应进行安全技术交底；

（3）项目经理部应保存安全技术交底记录。

【参考答案】

1. 事件1中，适用于本工程的基坑支护方案还有：地下连续墙、水泥土桩墙、逆作拱墙；适用于本工程的基坑降水方案还有：真空井点、喷射井点及管井井点。

2. 降排的地下水还可用于：经检测合格可用于生活用水；经检测合格可用于浇筑混凝土或混凝土的养护；可用于消防用水；可用于施工现场洒水扬尘；可用于井点回灌。

3. 事件2中底板大体积混凝土浇筑及养护的不妥之处及正确做法如下：

（1）不妥之处：混凝土浇筑从高处开始，沿短边方向自一端向另一端进行。

正确做法：混凝土浇筑从低处开始，沿长边方向自一端向另一端进行。

（2）不妥之处：混凝土保湿养护持续7d。

正确做法：保湿养护持续时间不少于14d。

（3）不妥之处：养护至72h，测温显示混凝土内部温度70℃，混凝土表面温度35℃。

正确做法：混凝土浇筑体里表温差不能大于25℃。

4. 事件3中的不妥之处及理由如下：

（1）不妥之处：A劳务公司将部分工程分包给了另一家有相应资质的B劳务公司。

理由：属于违法分包。劳务作业承包人必须自行完成所承包的任务。

（2）不妥之处：B劳务公司将工人安排在本工程地下室居住。

理由：在建工程不允许住人。

（3）不妥之处：项目部安全员向施工作业班组进行了安全技术交底。

理由：应由施工单位负责项目管理的技术人员向施工作业班组进行安全技术交底。

典 型 习 题

实务操作和案例分析题一

【背景资料】

某新建住宅楼，框剪结构，地下2层，地上18层，建筑面积2.5万m^2。甲公司总承包施工。

新冠疫情后，项目部按照住房城乡建设部《房屋市政工程复工复产指南》（建办质［2020］8号）和当地政府要求组织复工。成立以项目经理为组长的疫情防控领导小组并制定《项目疫情防控措施》，明确“施工现场实行封闭式管理，设置包括废弃口罩类等分类收集装置，安排专人负责卫生保洁工作……”，确保疫情防控工作有效、合规。

复工前，项目部盘点工作内容，结合该住宅楼3个单元相同的特点，依据原有施工进度计划，按照分析检查结果、确定调整对象等调整步骤，调整施工进度。同时，针对某分部工程制定流水节拍（见表1-2），就施工过程Ⅰ～Ⅳ组织4个施工班组流水施工，其中施工过程Ⅲ因工艺要求需待施工过程Ⅱ完成后2d方可进行。

某分部工程流水节拍表 **表1-2**

施工过程编号	施工过程	流水节拍（d）
①	Ⅰ	2
②	Ⅱ	6
③	Ⅲ	4
④	Ⅳ	2

项目部质量月活动中，组织了直螺纹套筒连接、现浇构件拆模管理等知识竞赛活动，以提高管理人员、操作工人的质量意识和业务技能，减少质量通病的发生。

（1）钢筋直螺纹加工、连接常用检查和使用工具的作用（见图1-6）。

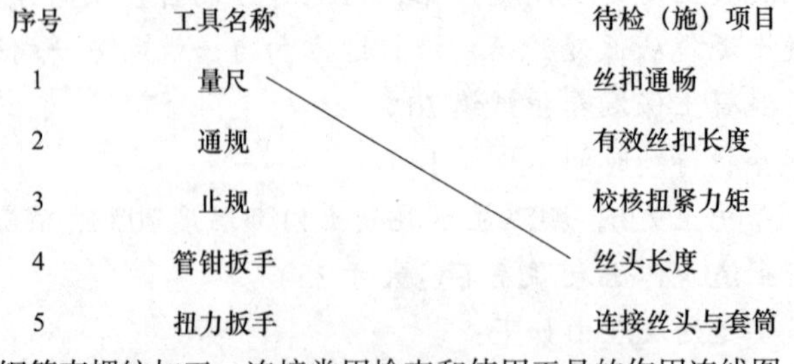

序号	工具名称	待检（施）项目
1	量尺	丝扣通畅
2	通规	有效丝扣长度
3	止规	校核扭紧力矩
4	管钳扳手	丝头长度
5	扭力扳手	连接丝头与套筒

图1-6 钢筋直螺纹加工、连接常用检查和使用工具的作用连线图（部分）

（2）现浇混凝土构件底模拆除强度要求见表1-3。

现浇混凝土构件底模拆除强度表 **表1-3**

序号	构件类型	构件跨度（m）	达到设计的混凝土立方体抗压强度标准值的百分率（%）
1	板	≤2	≥A
2		＞2，≤8	≥B
3		＞8	≥C
4	梁	≤8	≥D
5		＞8	≥E
6	悬臂结构		≥F

【问题】

1．除废弃口罩类外，现场设置的收集装置还有哪些分类？

2．画出该分部工程施工进度横道图。总工期是多少天？调整施工进度还包括哪些步骤？

3．对图1–6中钢筋直螺纹加工、连接常用工具及待检（施）项目对应关系进行正确连线。（在答题卡上重新绘制）

4．写出表1–3中A、B、C、D、E、F对应的数值。（如F：100）

【参考答案】

1．除废弃口罩等防疫垃圾收集装置外现场还应设置：防疫垃圾类、有毒有害类、生活垃圾和建筑垃圾收集装置。

2．横道图绘制见表1-4：

分部工程施工进度横道图 **表1-4**

施工过程	施工进度（天）													
	2	4	6	8	10	12	14	16	18	20	22	24	26	28
Ⅰ	—	—	—											
Ⅱ		—	—	—	—	—	—	—	—	—				
Ⅲ								—	—	—	—	—	—	
Ⅳ												—	—	—

总工期$T=(2+10+8)+(2+2+2)+2=28$d。

调整施工进度计划的步骤还应包括：选择适当的调整方法，编制调整方案，对调整方案进行评价和决策，调整，确定调整后付诸实施的新施工进度计划。

3．钢筋直螺纹加工、连接常用工具及待检（施）项目对应关系如图1-7所示。

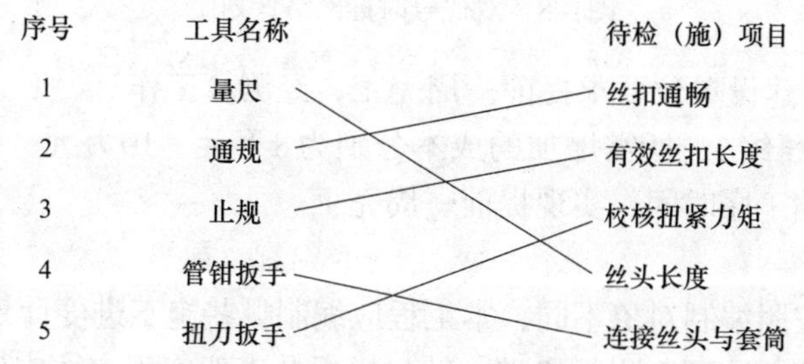

图1–7　钢筋直螺纹加工、连接常用工具及待检（施）项目对应关系图

4. 表1-3中对应的数值为：A：50，B：75，C：100，D：75，E：100，F：100。

实务操作和案例分析题二

【背景资料】

某高校新建新校区，包括办公楼、教学楼、科研中心、后勤服务楼、学生宿舍等多个单体建筑，由某建筑工程公司进行该群体工程的施工建设。其中，科研中心工程为现浇钢筋混凝土框架结构，地上10层，地下2层，建筑檐口高度45m，由于有超大尺寸的特殊实验设备，设置在地下2层的实验室为两层通高；结构设计图纸说明中规定地下室的后浇带需待主楼结构封顶后才能封闭。

在施工过程中，发生了下列事件：

事件1：施工单位进场后，针对群体工程进度计划的不同编制对象。施工单位分别编制了各种施工进度计划，上报监理机构审批后作为参建各方进度控制的依据。

事件2：施工单位针对两层通高实验区域单独编制了模板及支架专项施工方案，方案中针对模板整体设计有模板和支架选型、构造设计、荷载及其效应计算，并绘制有施工节点详图。监理工程师审查后要求补充该模板整体设计必要的验算内容。

事件3：在科研中心工程的后浇带施工方案中，明确指出：（1）梁、板的模板与支架整体一次性搭设完毕；（2）在楼板浇筑混凝土前，后浇带两侧用快易收口网进行分隔，上部用木板遮盖防止落入物料；（3）两侧混凝土结构强度达到拆模条件后，拆除所有底模及支架，后浇带位置处重新搭设支架及模板，两侧进行回顶，待主体结构封顶后浇筑后浇带混凝土。监理工程师认为方案中上述做法存在不妥，责令改正后重新报审。针对后浇带混凝土填充作业，监理工程师要求施工单位提前将施工技术要点以书面形式对作业人员进行交底。

事件4：主体结构验收后，施工单位对后续工作进度以时标网络图形式做出安排，如图1–8所示（时间单位：周）。

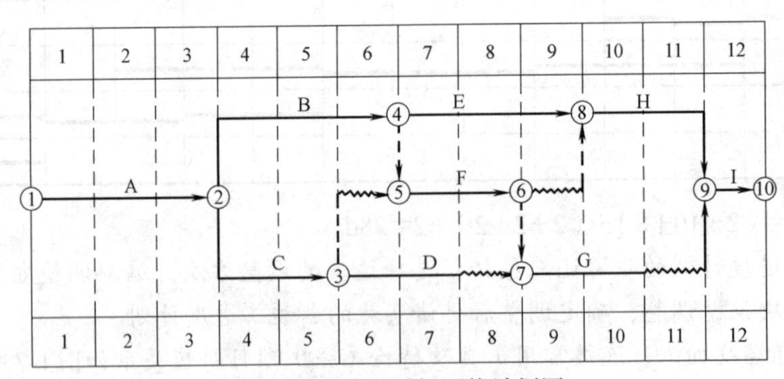

图1–8　双代号时标网络计划图

在第6周末时，建设单位要求提前一周完工，经测算工作D、E、F、G、H均可压缩1周（工作I不可压缩），所需增加的成本分别为8万元、10万元、4万元、12万元、13万元。施工单位压缩工序时间，实现提前一周完工。

【问题】

1. 事件1中，按照编制对象不同，本工程应编制哪些施工进度计划？

2. 事件2中，按照监理工程师要求，针对模板及支架施工方案中模板整体设计，施工单位应补充哪些必要验算内容？

3. 事件3中，后浇带施工方案中有哪些不妥之处？后浇带混凝土填充作业的施工技术要点主要有哪些？

4. 事件4中，施工单位压缩网络计划时，只能以周为单位进行压缩，其最合理的方式应压缩哪项工作？需增加成本多少万元？

【参考答案】

扫码学习

1. 事件1中，按照编制对象的不同，本工程应编制施工总进度计划、单位工程进度计划、分阶段（或专项）工程进度计划、分部分项工程进度计划。

2. 针对模板及支架施工方案中模板整体设计，施工单位还应补充模板及支架的承载力、刚度验算；模板及支架的抗倾覆验算。

3. 不妥之处：后浇带处模板及支架拆除后重新搭设及两侧回顶。后浇带混凝土填充作业施工技术要点：

（1）剔凿接槎处水泥薄膜和松动石子；

（2）调整钢筋；

（3）清理干净；

（4）充分湿润；

（5）宜使用微膨胀混凝土填充；

（6）强度等级宜提高一级；

（7）湿润养护不少于14d。

4. 事件4中，施工单位压缩网络计划时，其最合理的方式应压缩工作E一周，需增加成本10万元。

实务操作和案例分析题三

【背景资料】

某小区内拟建一座6层普通砖混结构住宅楼，外墙厚370mm，内墙厚240mm，抗震设防烈度7度。某施工单位于2015年5月与建设单位签订了该工程总承包合同。合同工程量清单报价中写明：瓷砖墙面积为1000m^2，综合单价为110元/m^2。

事件1：现场需安装一台物料提升机解决垂直运输问题，物料提升机运到现场后，项目经理部按照技术人员提供的装配图集组织人员进行安装，安装结束后，现场机务员报请项目经理批准，物料提升机正式投入了使用。

事件2：现场施工过程中为了材料运输方便，在内墙处留置临时施工洞口。内墙上留直槎，并沿墙高每8皮砖（490mm）设置了2ϕ6钢筋，钢筋外露长度为500mm。

事件3：由于工期紧，装修从顶层向下施工，给排水明装主管（无套管）从首层向上安装，5层卫生间防水施工结束后进行排水主管安装。

事件4：施工过程中，建设单位调换了瓷砖的规格型号，经施工单位核算综合单价为150元/m^2。该分项工程施工完成后，经监理工程师实测确认瓷砖粘贴面积为1200m^2，但建设单位尚未确认该变更单价。施工单位用挣值法进行了成本分析。

备注：*BCWS*——计划完成工作预算费用；

BCWP——已完工作预算费用；

$ACWP$——已完工作实际费用；

CV——费用偏差。

【问题】

1. 事件1中，物料提升机使用是否符合要求？说明理由。

2. 事件2中，砖墙留槎的质量控制是否正确？说明理由。

3. 事件3中，5层卫生间防水存在什么隐患？说明理由。

4. 计算墙面瓷砖粘贴分项工程的$BCWS$、$BCWP$、$ACWP$、CV，并分析成本状况。

【参考答案】

1. 事件1中，物料提升机使用不符合要求。

理由：物料提升机在安装和拆除作业前，必须针对其类型特点、说明书的技术要求，结合施工现场实际情况制定详细的施工方案，在组装后应按规定进行验收，合格后方可投入使用。

2. 事件2中，砖墙留槎的质量控制不正确。

理由：现场留槎处，拉接钢筋的埋入长度不符合现行规范规定"埋入长度从留槎处算起每边均不应小于500mm，对于抗震设防烈度6度、7度的地区，不应小于1000mm"的要求。

3. 事件3中，5层卫生间防水存在漏水隐患。

理由：在已经施工完成的防水层上开洞穿管，再修补防水层，不能保证防水层的整体性。

4. $BCWS=1000\times110=110000$元。

$BCWP=1200\times110=132000$元。

$ACWP=1200\times150=180000$元。

$CV=BCWP-ACWP=132000-180000=-48000$元。

由于CV为负，说明实际费用超出预算费用48000元。

实务操作和案例分析题四

【背景资料】

某写字楼工程，建筑面积8640m^2，建筑高度40m，地下1层，基坑深度4.5m，地上11层，钢筋混凝土框架结构。

施工单位中标后组建了项目部，并与项目部签订了项目目标管理责任书。

基坑开挖前，施工单位委托具备相应资质的第三方对基坑工程进行现场监测，监测单位编制了监测方案，经建设方、监理方认可后开始施工。

项目部进行质量检查时，发现现场安装完成的木模板内有铅丝及碎木屑，责令项目部进行整改。

隐蔽工程验收合格后，施工单位填报了浇筑申请单，监理工程师签字确认。施工班组将水平输送泵管固定在脚手架小横杆上，采用振动棒倾斜于混凝土内，由近及远、分层浇筑，监理工程师发现后责令停工整改。

【问题】

1. 施工单位应根据哪些因素组建项目部？

2. 本工程在基坑监测管理工作中有哪些不妥之处？并说明理由。

3. 混凝土浇筑前，项目部应对模板分项工程进行哪些检查？

4. 在浇筑混凝土工作中，施工班组的做法有哪些不妥之处？并说明正确做法。

【参考答案】

1. 施工单位应根据项目的合同要求、工程规模、复杂程度、专业特点、人员素质和地域范围确定组建项目部。

2. 本工程在基坑监测管理工作中的不妥之处及理由如下：

（1）不妥之处：基坑开挖前，施工单位委托具备相应资质的第三方对基坑工程进行现场监测。

理由：应由建设单位委托具备相应资质的第三方对基坑工程进行现场监测。

（2）不妥之处：监测单位编制了监测方案，经建设方、监理方认可后开始施工。

理由：监测方案除经建设方、监理方认可外，还应经设计方认可后才可以开始施工。

3. 混凝土浇筑前，项目部应对模板分项工程进行的检查如下：

（1）应检查模板尺寸偏差。

（2）应检查模板面是否清洁。

（3）应检查接缝是否严密。

（4）应检查与混凝土接触面是否平整。

（5）应检查预埋件（预留孔、预留洞）的数量和尺寸。

4. 在浇筑混凝土工作中，施工班组的不妥之处及正确做法如下：

（1）不妥之处：施工班组将水平输送泵管固定在脚手架小横杆上。

正确做法：应采用单独的支架固定输送泵管，支架应与结构牢固连接，输送泵管转向处支架应加密。

（2）不妥之处：施工班组采用振动棒倾斜于混凝土内。

正确做法：振动棒应垂直于混凝土表面。

（3）不妥之处：由近及远、分层浇筑。

正确做法：应由远及近、分层浇筑。

实务操作和案例分析题五

【背景资料】

某新建办公楼，地下1层，筏板基础，地上12层，框架—剪力墙结构。筏板基础混凝土强度等级C30，抗渗等级P6，总方量1980m^3，由某商品混凝土搅拌站供应，一次性连续浇筑。在施工现场内设置了钢筋加工区。

在合同履行过程中，发生了下列事件：

事件1：由于建设单位提供的高程基准点A点（高程H_A为75.141m）离基坑较远，项目技术负责人要求将高程控制点引测至临近基坑的B点。技术人员在两点间架设水准仪，A点立尺读数a为1.441m，B点立尺读数b为3.521m。

事件2：在筏板基础混凝土浇筑期间，试验人员随机选择了一辆处于等候状态的混凝土运输车放料取样，并留置了一组标准养护抗压试件（3个）和一组标准养护抗渗试件（3个）。

事件3：框架柱箍筋采用ϕ8盘圆钢筋冷拉调直后制作，经测算，其中KZ1的箍筋每套下料长度为2350mm。

事件4：在工程竣工验收合格并交付使用一年后，屋面出现多处渗漏，建设单位通知施工单位立即进行免费维修。施工单位接到维修通知24h后，以已通过竣工验收为由不到现场，并拒绝免费维修。经鉴定，该渗漏问题因施工质量缺陷所致。建设单位另行委托其他单位进行修理。

【问题】

1. 列式计算B点高程H_B。

2. 分别指出事件2中的不妥之处，并写出正确做法。本工程筏板基础混凝土应至少留置多少组标准养护抗压试件？

3. 事件3中，在不考虑加工损耗和偏差的前提下，列式计算100m长$\phi 8$盘圆钢筋经冷拉调直后，最多能加工多少套KZ1的柱箍筋？

4. 事件4中，施工单位做法是否正确？说明理由。建设单位另行委托其他单位进行修理是否正确？说明理由。修理费用应如何承担？

【参考答案】

1. B点高程$H_B = H_A + a - b = 75.141 + 1.441 - 3.521 = 73.061$m。

2. 事件2中的不妥之处与正确做法。

（1）不妥之处：试验人员随机选择了一辆处于等候状态的混凝土运输车放料取样不妥。

正确做法：用于检查结构构件混凝土强度的试件，应在混凝土的浇筑地点随机抽取。

（2）不妥之处：留置了标准养护抗渗试件3个。

正确做法：应至少留置一组标准养护的抗渗试件，每组为6个试件。因为对有抗渗要求的混凝土结构，其混凝土试件应在浇筑地点随机取样。同一工程、同一配合比的混凝土，取样不应少于一次，留置组数应根据实际需要确定。

事件2中，至少应留置10组抗压标准养护试件。

3. 光圆钢筋冷拉调直时的冷拉率不宜大于4%，按冷拉率最大时计算可加工柱箍筋最多的数量＝100×1000×（1＋4%）/2350＝44.26，即最多可加工44个柱箍筋。

4. 事件4中，施工单位做法不正确。

理由：根据相关规定，屋面防水工程的最低保修期限为5年，且该渗漏问题因施工质量缺陷所致，施工单位应在保修书约定的时间内进行保修。

建设单位另行委托其他单位进行修理正确。

理由：施工单位不按工程保修书约定保修，建设单位可以另行委托其他单位保修。修理费用应由施工单位承担。

实务操作和案例分析题六

【背景资料】

某建筑工程，建筑面积23824m^2，地上10层，地下2层（地下水位-2.0m）。主体结构为非预应力现浇混凝土框架—剪力墙结构（柱网为9m×9m，局部柱距为6m），梁模板起拱高度分别为20mm、12mm。抗震设防烈度7度。梁、柱受力钢筋为HRB335，接头采用挤压连接。结构主体地下室外墙采用P8防水混凝土浇筑，墙厚250mm，钢筋净距60mm，混凝土为商品混凝土。一、二层柱混凝土强度等级为C40，以上各层柱为C30。

事件1：钢筋工程施工时，发现梁、柱钢筋的挤压接头有位于梁、柱端箍筋加密区的情况。在现场留取接头试件样本时，是以同一层每600个为一验收批，并按规定抽取试件样本进行合格性检验。

事件2：结构主体地下室外墙防水混凝土浇筑过程中，现场对粗集料的最大粒径进行了检测，检测结果为40mm。

事件3：该工程混凝土结构子分部工程完工后，项目经理部提前按验收合格的标准进行了自查。

【问题】

1. 该工程梁模板的起拱高度是否正确？说明理由。模板拆除时，混凝土强度应满足什么要求？

2. 事件1中，梁、柱端箍筋加密区出现挤压接头是否妥当？如不可避免，应如何处理？按规范要求指出本工程挤压接头的现场检验验收批确定有何不妥？应如何改正？

3. 事件2中，商品混凝土粗集料最大粒径控制是否准确？请从地下结构外墙的截面尺寸、钢筋净距和防水混凝土的设计原则三方面分析本工程防水混凝土粗集料的最大粒径。

4. 事件3中，混凝土结构子分部工程施工质量合格的标准是什么？

【参考答案】

1. 该工程梁模板的起拱高度是正确的。

理由：对跨度大于4m的现浇钢筋混凝土梁、板，其模板应按设计要求起拱；当设计无具体要求时，起拱高度应为跨度的1/1000～3/1000。对于跨度为9m的梁模板的起拱高度应为9～27mm；对于跨度为6m的梁模板的起拱高度应为6～18mm。

模板拆除时，9m梁跨的混凝土强度应达到设计的混凝土立方体抗压强度标准值的100%。6m梁跨的混凝土强度应达到设计的混凝土立方体抗压强度标准值的75%。

2. 事件1中，梁、柱端箍筋加密区出现挤压接头不妥，接头位置应放在受力较小处。如不可避免，宜采用机械连接，且钢筋接头面积百分率不应超过50%。

本工程挤压接头的现场检验验收的不妥之处是以同一层每600个为一验收批。

正确做法：同一施工条件下采用同一批材料的同等级、同形式、同规格接头，以500个为一个验收批进行检验与验收，不足500个也作为一个验收批。

3. 事件2中，商品混凝土粗集料最大粒径控制准确。

理由：商品混凝土粗集料最大粒径满足：

（1）≤截面最小尺寸的1/4，即250×1/4＝62.5mm。

（2）≤钢筋净距的3/4，即60×3/4＝45mm。

（3）地下防水混凝土粗集料最大粒径不宜大于40mm。

综上所述，该工程防水混凝土粗集料最大粒径为40mm。

4. 事件3中，混凝土结构子分部工程施工质量合格的标准：（1）分部工程所含分项工程的质量均应验收合格；（2）质量控制资料应完整；（3）有关安全、节能、环境保护和主要使用功能的抽样检验结果应符合相应规定；（4）观感质量验收应符合要求。

实务操作和案例分析题七

【背景资料】

某办公楼工程，建筑面积35000m²，地下2层，地上15层，框架一筒体结构，外装修为单元式玻璃幕墙和局部干挂石材。场区自然地面标高为-2.00m，基础底标高为-6.90m，地下水位标高 -7.50m，基础范围内土质为粉质黏土层。在建筑物北侧，距外墙轴线2.5m处有一自东向西管径为600mm的供水管线，埋深1.80m。

施工单位进场后，项目经理召集项目相关人员确定了基础及结构施工期间的总体部署和主要施工方法：土方工程依据合同约定采用专业分包；底板施工前，在基坑外侧将起重机安装调试完成；结构施工至地上8层时安装双笼外用电梯；模板拆至5层时安装悬挑卸料平台；考虑到场区将来回填的需要，主体结构外架采用悬挑式脚手架；楼板及柱模板采用木胶合板，支撑体系采用碗扣式脚手架；核心筒采用大钢模板施工。会后相关部门开始了施工准备工作。

合同履行过程中，发生了如下事件：

事件1：施工单位根据工作总体的安排，首先将工程现场临时用电安全专项方案报送监理工程师，得到了监理工程师的确认。随后施工单位陆续上报了其他安全专项施工方案。

事件2：地下1层核心筒拆模后，发现其中一道墙体的底部有一孔洞（大小为0.30m×0.50m），监理工程师要求修补。

事件3：装修期间，在地上10层，某管道安装工独自对焊工未焊完的管道接口进行施焊，结果引燃了正下方9层用于工程的幕墙保温材料，引起火灾。所幸正在进行幕墙作业的施工人员救火及时，无人员伤亡。

事件4：幕墙施工过程中，施工人员对单元式玻璃幕墙防火构造、变形缝及墙体转角构造节点进行了隐蔽记录，监理工程师提出了质疑。

【问题】

1. 工程自开工至结构施工完成，施工单位应陆续上报哪些安全专项方案？（至少列出四项）

2. 事件2中，按步骤说明孔洞修补的做法。

3. 指出事件3中的不妥之处。

4. 事件4中，幕墙还有哪些部位需要做隐蔽记录？

【参考答案】

1. 工程自开工至结构施工完成，施工单位应陆续上报的安全专项方案包括：供水管线防护工程，塔式起重机、施工外用电梯等特种设备安拆工程，起重吊装工程，悬挑卸料平台，悬挑脚手架工程及核心筒大模板工程等。

2. 事件2中，孔洞修补的做法：孔洞处理需要与设计单位共同研究制定补强方案，然后按批准后的方案进行处理；将孔洞处的不密实的混凝土凿掉，要凿成斜形（外口向上），用清水冲刷干净，并保持湿润72h，然后用高一等级的微膨胀豆石混凝土浇筑、捣实后，认真养护。有时因孔洞大需支模后才浇筑混凝土。

3. 事件3中的不妥之处：由不具备焊工上岗证的管道安装工单独完成施焊工作；焊接前没有对作业环境作了解；施焊时下方没有设置防护措施；施工作业前未清理周围易燃材料；未办理动火证。

4. 事件4中，幕墙还需要做隐蔽记录的部位：预埋件或后置埋件，构件连接节点，幕墙防雷装置，幕墙四周、内表面与立体结构之间的封堵，隐框玻璃幕墙玻璃板块的固定和单元式幕墙的封口节点。

实务操作和案例分析题八

【背景资料】

某建筑工程，建筑面积124000m^2，现浇剪力墙结构，地下3层，地上50层。基础埋深14.4mm，底板厚3m，底板混凝土强度等级为C35，抗渗等级为P12。

底板钢筋施工时，板厚1.5m处的HRB335级直径16mm钢筋，施工单位征得监理单位和建设单位同意后，用HPB235钢筋直径10mm的钢筋进行代换。

施工单位选定了某商品混凝土搅拌站，由该搅拌站为其制订了底板混凝土施工方案。该方案采用溜槽施工，分两层浇筑，每层厚度1.5m。

底板混凝土浇筑时当地最高大气温度38℃，混凝土最高入模温度40℃。

浇筑完成12h后采用覆盖一层塑料膜、一层保温岩棉养护7d。

测温记录显示：混凝土内部最高温度75℃，其表面最高温度45℃。

监理工程师检查发现底板表面混凝土有裂缝，经钻芯取样检查，取样样品均有贯通裂缝。

【问题】

1. 该基础底板钢筋代换是否合理？说明理由。

2. 商品混凝土供应站编制大体积混凝土施工方案是否合理？说明理由。

3. 本工程基础底板产生裂缝的主要原因是什么？

4. 大体积混凝土裂缝控制的常用措施是什么？

【参考答案】

1. 该基础底板钢筋代换不合理。

理由：钢筋代换时，应征得设计单位的同意，对于底板这种重要受力构件，不宜用HPB235代换HRB335。

2. 由商品混凝土供应站编制大体积混凝土施工方案不合理。

理由：大体积混凝土施工方案应由施工单位编制，混凝土搅拌站应根据现场提出的技术要求做好混凝土试配。

3. 本工程基础底板产生裂缝的主要原因有：

（1）混凝土的入模温度过高。

（2）混凝土浇筑后未在12h内进行覆盖，且养护天数远远不够。

（3）大体积混凝土由于水化热高，使内部与表面温差过大，产生裂缝。

4. 大体积混凝土裂缝控制的常用措施：

（1）优先选用低水化热的矿渣水泥拌制混凝土，并适当使用缓凝减水剂；

（2）在保证混凝土设计强度等级前提下，适当降低水胶比，减少水泥用量；

（3）降低混凝土的入模温度，控制混凝土内外的温差（当设计无要求时，控制在25℃以内）；

（4）及时对混凝土覆盖保温、保湿材料；

（5）可在基础内预埋冷却水管，通入循环水，强制降低混凝土水化热产生的温度；

（6）在拌合混凝土时，还可掺入适量的微膨胀剂或膨胀水泥，使混凝土得到补偿收缩，减少混凝土的收缩变形；

（7）设置后浇缝；

（8）采用二次抹面工艺，减少表面收缩裂缝。

实务操作和案例分析题九

【背景资料】

某医院门诊楼，位于市中心区域，建筑面积28400m²，地下1层，地上10层，檐高33.7m。框架—剪力墙结构，筏板基础，基础埋深7.8m，底板厚度1100mm，混凝土强度等级C30，抗渗等级P8。室内地面铺设实木地板，工程精装修交工。2014年3月15日开工，外墙结构及装修施工均采用钢管扣件式双排落地脚手架。

事件1：2014年6月1日开始进行底板混凝土浇筑，拌制水泥采用普通硅酸盐水泥，混凝土浇筑后10h进行覆盖并开始浇水，浇水养护持续5d。

事件2：工程施工至结构四层时，该地区发生了持续2h的暴雨，并伴有短时6～7级大风。风雨结束后，施工项目负责人组织有关人员对现场脚手架进行检查验收，排除隐患后恢复了施工生产。

事件3：2014年9月25日，地方建设行政主管部门检查项目施工人员三级教育情况，质询项目经理部的教育内容。施工项目负责人回答："进行了国家和地方安全生产方针、企业安全规章制度、工地安全制度、工程可能存在的不安全因素4项内容的教育。"受到了地方建设行政主管部门的严厉批评。

事件4：室内地面面层施工时，对木搁栅采用沥青防腐处理，木搁栅和毛地板与墙面之间未留空隙，面层木地板与墙面之间留置了10mm缝隙。

【问题】

1. 事件1中，底板混凝土的养护开始与持续时间是否正确？说明理由。

2. 事件2中，是否应对脚手架进行验收？说明理由。还应在哪些阶段对脚手架及其地基基础进行检查验收？

3. 事件3中，指出不属于项目经理部教育的内容，项目经理部教育还应包括哪些内容？

4. 事件4中，指出木地板施工的不妥之处，并写出正确的做法。

【参考答案】

1. 事件1中，底板混凝土的养护开始时间正确，持续时间不正确。

理由：为了确保新浇筑的混凝土有适宜的硬化条件，防止早期由于干缩而产生裂缝，大体积混凝土浇筑完毕后，应在8～12h内加以覆盖和浇水。对有抗渗要求的混凝土，采用普通硅酸盐水泥拌制的混凝土养护时间不得少于7d。

2. 事件2中，应对脚手架进行验收。

理由：遇有6级及以上大风或大雨后就应进行检查和验收，事件中发生了持续2h的暴雨且伴有短时6～7级大风，所以需要验收。

对脚手架及其地基基础应进行检查验收的其他阶段：

（1）基础完工后，架体搭设前；

（2）每搭设完6～8m高度后；

（3）作业层上施加荷载前；

（4）达到设计高度后；

（5）冻结地区解冻后；

（6）停用超过一个月的，在重新投入使用之前。

3. 事件3中，不属于项目经理部教育的内容：国家和地方安全生产方针、企业安全规章制度。项目经理部教育还应包括的内容：施工现场环境、工程施工特点。

4. 事件4中，木地板施工的不妥之处以及正确的做法：

（1）不妥之处：对木搁栅采用沥青防腐处理。

正确做法：木搁栅应采用环保型防腐涂料，并应垫实钉牢。

（2）不妥之处：木搁栅与墙面之间未留空隙。

正确做法：木搁栅与墙之间应留出20mm的缝隙。

（3）不妥之处：毛地板与墙面之间未留空隙。

正确做法：毛地板与墙之间留出8～12mm的缝隙。

实务操作和案例分析题十

【背景资料】

沿海地区某高层办公楼，建筑面积125000m^2，地下3层，地上26层，现浇钢筋混凝土结构，基坑开挖深度16.30m。建设单位与施工总承包单位签订了施工总承包合同。

合同履行过程中，发生了如下事件：

事件1：施工总承包单位将地下连续墙工程分包给某具有相应资质的专业公司，未报建设单位审批；依合同约定将装饰装修工程分别分包给具有相应资质的三家装饰装修公司。上述分包合同均由施工总承包单位与分包单位签订，且均在安全管理协议中约定分包工程安全事故责任全部由分包单位承担。

事件2：施工总承包单位将深基坑支护设计委托给专业设计单位，专业设计单位根据地质勘察报告选择了地下连续墙加内支撑支护结构形式。施工总承包单位编制了深基坑开挖专项施工方案，内容包括工程概况、编制依据、施工计划、施工工艺技术、劳动力计划。该方案经专家论证，补充了有关内容后，按程序通过了审批。

事件3：施工总承包单位为了提醒、警示施工现场人员时刻认识到所处环境的危险性并随时保持清醒和警惕，在现场出入口和基坑边沿设置了明显的安全警示标志。

事件4：本工程二层多功能厅设计为铝合金龙骨中密板材隔墙，下端为木踢脚。装饰装修公司在施工前编制了装饰装修施工方案，明确了板材组装和节点处理措施。

【问题】

1. 指出事件1中的不妥之处，分别说明理由。

2. 除地质勘察报告外，基坑支护结构形式选型依据还有哪些？本工程深基坑开挖专项施工方案应补充哪些主要内容？

3. 事件3中，施工现场还应在哪些位置设置安全警示标志？（至少列出五项）

4. 事件4中，板材组装应按什么顺序进行？板材安装节点应如何处理？

【参考答案】

1. 事件1中不妥之处及理由如下：

（1）不妥之处：地下连续墙分包给某具有相应资质的专业公司，未报建设单位审批。

理由：根据《建设工程质量管理条例》的规定，建设工程总承包合同中未有约定，又未经建设单位认可，承包单位将其承包的部分建设工程交由其他单位完成的行为属于违法分包行为。

（2）不妥之处：总包单位与分包单位签订分包合同中约定安全事故责任全部由分包单位承担。

理由：根据《建设工程安全生产管理条例》的规定，总承包单位与分包单位应对分包工程的安全生产承担连带责任。

2.（1）除地质勘察报告外，基坑支护结构形式选择依据还有施工图、开挖深度、建筑物周边环境、地下管线情况、道路交通情况。

（2）本工程深基坑开挖专项施工方案补充的主要内容：施工安全保证措施和计算书及相关图纸。

3. 事件3中，施工现场还应设置安全警示标志的位置：起重机械设备处、临时用电设施处、脚手架、出入通道口、楼梯口、电梯口、孔洞口、爆破物、有害气体和液体存放处。

4.（1）事件4中，板材组装顺序：当有洞口时，应从门洞口处向两侧依次进行，当无洞口时，应从一端向另外一端安装。

（2）板材安装节点的处理：

① 接缝处理：所用接缝材料品种和接缝方法应符合设计要求；设计无要求时板缝处粘贴50～60mm宽的嵌缝带，阴阳角处粘贴200mm宽纤维布，并用石膏腻子抹平，总厚度应控制在3mm内。

② 防腐处理：接触砖、石、混凝土的龙骨和埋置的木楔应作防腐处理。

③ 踢脚处理：木踢脚覆盖时，饰面板应与地面留有20～30mm缝隙。

第二章 建筑工程施工进度管理

2011—2020年度实务操作和案例分析题考点分布

考点 \ 年份	2011年	2012年	2013年	2014年	2015年	2016年	2017年	2018年	2019年	2020年
资源需求计划的编制							●			
工期、费用、资源优化							●	●		
流水施工进度计划横道图的绘制及工期计算	●	●				●				
流水施工的基本组织形式		●								
施工总进度计划的内容					●					
双代号网络计划的关键线路			●		●					●
双代号网络计划总工期的计算	●		●		●					●
双代号网络计划的绘制			●							
双代号时标网络计划关键线路的确定				●						
双代号时标网络计划工期、费用索赔的判定				●						
单位工程进度计划的编制步骤								●		
总工期、总时差、自由时差的计算								●		
流水节拍的确定及工作队数的计算									●	
施工进度计划实时监测的方法									●	
施工进度计划的编制及内容										●
施工进度计划的调整										●
进度事后控制										●

【专家指导】

关于进度的考核，施工网络进度计划一直以来都是围绕双代号网络图来考查，工期的计算、时间参数的计算及关键线路的确定属于基本知识，考核频率较高，对于各工期的计算也是考核的要点。关于网络图的绘制规则，应熟记于心，复习过程中考生应注意把握。

要点归纳

1. 流水施工参数的分类（3类）**【重要考点】**

（1）工艺参数：包括施工过程和流水强度。

（2）空间参数：可以是施工区（段），也可以是多层的施工层数。

（3）时间参数：包括流水节拍、流水步距和流水施工工期。

2. 流水施工的基本组织形式及其特点**【重要考点】**

（1）无节奏流水施工：各施工过程在各施工段的流水节拍不全相等；相邻施工过程的流水步距不尽相等；专业工作队数等于施工过程数；各专业工作队能够在各施工段上连续作业，但有的施工过程间可能有间隔时间。

（2）等节奏流水施工：所有施工过程在各个施工段上的流水节拍均相等；相邻施工过程的流水步距相等，且等于流水节拍；专业工作队数等于施工过程数，即每一个施工过程成立一个专业工作队，由该队完成相应施工过程所有施工任务；各个专业工作队在各施工段上能够连续作业，各施工过程之间没有空闲时间。

（3）等步距异节奏流水施工：同一施工过程在其各个施工段上的流水节拍均相等，不同施工过程的流水节拍不等，其值为倍数关系；相邻施工过程的流水步距相等，且等于流水节拍的最大公约数；专业工作队数大于施工过程数，部分或全部施工过程按倍数增加相应专业工作队；各个专业工作队在各施工段上能够连续作业，各施工过程间没有间隔时间。

（4）异步距异节奏流水施工：同一施工过程在各个施工段上流水节拍均相等，不同施工过程之间的流水节拍不尽相等；相邻施工过程之间的流水步距不尽相等；专业工作队数等于施工过程数；各个专业工作队在各施工段上能够连续作业，各施工过程间没有间隔时间。

3. 流水施工方法的应用**【重要考点】**

（1）有节奏流水施工。

1）固定节拍流水施工工期的计算。

① 有间歇时间的固定节拍流水施工工期 $T=(m+n-1)t+\Sigma G+\Sigma Z$

② 有提前插入时间的固定节拍流水施工工期 $T=(m+n-1)t+\Sigma G+\Sigma Z-\Sigma C$

2）加快的成倍节拍流水施工工期的计算。

加快的成倍节拍流水施工工期 $T=(m+n-1)K+\Sigma G+\Sigma Z-\Sigma C$

（2）非节奏流水施工。

1）流水步距的确定采用“累加数列错位相减取大差法”。

2）流水施工工期 $T=\Sigma K+\Sigma t_n+\Sigma Z+\Sigma G-\Sigma C$

式中 m——施工段数；

n——施工过程数；

t——流水节拍；

K——流水步距；

ΣG——工艺间歇时间之和；

ΣZ——组织间歇时间之和；

ΣC——提前插入时间之和；

ΣK——各施工过程（或专业工作队）之间流水步距之和；

Σt_n——最后一个施工过程（或专业工作队）在各施工段流水节拍之和。

4. 网络计划的优化【**重要考点**】

工期优化、费用优化、资源优化。

5. 施工进度计划的分类及其内容【**重要考点**】

（1）施工总进度计划：编制说明，施工总进度计划表（图），分期（分批）实施工程的开、竣工日期及工期一览表，资源需要量及供应平衡表等。

一般在总承包企业的总工程师领导下进行编制。

（2）单位工程进度计划：工程建设概况；工程施工情况；单位工程进度计划；分阶段进度计划；单位工程准备工作计划；劳动力需用量计划；主要材料、设备及加工计划；主要施工机械和机具需要量计划；主要施工方案及流水段划分；各项经济技术指标要求等。单位工程开工前，由项目经理组织，在项目技术负责人领导下编制。

（3）分阶段（或专项工程）工程进度计划。

（4）分部分项工程进度计划。

6. 进度计划的实施与监测【**重要考点**】

施工进度计划实施监测的方法有：横道计划比较法，网络计划法，实际进度前锋线法，S形曲线法，香蕉型曲线比较法等。

项目进度计划监测后，应形成书面进度报告。项目进度报告的内容主要包括：进度执行情况的综合描述；实际施工进度；资源供应进度；工程变更、价格调整、索赔及工程款收支情况；进度偏差状况及导致偏差的原因分析；解决问题的措施；计划调整意见。

7. 施工进度计划的调整【**一般考点**】

（1）施工进度计划的调整内容：施工内容、工程量、起止时间、持续时间、工作关系、资源供应等。

（2）施工进度计划的调整方法：① 关键工作的调整（最常用）；② 改变某些工作间的逻辑关系；③ 剩余工作重新编制进度计划；④ 非关键工作调整；⑤ 资源调整。

8. 施工总进度计划的编制步骤【**重要考点**】

（1）根据独立交工系统的先后顺序，明确划分建设工程项目的施工阶段；按照施工部署要求，合理确定各阶段各个单项工程的开、竣工日期。

（2）分解单项工程，列出每个单项工程的单位工程和每个单位工程的分部工程。

（3）计算每个单项工程、单位工程和分部工程的工程量。

（4）确定单项工程、单位工程和分部工程的持续时间。

（5）编制初始施工总进度计划；为了使施工总进度计划清楚明了，可分级编制。

9. 单位工程进度计划的编制步骤【**重要考点**】

（1）收集编制依据；

（2）划分施工过程、施工段和施工层；

（3）确定施工顺序；

（4）计算工程量；

（5）计算劳动量或机械台班需用量；

（6）确定持续时间；

（7）绘制可行的施工进度计划图；

（8）优化并绘制正式施工进度计划图。

10. 网络计划方法的应用【高频考点】

（1）网络计划的绘图方法、绘图规则。

（2）网络计划时间参数的计算。

1）双代号网络计划。

按工作计算法：

① 计算工期：网络计划的计算工期等于以网络计划终点节点为完成节点的工作的最早完成时间的最大值。

② 计划工期：在双代号网络计划中若未规定要求工期，则其计划工期等于计算工期。

③ 总时差、自由时差：

工作的总时差等于该工作最迟完成时间与最早完成时间之差，或该工作最迟开始时间与最早开始时间之差，即：

$$TF_{i-j}=LF_{i-j}-EF_{i-j}=LS_{i-j}-ES_{i-j}$$

对于有紧后工作的工作，其自由时差等于本工作之紧后工作最早开始时间减本工作最早完成时间所得之差的最小值，即：

$$FF_{i-j}=\min\{ES_{j-k}-EF_{i-j}\}=\min\{ES_{j-k}-ES_{i-j}-D_{i-j}\}$$

对于无紧后工作的工作，也就是以网络计划终点节点为完成节点的工作，其自由时差等于计划工期与本工作最早完成时间之差，即：

$$FF_{i-n}=T_{\mathrm{p}}-EF_{i-n}=T_{\mathrm{p}}-ES_{i-n}-D_{i-n}$$

④ 关键工作：在网络计划中，总时差最小的工作为关键工作。特别地，当网络计划的计划工期等于计算工期时，总时差为零的工作就是关键工作。

⑤ 关键线路：将关键工作首尾相连，便构成从起点节点到终点节点的通路，位于该通路上各项工作的持续时间总和最大，这条通路就是关键线路。关键线路的工期即为网络计划的计算工期。

按节点计算法：

① 计算工期：网络计划的计算工期等于网络计划终点节点的最早时间。

② 计划工期：在双代号网络计划中若未规定要求工期，则其计划工期等于计算工期。

③ 总时差、自由时差：

工作的总时差等于该工作完成节点的最迟时间减去该工作开始节点的最早时间所得差值再减其持续时间，即：

$$TF_{i-j}=LF_{i-j}-EF_{i-j}=LT_j-(ET_i+D_{i-j})=LT_j-ET_i-D_{i-j}$$

工作的自由时差等于该工作完成节点的最早时间减去该工作开始节点的最早时间所得差值再减其持续时间，即：

$$\begin{aligned}FF_{i-j}&=\min\{ES_{j-k}-ES_{i-j}-D_{i-j}\}=\min\{ES_{j-k}\}-ES_{i-j}-D_{i-j}\\&=\min\{ET_j\}-ET_i-D_{i-j}\end{aligned}$$

2）双代号时标网络计划。

① 关键线路：凡自始至终不出现波形线的线路。

② 计算工期：终点节点所对应的时标值与起点节点所对应的时标值之差。

③ 总时差：

以终点节点为完成节点的工作，其总时差应等于计划工期与本工作最早完成时间之差，即：

$$TF_{i-n}=T_{\mathrm{p}}-EF_{i-n}$$

其他工作的总时差等于其紧后工作的总时差加本工作与该紧后工作之间的时间间隔所得之和的最小值，即：

$$TF_{i-j}=\min\{TF_{j-k}+LAG_{i-j,\ j-k}\}$$

④ 自由时差：

以终点节点为完成节点的工作，其自由时差应等于计划工期与本工作最早完成时间之差，即：

$$FF_{i-n}=T_{\mathrm{p}}-EF_{i-n}$$

其他工作的自由时差就是该工作箭线中波形线的水平投影长度。

11. 施工进度偏差分析【高频考点】

（1）分析出现进度偏差的工作是否为关键工作。

如果出现进度偏差的工作位于关键线路上，即该工作为关键工作，则无论其偏差有多大，都将对后续工作和总工期产生影响；如果出现偏差的工作是非关键工作，则需要根据进度偏差值与总时差和自由时差的关系作进一步分析。

（2）分析进度偏差是否超过总时差。

如果工作的进度偏差大于该工作的总时差，则此进度偏差必将影响其后续工作和总工期；如果工作的进度偏差未超过该工作的总时差，则此进度偏差不影响总工期。至于对后续工作的影响程度，还需要根据偏差值与其自由时差的关系作进一步分析。

（3）分析进度偏差是否超过自由时差。

如果工作的进度偏差大于该工作的自由时差，则此进度偏差将对其后续工作产生影响；如果工作的进度偏差未超过该工作的自由时差，则此进度偏差不影响后续工作。

历年真题

实务操作和案例分析题一［2020年真题］

【背景资料】

某新建住宅群体工程，包含10栋装配式高层住宅，5栋现浇框架小高层公寓，1栋社区活动中心及地下车库，总建筑面积31.5万m^2。开发商通过邀请招标确定甲公司为总承包施工单位。

开工前，项目部综合工程设计、合同条件、现场场地分区移交、陆续开工等因素编制本工程施工组织总设计，其中施工进度总计划在项目经理领导下编制，编制过程中，项目经理发现该计划编制说明中仅有编制的依据，未体现计划编制应考虑的其他要素，要求编制人员补充。

社区活动中心开工后，由项目技术负责人组织专业工程师根据施工进度总计划编制社区活动中心施工进度计划，内部评审中项目经理提出C、G、J工作由于特殊工艺共同租赁一台施工机具，在工作B、E按计划完成的前提下，考虑该机具租赁费用较高，尽量连续施工，要求对进度计划进行调整。经调整，最终形成既满足工期要求又经济可行的进度计划。社区活动中心调整后的部分施工进度计划见图2–1。

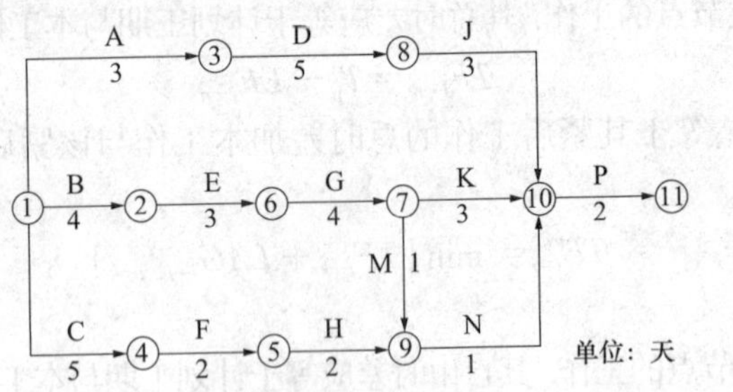

图2–1　社区活动中心施工进度计划（部分）

公司对项目部进行月度生产检查时发现，因连续小雨影响，D工作实际进度较计划进度滞后2天，要求项目部在分析原因的基础上制定进度事后控制措施。

本工程完成全部结构施工内容后，在主体结构验收前，项目部制定了结构实体检验专项方案，委托具有相应资质的检测单位在监理单位见证下对涉及混凝土结构安全的有代表性的部位进行钢筋保护层厚度等检测，检测项目全部合格。

【问题】

1. 指出背景资料中施工进度计划编制中的不妥之处。施工进度总计划编制说明还包含哪些内容?

2. 列出图2–1调整后有变化的逻辑关系（以工作节点表示，如：①→②或②⇢③）。计算调整后的总工期，列出关键线路（以工作名称表示，如：A→D）。

3. 按照施工进度事后控制要求，社区活动中心应采取的措施有哪些?

4. 主体结构混凝土子分部包含哪些分项工程? 结构实体检验还应包含哪些检测项目?

【解题方略】

1. 本题考核的是施工进度计划的编制与内容。编制：（1）施工总进度计划一般在总承包企业的总工程师领导下进行编制。（2）单位工程开工前，由项目经理组织，在项目技术负责人领导下进行编制。施工进度计划编制说明的内容包括：编制的依据，假设条件，指标说明，实施重点和难点，风险估计及应对措施等。

2. 本题考核的是施工进度计划的调整、总工期、关键线路。持续时间最长的线路就是关键线路。关键线路的持续时间之和即为总工期。

3. 本题考核的是进度事后控制内容。当实际进度与计划进度发生偏差时，在分析原因的基础上应采取以下措施：

（1）制定保证总工期不突破的对策措施；

（2）制定总工期突破后的补救措施；

（3）调整相应的施工计划，并组织协调相应的配套设施和保障措施。

4. 本题考核的是主体结构包括的内容与混凝土结构实体检验项目。主体结构包括的内容要注意避免与其他子分部工程的分项工程相混淆。混凝土结构实体检验项目包括混凝土强度、钢筋保护层厚度、结构位置及尺寸偏差以及合同约定项目等。

【参考答案】

1. 不妥1：项目经理领导下编制施工进度总计划；

不妥2：社区活动中心开工后，编制施工进度计划；

不妥3：项目技术负责人组织编制单位工程施工进度计划。

编制说明需补充：假定条件、指标说明、实施重点、实施难点、风险估计、应对措施。

2. 调整后，逻辑关系变化的有：④┈➤⑥和⑦┈➤⑧；

调整后的总工期：16d；

关键线路为：B→E→G→K→P，B→E→G→J→P。

3. 制定保证社区活动中心工期不突破的对策措施；

制定社区活动中心工期突破后的补救措施；

调整计划，并组织协调相应的配套设施（资源）和保障措施。

4. 混凝土结构子分部包括的分项工程有：模板、钢筋、混凝土、装配式结构。

检测项目还包括混凝土强度、结构位置与尺寸偏差以及合同约定（其他）的项目。

实务操作和案例分析题二［2019年真题］

【背景资料】

某新建办公楼工程，地下二层，地上二十层，框架—剪力墙结构，建筑高度87m。建设单位通过公开招标选定了施工总承包单位并签订了工程施工合同。基坑深7.6m，基础底板施工计划网络图如图2-2所示。

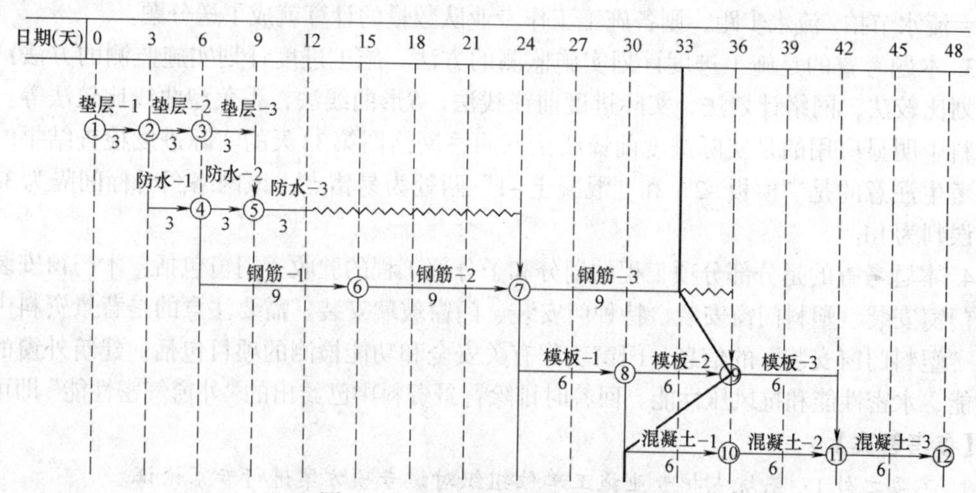

图2-2　基础底板施工计划网络图

基坑施工前，基坑支护专业施工单位编制了基坑支护专项方案，履行相关审批签字手续后，组织包括总承包单位技术负责人在内的5名专家对该专项方案进行专家论证，总监理工程师提出专家论证组织不妥，要求整改。

项目部在施工至第33天时，对施工进度进行了检查，实际施工进度如网络图中实际进度前锋线所示，对进度有延误的工作采取了改进措施。

项目部对装饰装修工程门窗子分部进行过程验收中，检查了塑料门窗安装等各分项工程，并验收合格；检查了外窗气密性能等有关安全和功能检测项目合格报告，观感质量符合要求。

【问题】

1. 指出基坑支护专项方案论证的不妥之处。应参加专家论证会的单位还有哪些？

2. 指出网络图中各施工工作的流水节拍。如采用成倍节拍流水施工，计算各施工工作专业队数量。

3. 进度计划监测检查方法还有哪些？写出第33天的实际进度检查结果。

4. 门窗子分部工程中还包括哪些分项工程？门窗工程有关安全和功能检测的项目还有哪些？

【解题方略】

1. 本题考查的是专项施工方案的论证。超过一定规模的危险性较大的分部分项工程专项方案应当由施工单位组织召开专家论证会。实行施工总承包的，由施工总承包单位组织召开专家论证会。故基坑支护专业单位组织专家论证不妥。专家组成员应当由5名及以上符合相关专业要求的专家组成，本项目参建各方的人员不得以专家身份参加专家论证会。故总承包单位技术负责人不得以专家身份参加专家论证会。

2. 本题考查的是流水节拍的确定及工作队数的计算。流水节拍的确定较为简单，简单识图即可轻松作答。图2–2中的施工工序为垫层→防水→钢筋→模板→混凝土。结合时标即可得出流水节拍为3d，3d，9d，6d，6d。

工作专业队数量的突破点即为流水步距K的确定，简单说就是找出最大公约数为3。根据各施工工序的流水节拍分别为3d、3d、9d、6d、6d，则流水步距：K=3d。专业工作队数＝流水节拍/流水步距，则各施工工作专业队数量的计算就成了送分题。

3. 本题考查的是施工进度计划实施监测的方法。施工进度计划实施监测的方法：横道计划比较法，网络计划法，实际进度前锋线法，S形曲线法，香蕉型曲线比较法等。背景资料中明显应用的是实际进度前锋线法。回答网络图第33天的实际进度检查结果时，要求考生注意的是“模板–2”和“混凝土–1”两处为易错点，该网络图时标间隔为3d，不要误判为1d。

4. 本题考查的是分部分项工程的划分和子分部工程的验收。门窗包括：木门窗安装、金属门窗安装、塑料门窗安装、特种门安装、门窗玻璃安装。需要注意的是背景资料中已给出“塑料门窗安装”的信息。门窗工程有关安全和功能检测的项目包括：建筑外窗的气密性能、水密性能和抗风压性能。回答时排除背景资料中已给出的“外窗气密性能”即可。

【参考答案】

1. 不妥之处1：基坑支护专业施工单位组织对该专项方案进行专家论证。

不妥之处2：包括总承包单位技术负责人在内的5名专家对该专项方案进行专家论证。

参会单位还有：建设单位、勘察单位、设计单位。

2.（1）垫层、防水、钢筋、模板、混凝土工序的流水节拍分别为：3d，3d，9d，6d，6d。

（2）流水步距：K＝3d。则各施工工作专业队数量计算如下：

垫层施工专业队＝3/3＝1。

防水施工专业队＝3/3＝1。

钢筋施工专业队＝9/3＝3。

模板施工专业队＝6/3＝2。

混凝土施工专业队＝6/3＝2。

3. 施工进度计划实施监测的方法还有：横道计划比较法、网络计划法、S形曲线法、香蕉型曲线法。

基础底板施工计划网络图第33天的实际进度检查结果：

钢筋–3实际进度正常；

模板–2实际进度提前3天；

混凝土–1实际进度延误3天。

4. 门窗子分部工程中还包括的分项工程有：木门窗安装、金属门窗安装、特种门安装和门窗玻璃安装。

门窗工程有关安全和功能检测的项目还应有：水密性能和抗风压性能。

实务操作和案例分析题三［2018年真题］

【背景资料】

某高校图书馆工程地下2层，地上5层，建筑面积约35000m²，现浇钢筋混凝土框架结构，部分屋面为正向抽空四角锥网架结构，施工单位与建设单位签订了施工总承包合同，合同工期为21个月。

在工程开工前施工单位按照收集依据、划分施工过程（段）计算劳动量、优化并绘制正式进度计划图等步骤，编制了施工进度计划，并通过了总监理工程师的审查与确认，项目部在开工后进行了进度检查，发现施工进度拖延，其部分检查结果如图2–3所示。

项目部为优化工期，通过改进装饰装修施工工艺，使其作业时间缩短为4个月，据此进度计划通过了总监理工程师的确认。

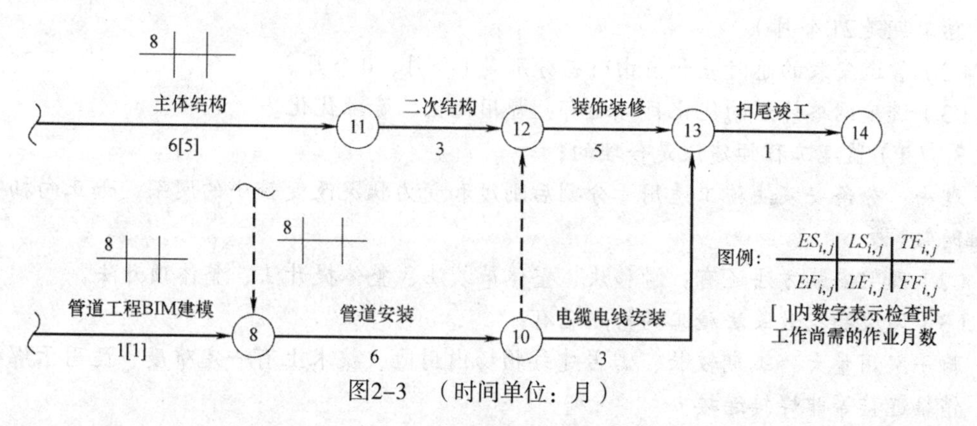

图2–3 （时间单位：月）

项目部计划采用高空散装法施工屋面网架，监理工程师审查时认为，高空散装法施工高空作业多、安全隐患大，建议修改为采用分条安装法施工。

管道安装按照计划进度完成后，因甲供电缆电线未按计划进场，导致电缆电线安装工程最早开始时间推迟了1个月，施工单位按规定提出索赔工期1个月。

【问题】

1. 单位工程进度计划编制步骤还应包括哪些内容？

2. 图2–3中工程总工期是多少？管道安装的总时差和自由时差分别是多少？除工期优化外进度网络计划的优化目标还有哪些？

3. 监理工程师的建议是否合理？网架安装方法还有哪些？网架高空散装法施工的特点还有哪些？

4. 施工单位提出的工期索赔是否成立？并说明理由。

【解题方略】

1. 本题考查的是单位工程进度计划的编制步骤。本题为查漏补缺型题目。单位工程进度计划的编制步骤：（1）收集编制依据；（2）划分施工过程、施工段和施工层；（3）确定施工顺序；（4）计算工程量；（5）计算劳动量或机械台班需用量；（6）确定持续时间；（7）绘制可行的施工进度计划图；（8）优化并绘制正式施工进度计划图。

2. 本题考查的是总工期、总时差、自由时差的计算。总时差等于其最迟开始时间减去最早开始时间，或等于最迟完成时间减去最早完成时间。网络中工作 i–j 的自由时差等于紧后工作的最早开始时间减去本工作的最早完成时间。

3. 本题考查的是网架安装的方法。网架安装的方法包括：高空散装法、分条或分块安装法、滑移法、整体吊装法、整体提升法、整体顶升法。

4. 本题考查的是工期索赔。总时差是指在不影响总工期的前提下，本工作可以利用的机动时间；工作自由时差，是指在不影响其所有紧后工作最早开始的前提下，本工作可以利用的机动时间。

【参考答案】

扫码学习

1. 单位工程进度计划编制步骤还应包括的内容：（1）确定施工顺序；（2）计算工程量；（3）计算台班需用量；（4）确定持续时间；（5）绘制可行的施工进度计划图。

2.（1）总工期是22个月（若考虑改进装饰装修施工工艺，使其作业时间缩短为4个月，总工期是21个月）。

（2）管道安装的总时差和自由时差分别是1个月、0个月。

（3）进度网络计划的优化目标还有：费用优化、资源优化。

3.（1）监理工程师建议是合理的；

理由：分条安装法施工适用于分割后刚度和受力状况改变较小的网架，如正向抽空四角锥网架等。

（2）网架安装方法还有：滑移法、整体吊装法、整体提升法、整体顶升法。

（3）网架高空散装法施工的特点还有：

脚手架用量大、工期较长、需占建筑物场内用地、技术上有一定难度、适用于螺栓连接、销轴连接等非焊接连接。

4. 不成立。

理由：甲供电缆电线未按计划进场，虽为建设单位（或甲方）责任，但电缆电线安装工程有3个月（若考虑改进装饰装修施工工艺，总时差2个月）的总时差，最早开始时间推迟了1个月，小于总时差，不影响总工期。

实务操作和案例分析题四［2016年真题］

【背景资料】

某综合楼工程，地下3层，地上20层，总建筑面积68000m^2，地基基础设计等级为甲级，灌注桩筏板基础，现浇钢筋混凝土框架剪力墙结构。建设单位与施工单位按照《建设工程施工合同（示范文本）》GF—2013—0201签订了施工合同，约定竣工时需向建设单位移交变形测量报告，部分主要材料由建设单位采购提供。施工单位委托第三方测量单位进行施工阶段的建筑变形测量。

基础桩设计桩径800mm、长度35～42m，混凝土强度等级C30，共计900根，施工单位编制的桩基施工方案中列明：采用泥浆护壁成孔，导管法水下灌注C30混凝土；灌注时桩顶混凝土面超过设计标高500mm；每根桩留置1组混凝土试件；成桩后按总桩数的20%对桩身质量进行检验。监理工程师审查时认为方案存在错误，要求施工单位改正后重新上报。

地下结构施工过程中，测量单位按变形测量方案实施监测时，发现基坑周边地表出现明显裂缝，立即将此异常情况报告给施工单位。施工单位立即要求测量单位及时采取相应的监测措施，并根据观测数据制订了后续防控对策。

装修施工单位将地上标准层（F6～F20）划分为3个施工段组织流水施工，各施工段上均包含3个施工工序，其流水节拍见表2-1：

标准层装修施工流水节拍参数一览表 表2-1

流水节拍		施工过程（周）		
		工序①	工序②	工序③
施工段	F6～F10	4	3	3
	F11～F15	3	4	6
	F16～F20	5	4	3

建设单位采购的材料进场复检结果不合格，监理工程师要求退场；因停工待料导致窝工，施工单位提出8万元费用索赔。材料重新进场施工完毕后，监理验收通过；由于该部位的特殊性，建设单位要求进行剥离检验，检验结果符合要求；剥离检验及恢复共发生费用4万元，施工单位提出4万元费用索赔。上述索赔均在要求时限内提出，数据经监理工程师核实无误。

【问题】

1. 指出桩基施工方案中的错误之处，并分别写出相应的正确做法。

2. 变形测量发现异常情况后，第三方测量单位应及时采取哪些措施？针对变形测量，除基坑周边地表出现明显裂缝外，还有哪些异常情况也应立即报告委托方？

3. 参照表2-2，绘制标准层装修的流水施工横道图。

4. 分别判断施工单位提出的两项费用索赔是否成立？并写出相应理由。

【解题方略】

1. 本题考查的是桩基础施工技术要求。桩基础施工，需要掌握的关键点有：

（1）水下灌注时，桩顶混凝土面标高至少要比设计标高超灌1.0m以上。

标准层装修的流水施工横道图 表2-2

施工过程	施工进度（周）									
	1	2	3	4	5	6	7	8	9	10	…
工序①											
工序②											
工序③											

（2）工程桩承载力检验：对于地基基础设计等级为甲级或地质条件复杂，成桩质量可靠性低的灌注桩，应采用静载荷试验的方法进行检验，检验桩数不应少于总数的1%，且不应少于3根；当总桩数少于50根时，不应少于2根。

（3）桩身质量检验：对设计等级为甲级或地质条件复杂，成桩质量可靠性低的灌注桩，抽检数量不应少于总数的30%，且不应少于20根；其他桩基工程的抽检数量不应少于总数的20%，且不应少于10根。

2. 本题考查的是建筑物的变形观测。解答此题的关键在于掌握建筑物变形情况及采取的措施（报告委托方，增加观测次数或调整变形测量方案）。

3. 本题考查的是非节奏流水施工进度计划的绘制。在非节奏流水施工中，通常采用累加数列错位相减取大差法计算流水步距。

累加数列错位相减取大差法的基本步骤如下：

（1）对每一个施工过程在各施工段上的流水节拍依次累加，求得各施工过程流水节拍的累加数列；

（2）将相邻施工过程流水节拍累加数列中的后者错后一位，相减后求得一个差数列；

（3）在差数列中取最大值，即为这两个相邻施工过程的流水步距。

绘制非节奏流水施工进度计划，需要计算流水步距与施工工期，计算步骤如下：

（1）求各施工过程流水节拍的累加数列：

施工工序①：4，7，12

施工工序②：3，7，11

施工工序③：3，9，12

（2）错位相减求得差数列：

①与②：4，4，5，−11

②与③：3，4，2，−12

（3）在差数列中取最大求得流水步距：

施工工序①与②之间的流水步距：$K_{1,2}=\max[4,4,5,-11]=5$周。

施工工序②与③之间的流水步距：$K_{2,3}=\max[3,4,2,-12]=4$周。

（4）计算流水施工工期T

$T=\sum K+\sum t_n=(5+4)+(3+6+3)=21$周。

4. 本题考查的是施工索赔。停工待料造成的窝工属于建设单位的责任，所以8万元费用索赔成立。

剥离检验索赔判定依据：经检验证明质量合格的，由发包人承担由此增加的费用和（或）工期延误，并支付承包人合理利润；质量不合格的则由承包人承担由此增加的费用和（或）工期延误。

【参考答案】

1. 桩基施工方案中存在的错误之处及正确做法：

（1）错误之处：灌注时桩顶混凝土面超过设计标高500mm。

正确做法：水下灌注时，桩顶混凝土面标高至少要比设计标高超灌1.0m以上。

（2）错误之处：成桩后按总桩数的20%对桩身质量进行检验。

正确做法：对设计等级为甲级或地质条件复杂，成桩质量可靠性低的灌注桩，抽检数量不应少于总数的30%。

2. 变形测量发现异常情况后，第三方测量单位应立即报告委托方，同时应及时增加观测次数或调整变形测量方案。

当建筑变形观测过程中发生下列情况之一时，也应立即报告委托方：

（1）变形量或变形速率出现异常变化；

（2）变形量或变形速率达到或超出预警值；

（3）周边或开挖面出现塌陷、滑坡情况；

（4）建筑本身、周边建筑及地表出现异常；

（5）由于地震、暴雨、冻融等自然灾害引起的其他异常变形情况。

3. 标准层装修的流水施工横道图见表2-3。

标准层装修的流水施工横道图 **表2-3**

施工过程	施工进度（周）																				
	1	2	3	4	5	6	7	8	9	10	11	12	13	14	15	16	17	18	19	20	21
工序①	━	━	━	━	━	━	━	━	━	━	━	━									
工序②						━	━	━	━	━	━	━	━	━	━	━					
工序③										━	━	━	━	━	━	━	━	━	━	━	━

4.（1）因停工待料导致窝工，施工单位提出8万元费用索赔成立。

理由：由于建设单位原因导致的窝工，索赔成立。

（2）剥离检验及恢复4万元索赔成立。

理由：施工单位应建设单位要求进行剥离检验，经检验证明工程质量符合合同要求的，由发包人承担由此增加的费用和（或）工期延误，并支付承包人合理利润。

实务操作和案例分析题五［2015年真题］

【背景资料】

某群体工程，主楼地下2层，地上8层，总建筑面积26800m^2，现浇钢筋混凝土框架结构，建设单位分别与施工单位、监理单位按照《建设工程施工合同（示范文本）》GF—2013—0201、《建设工程监理合同（示范文本）》GF—2012—0202，签订了施工合同和监理合同。

合同履行过程中，发生了下列事件：

事件1：监理工程师在审查施工组织设计时，发现其总进度计划部分仅有网络图和编制说明。监理工程师认为该部分内容不全，要求补充完善。

事件2：某单体工程的施工网络进度计划如图2-4所示。因工艺设计采用某专利技术，工作F需要工作B和工作C完成以后才能开始施工。监理工程师要求施工单位对该进度计划网络图进行调整。

事件3：施工过程中发生索赔事件如下：

（1）由于项目功能调整变更设计，导致工作C中途出现停歇，持续时间比原计划超出2个月，造成施工人员窝工损失13.6×2=27.2万元。

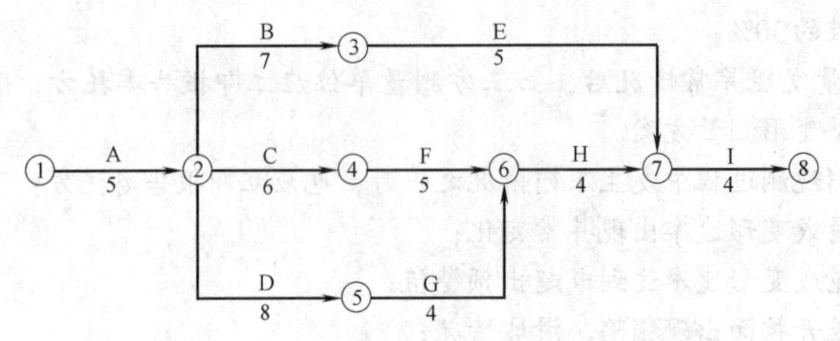

图2-4 施工进度计划网络图（单位：月）

（2）当地发生百年一遇大暴雨引发泥石流，导致工作E停工，清理恢复施工共用时3个月，造成施工设备损失费用8.2万元、清理和修复工程费用24.5万元。

针对上述（1）、（2）事件，施工单位在有效时限内分别向建设单位提出2个月、3个月的工期索赔，27.2万元、32.7万元的费用索赔（所有事项均与实际相符）。

事件4：某单体工程会议室主梁跨度为10.5m，截面尺寸（$b \times h$）为450mm×900mm，施工单位按规定编制了模板工程专项方案。

【问题】

1. 事件1中，施工单位对施工总进度计划还需补充哪些内容？

2. 绘制事件2中调整后的施工进度计划网络图（双代号），指出其关键线路（用工作表示），并计算其总工期（单位：月）。

3. 事件3中，分别指出施工单位提出的两项工期索赔和两项费用索赔是否成立？并说明理由。

4. 事件4中，该专项方案是否需要组织专家论证？该梁跨中底模的最小起拱高度、跨中混凝土浇筑高度分别是多少（单位：mm）？

【解题方略】

1. 本题考查的是施工总进度计划的内容。解答本题的关键是掌握施工总进度计划的内容，然后结合背景资料进行补充。

施工总进度计划的内容包括：编制说明，施工总进度计划表（图），分期（分批）实施工程的开、竣工日期及工期一览表，资源需要量及供应平衡表等。背景资料中仅给出了"网络图和编制说明"，所以应补充的内容有分期（分批）实施工程的开、竣工日期及工期一览表，资源需要量及供应平衡表。

2. 本题考查的是双代号网络计划时间参数的计算。解答本题第1小问的关键是明确"工作F需要工作B和工作C完成以后才能开始施工"，说明工作F的紧前工作是工作B和工作C，故在③、④之间加一条虚工作即可。

关键线路即为总持续时间最长的线路，故解答本题第2小问的关键是找出总持续时间最长的线路。可采用两种方法：一是标号法；二是列出网络图中全部线路并计算其线路长度。

网络计划的计算工期等于以网络计划终点节点为完成节点的工作的最早完成时间的最大值，故总工期T_c=25个月。

3. 本题考查的是工期索赔和费用索赔的判定。工期索赔的判定是判断拖延时间是否超过该工作的总时差，若超过总时差则可提出索赔；若未超过总时差，则说明拖延时间并不影响总工期，所以工期索赔不成立。费用索赔应按人员窝工损失实际值来确定。

4. 本题考查的是模板工程施工技术要点。对于超过一定规模的危险性较大的分部分项工程，施工单位应当组织专家对专项方案进行论证。搭设跨度18m及以上的混凝土模板支撑工程的专项方案需要专家论证。背景资料中给出“主梁跨度为10.5m”未达到标准值，故不需要专家论证。

模板起拱高度的计算，抓住一个前提（跨度不小于4m）、一个要点（起拱高度为跨度的1/1000～3/1000）。

【参考答案】

1. 事件1中，施工单位对施工总进度计划还需补充的内容：分期（分批）实施工程的开、竣工日期及工期一览表，资源需要量及供应平衡表等。

2.（1）事件2中调整后的施工进度计划网络图（双代号）如图2-5所示。

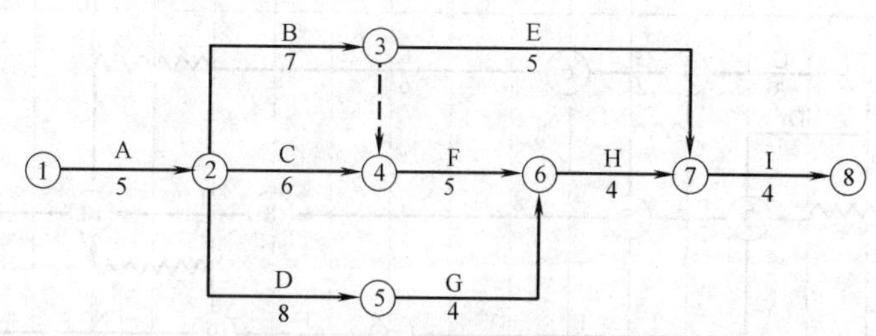

图2-5　调整后的施工进度计划网络图（双代号）

（2）关键线路有两条：A→B→F→H→I（①→②→③→④→⑥→⑦→⑧）；A→D→G→H→I（①→②→⑤→⑥→⑦→⑧）。

（3）总工期T_c＝25个月。

3. 事件3中，施工单位提出的两项工期索赔和两项费用索赔是否成立的判断及理由如下：

（1）工期索赔2个月不成立。

理由：工作C为非关键工作，总时差为1个月，设计变更导致工期延误2个月，对总工期影响只有1个月，因此，工作C的工期索赔为1个月。

费用索赔27.2万元成立。

理由：因设计变更引起造成的损失由建设单位承担。

（2）工期索赔3个月不成立。

理由：因为工作E为非关键工作，总时差为4个月，不可抗力导致了工期延误3个月，延误时长未超过总时差，因此工期索赔3个月不成立。

费用索赔32.7万元不成立。

理由：在32.7万元的费用索赔中，有8.2万元是不可抗力导致施工设备损失的费用需要施工单位自己承担，不能向建设单位索赔。而24.5万元的清理和修复费用可以索赔，因为在不可抗力后的清理和维修费用应该由建设单位承担。

4.（1）事件4中，该专项方案不需要组织专家论证。

（2）对跨度不小于4m的现浇混凝土梁、板，其模板应按设计要求起拱；当设计无具体要求时，起拱高度宜为跨度的1/1000～3/1000。因此该梁跨中底模的最小起拱高度是10500×1/1000＝10.5mm。跨中混凝土浇筑高度900mm。

实务操作和案例分析题六［2014年真题］

【背景资料】

某办公楼工程，地下2层，地上10层，总建筑面积27000m²，现浇钢筋混凝土框架结构，建设单位与施工总承包单位签订了施工总承包合同，双方约定工期为20个月，建设单位供应部分主要材料。

在合同履行过程中，发生了下列事件：

事件1：施工总承包单位按规定向项目监理工程师提交了施工总进度计划网络图如图2-6所示，该计划通过了监理工程师的审查和确认。

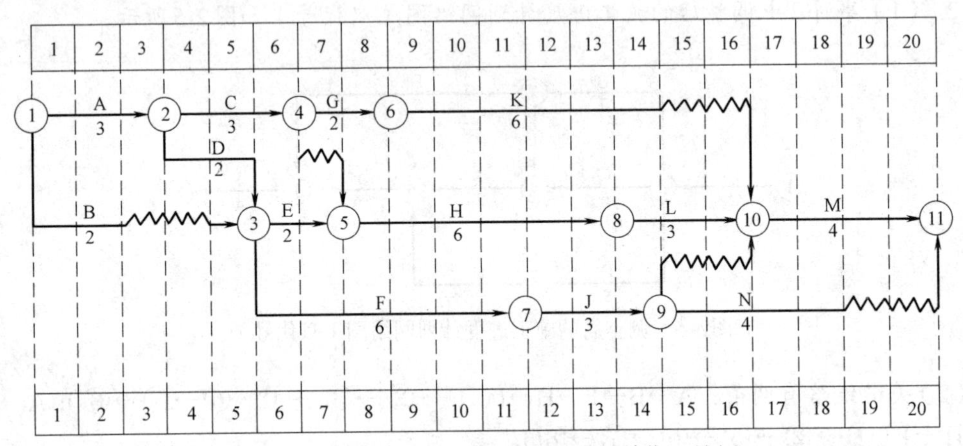

图2-6 施工总进度计划网络图（时间单位：月）

事件2：工作B（特种混凝土工程）进行1个月后，因建设单位原因修改设计导致停工2个月，设计变更后，施工总承包单位及时向监理工程师提出了费用索赔申请见表2-4，索赔内容和数量经监理工程师审查符合实际情况。

费用索赔申请一览表　　表2-4

序号	内容	数量	计算式	备注
1	新增特种混凝土工程费	500m³	500×1050＝525000元	新增特种混凝土工程综合单价1050元/m³
2	机械设备闲置费补偿	60台班	60×210＝12600元	台班费210元/台班
3	人工窝工费补偿	1600工日	1600×85＝136000元	人工工日单价85元/工日

事件3：在施工过程中，由于建设单位供应的主材未能按时交付给施工总承包单位，致使工作K的实际进度在第11月底时拖后3个月；部分施工机械由于施工总承包单位原因未能按时进场，致使工作H的实际进度在第11月底时拖后1个月；在工作F进行过程中，由于施工工艺不符合施工规范要求导致发生质量问题，被监理工程师责令整改，致使工作F的实际进度在第11月底时拖后1个月。施工总承包单位就工作K、H、F工期拖后分别提出了工期索赔。

事件4：施工总承包单位根据材料清单采购了一批装饰装修材料，经计算分析，各种材料价款占该批材料价款及累计百分比见表2-5。

各种装饰装修材料占该批材料价款的累计百分比一览表　　表2-5

序号	材料名称	所占比例（%）	累计百分比（%）
1	实木门窗（含门套）	30.10	30.00
2	铝合金窗	17.91	48.01
3	细木工板	15.31	63.32
4	瓷砖	11.60	74.92
5	实木地板	10.57	85.49
6	白水泥	9.50	94.99
7	其他	5.01	100.00

【问题】

1. 事件1中，施工总承包单位应重点控制哪条线路（以网络图节点表示）?

2. 事件2中，费用索赔申请一览表中有哪些不妥之处？分别说明理由。

3. 事件3中，分别分析工作K、H、F的总时差，并判断其进度偏差对施工总工期的影响。分别判断施工总承包单位就工作K、H、F工期拖后提出的工期索赔是否成立？

4. 事件4中，根据“ABC分类法”，分别指出重点管理材料名称（A类材料）和次要管理材料名称（B类材料）。

【解题方略】

1. 本题考查的是双代号时标网络计划关键线路的确定。在双代号时标网络计划中，凡自始至终不出现波形线的线路即为关键线路。

2. 本题考查的是费用索赔的判定。窝工费的计算，如系租赁设备，一般按实际租金和调进调出费的分摊计算；如系承包人自有设备，一般按台班折旧费计算，而不能按台班费计算，因台班费中包括了设备使用费。所以，机械设备闲置费补偿按台班费计算不妥。

由于工作B有3个月的总时差，因修改设计导致停工2个月并未超过总时差，所以对总工期没有影响，无须索赔人工窝工费。

3. 本题考查的是工期索赔的判定。

在双代号时标网络计划中，除以终点为完成节点的工作外，其他工作的总时差等于其紧后工作的总时差加本工作与该紧后工作之间的时间间隔所得之和的最小值。

工作K的总时差＝0＋2＝2个月；工作F的总时差＝2＋0＝2个月。

工作H属于关键工作，总时差＝0。

如果工作的进度偏差大于该工作的总时差，则此进度偏差必将影响其后续工作和总工期；如果工作的进度偏差未超过该工作的总时差，则此进度偏差不影响总工期。

工期索赔的判定是判断拖延时间是否超过该工作的总时差，若超过总时差则可提出索赔；若未超过总时差，则说明拖延时间并不影响总工期，所以索赔不成立。

解答本题的关键在于总时差的计算。

4. 本题考查的是材料管理。根据库存材料占用资金大小和品种数量之间的关系，把材料分为ABC三类。A类材料占用资金比重大，是重点管理的材料，要按品种计算经济库存量和安全库存量，并对库存量随时进行严格盘点，以便采取相应措施。对B类材料，可按大类控制其库存。对C类材料，可采用简化的方法管理，如定期检查库存，组织在一起订货运输等。

【参考答案】

1. 事件1中，施工总承包单位应重点控制的线路为：①→②→③→⑤→⑧→⑩→⑪。

2. 事件2中，费用索赔申请一览表中的不妥之处及理由。

（1）不妥之处：机械设备闲置费补偿按台班费计算。

理由：窝工费的计算，如系租赁设备，一般按实际租金和调进调出费的分摊计算；如系承包人自有设备，一般按台班折旧费计算，而不能按台班费计算，因台班费中包括了设备使用费。

（2）不妥之处：人工窝工费补偿按人工工日计算。

理由：计算人工窝工费补偿不能依据人工工日单价（或只能依据合同文件明确设定的人工窝工费标准计算）。

3. 工作K的总时差为2个月，工作H的总时差为0个月，工作F的总时差为2个月。

工作K的进度偏差对施工总工期影响1个月，工作H的进度偏差对施工总工期影响1个月，工作F的进度偏差对施工总工期无影响。

施工总承包单位就工作K工期拖后提出的工期索赔成立，施工总承包单位就工作H工期拖后提出的工期索赔不成立，施工总承包单位就工作F工期拖后提出的工期索赔不成立。

4. 根据"ABC分类法"，重点管理材料名称（A类材料）为实木门窗（含门套）、铝合金窗、细木工板、瓷砖。次要管理材料名称（B类材料）为实木地板、白水泥。

实务操作和案例分析题七［2013年真题］

【背景资料】

某工程基础底板施工，合同约定工期50d，项目经理部根据业主提供的电子版图纸编制了施工进度见表2-6，底板施工暂未考虑流水施工。

施工进度计划　　表2-6

代号	施工过程	6月						7月					
		5	10	15	20	25	30	5	10	15	20	25	30
A	基底清理	━━											
B	垫层与砖胎模		━━										
C	防水层施工			━━									
D	防水保护层				━━								
E	钢筋制作	━━	━━	━━	━━								
F	钢筋绑扎					━━	━━	━━	━━				
G	混凝土浇筑									━━			

在施工准备及施工过程中，发生了如下事件：

事件1：公司在审批该施工进度计划（横道图）时提出，计划未考虑工序B与C、工序D与F之间的技术间歇（养护）时间，要求项目经理部修改。两处工序技术间歇（养护）均为2d，项目经理部按要求调整了进度计划，经监理批准后实施。

事件2：施工单位采购的防水材料进场抽样复验不合格，致使工序C比调整后的计划开始时间延后3d。因业主未按时提供正式图纸，致使工序E在6月11日才开始。

事件3：基于安全考虑，建设单位要求仍按原合同约定的时间完成底板施工，为此施工单位采取调整劳动力计划、增加劳动力等措施，在15d内完成了2700t钢筋制作［工效为4.5t/人·（工作日）］。

【问题】

1. 绘制事件1中调整后的施工进度计划网络图（双代号），并用双线表示出关键线路。

2. 考虑事件1、2的影响，计算总工期（假定各工序持续时间不变），如果钢筋制作、钢筋绑扎及混凝土浇筑按两个流水段组织等节拍流水施工，其总工期将变为多少天？是否满足原合同约定的工期？

3. 计算事件3钢筋制作的劳动力投入量，编制劳动力需求计划时，需要考虑哪些参数？

4. 根据本案例的施工过程，总承包单位依法可以进行哪些专业分包和劳务分包？

【解题方略】

1. 本题考查的是双代号网络计划的绘制。解答本题的关键在于明确各项工作之间的逻辑关系。

由表2–6可以看出，工作A是工作B的紧前工作，工作B是工作C的紧前工作，工作C是工作D的紧前工作，它们的持续时间均为5d。工作E无紧前工作，说明它的起点同工作A相同都是该网络计划的起点节点，工作E的紧后工作是工作F，其与工作F的持续时间均为20d。工作F的紧后工作是工作G，持续时间为5d。同时考虑背景资料中给出的"工序B与C、工序D与F之间的技术间歇（养护）时间均为2d"，根据此逻辑关系，并遵循双代号网络计划的绘图规则进行绘制。

关键线路即为总持续时间最长的线路，由此找出关键线路并用双线表示。

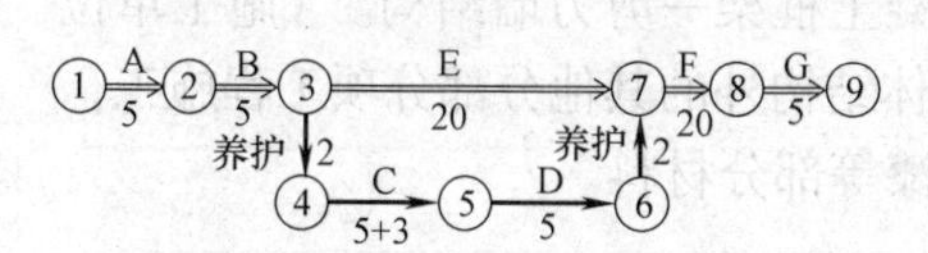

图2–7　重新绘制的网络计划图

2. 本题考查的是总工期的计算。考虑事件1、2的影响，工作C的持续时间变为5＋3＝8d。工作E在6月11日才开始，说明工作E的紧前工作为工作B，故第1题中绘制的网络图逻辑关系应进行调整，重新绘制如图2–7所示。

针对图2–7，计算总工期为55d。

如果钢筋制作、钢筋绑扎及混凝土浇筑按两个流水段组织等节拍流水施工，其总工期将变为49.5d。能满足原合同约定50d的工期。

3. 本题考查的是劳动力管理。对于劳动力投入量的计算，需要考生牢记公式，并灵活运用。

在编制劳动力需要量计划时，由于工程量、劳动力投入量、持续时间、班次、劳动效率、每班工作时间之间存在一定的变量关系，因此，在计划中要注意它们之间的相互调节。

4. 本题考查的是专业承包企业、劳务分包企业资质类别。专业承包企业资质类别：地基与基础、建筑装饰装修、建筑幕墙、钢结构、机电设备安装、电梯安装、消防设施、建筑防水、防腐保温、园林古建筑、爆破与拆除、电信工程、管道工程等。

劳务分包企业资质类别：木工作业、砌筑作业、抹灰作业、油漆作业、钢筋作业、混凝土作业、脚手架作业、模板作业、焊接作业、水暖电安装作业等。

扫码学习

【参考答案】

1. 绘制事件1中调整后的施工进度计划网络图如图2-8所示。

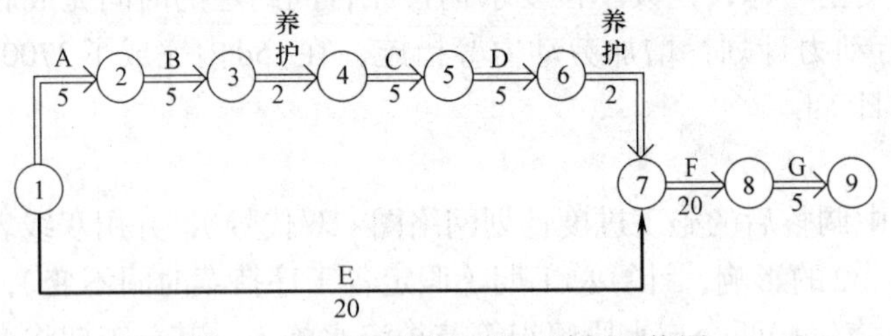

图2-8　调整后的施工进度计划网络图

2. 考虑事件1、2的影响，总工期为55d。如果钢筋制作、钢筋绑扎及混凝土浇筑按两个流水段组织等节拍流水施工，其总工期将变为49.5d。满足原合同约定的工期。

3. 钢筋制作的劳动力投入量＝2700÷15÷4.5＝40人。

编制劳动力需求计划时，需要考虑的参数有：工程量、劳动力投入量、持续时间、班次、劳动效率、每班工作时间、设备能力和材料供应能力、班组工作的协调等。

4. 总承包单位依法可以进行的专业分包：地基与基础工程、建筑防水工程。

总承包单位依法可以进行的劳务分包：钢筋作业、混凝土作业、焊接作业、模板作业、砌筑作业、脚手架作业。

实务操作和案例分析题八［2012年真题］

【背景资料】

某大学城工程，包括结构形式与建筑规模一致的4栋单体建筑，每栋建筑面积为21000m^2，地下2层，地上18层，层高4.2m，钢筋混凝土框架—剪力墙结构。A施工单位与建设单位签订了施工总承包合同。合同约定：除主体结构外的其他分部分项工程施工，总承包单位可以自行依法分包；建设单位负责供应油漆等部分材料。

合同履行过程中，发生了以下事件：

事件1：A施工单位拟对4栋单体建筑的某分项工程组织流水施工，其流水施工参数见表2-7。

流水施工参数　　表2-7

施工过程	流水节拍（周）			
	单体建筑1	单体建筑2	单体建筑3	单体建筑4
Ⅰ	2	2	2	2
Ⅱ	2	2	2	2
Ⅲ	2	2	2	2

其中：施工顺序Ⅰ→Ⅱ→Ⅲ；施工过程Ⅱ与施工过程Ⅲ之间存在工艺间隔时间1周。

事件2：由于工期较紧，A施工单位将其中2栋单体建筑的室内精装修和幕墙工程分包给具备相应资质的B施工单位。B施工单位经A施工单位同意后，将其承包范围内的幕墙工程分包给具备相应资质的C施工单位组织施工，油漆劳务作业分包给具备相应资质的D施工单位组织施工。

事件3：油漆作业完成后，发现油漆成膜存在质量问题，经鉴定，原因是油漆材质不合格。B施工单位就由此造成的返工损失向A施工单位提出索赔。A施工单位以油漆属于建设单位供应为由，认为B施工单位应直接向建设单位提出索赔。

B施工单位直接向建设单位提出索赔，建设单位认为油漆在进场时已由A施工单位进行了质量验证并办理接收手续，其对油漆材料的质量责任已经完成，因油漆不合格而返工的损失应由A施工单位承担，建设单位拒绝受理该索赔。

【问题】

1. 事件1中，最适宜采用何种流水施工组织形式？除此之外，流水施工通常还有哪些基本组织形式？

2. 绘制事件1中流水施工进度计划横道图，并计算其流水施工工期。

3. 分别判断事件2中A施工单位、B施工单位、C施工单位、D施工单位之间的分包行为是否合法？并逐一说明理由。

4. 分别指出事件3中的错误之处，并说明理由。

【解题方略】

1. 本题考查的是流水施工的基本组织形式。流水施工的基本组织形式有等节奏流水施工、异节奏流水施工和无节奏流水施工。其中等节奏流水施工中，各施工过程的流水节拍均相等，故事件1最适宜采用等节奏流水施工组织形式。

2. 本题考查的是流水施工进度计划横道图的绘制及施工工期的计算。根据表2-7可知，该施工进度计划中，施工过程数$n=3$，施工段数$m=4$，流水节拍$t=2$，流水步距$K_{Ⅰ,Ⅱ}=K_{Ⅱ,Ⅲ}=t=2$，组织间歇$Z_{Ⅰ,Ⅱ}=Z_{Ⅱ,Ⅲ}=0$，工艺间歇$G_{Ⅰ,Ⅱ}=0$，$G_{Ⅱ,Ⅲ}=1$。因此，其流水施工工期$T=(m+n-1)t+\Sigma G+\Sigma Z=(4+3-1)\times2+1+0=13$周。

根据上述参数绘制横道图。

3. 本题考查的是违法分包行为的判定。有下列行为之一的，属于违法分包：

（1）施工单位将工程分包给个人的；

（2）施工单位将工程分包给不具备相应资质或安全生产许可的单位的；

（3）施工合同中没有约定，又未经建设单位认可，施工单位将其承包的部分工程交由其他单位施工的；

（4）施工总承包单位将房屋建筑工程的主体结构的施工分包给其他单位的，钢结构工程除外；

（5）专业分包单位将其承包的专业工程中非劳务作业部分再分包的；

（6）劳务分包单位将其承包的劳务再分包的。

4. 本题考查的是施工索赔。根据《建设工程施工专业分包合同（示范文本）》GF—2013—0213的规定，分包人须服从承包人转发的发包人或工程师（监理人）与分包工程有关的指令。未经承包人允许，分包人不得以任何理由与发包人或工程师（监理人）发生直接工作联系，分包人不得直接致函发包人或工程师（监理人），也不得直接接受发包人或工程师（监理人）的指令。如分包人与发包人或工程师（监理人）发生直接工作联系，将被视为违约，并承担违约责任。故B施工单位不能直接向建设单位提出索赔。

【参考答案】

1. 事件1中，最适宜采用等节奏流水施工组织形式。除此之外，流水施工通常还有无节奏流水施工组织形式和异节奏流水施工组织形式。

2. 绘制事件1中流水施工进度计划横道图见表2-8。

流水施工进度计划横道图 **表2-8**

施工过程	施工过程（周）												
	1	2	3	4	5	6	7	8	9	10	11	12	13
Ⅰ	①		②		③		④						
Ⅱ			①		②		③		④				
Ⅲ						①		②		③		④	

流水施工工期＝（4＋3－1）×2＋1＝13周。

3. A施工单位与B施工单位之间的分包行为合法。

理由：《建筑法》规定，建筑工程总承包单位可以将承包工程中的部分工程分包给具有相应资质条件的分包单位，且合同约定总承包单位可以自行依法分包，因此是合法的。

B施工单位与C施工单位之间的分包行为不合法。

理由：《建筑法》规定，禁止分包单位将其承包的建设工程再分包，属于违法分包。

B施工单位与D施工单位之间的分包行为合法。

理由：B施工单位与D施工单位之间的分包行为属于劳务分包行为，是合法的。

4. 事件3中的错误之处及理由如下：

（1）错误之处：A施工单位认为B施工单位应直接向建设单位提出索赔。

理由：B施工单位与建设单位没有合同关系，不能提出索赔。

（2）错误之处：B施工单位直接向建设单位提出索赔。

理由：B施工单位应该向A施工单位提出索赔。

（3）错误之处：建设单位认为因油漆不合格而返工的损失应由A施工单位承担。

理由：油漆等部分材料是建设单位负责供应的，建设单位就应该对其承担质量责任。

典型习题

实务操作和案例分析题一

【背景资料】

某洁净厂房工程，项目经理指示项目技术负责人编制施工进度计划，并评估项目总工期。项目技术负责人编制了相应施工进度安排（如图2-9所示），报项目经理审核。项目经理提出：施工进度计划不等同于施工进度安排，还应包含相关施工计划必要组成内容，要求技术负责人补充。

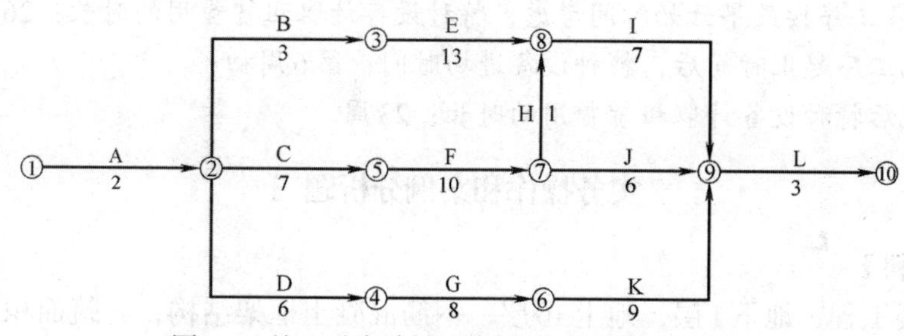

图2–9　施工进度计划网络图（时间单位：周）

因为本工程采用了某项专利技术，其中工序B、工序F、工序K必须使用某特种设备，且需按“B→F→K”先后顺次施工。该设备在当地仅有一台，租赁价格昂贵，租赁时长计算从进场开始直至设备退场为止，且场内停置等待的时间均按正常作业时间计取租赁费用。

项目技术负责人根据上述特殊情况，对网络图进行了调整，并重新计算项目总工期，报项目经理审批。

项目经理二次审查发现：各工序均按最早开始时间考虑，导致特种设备存在场内停置等待时间。项目经理指示调整各工序的起止时间，优化施工进度安排以节约设备租赁成本。

【问题】

1. 写出图2–9网络图的关键线路（用工作表示）和总工期。

2. 项目技术负责人还应补充哪些施工进度计划的组成内容？

3. 根据特种设备使用的特殊情况，重新绘制调整后的施工进度计划网络图，调整后的网络图总工期是多少？

4. 根据重新绘制的网络图，如各工序均按最早开始时间考虑，特种设备计取租赁费用的时长为多少？优化工序的起止时间后，特种设备应在第几周初进场？优化后特种设备计取租赁费用的时长为多少？

扫码学习

【参考答案】

1.（1）图2-9网络图的关键线路：A→C→F→H→I→L。

（2）总工期：30周。

2. 还应补充的施工进度计划组成内容有：编制说明，资源（劳动力/材料/设备/资金）需求计划，进度保证措施。

3.（1）重新绘制的施工进度计划网络图如下：

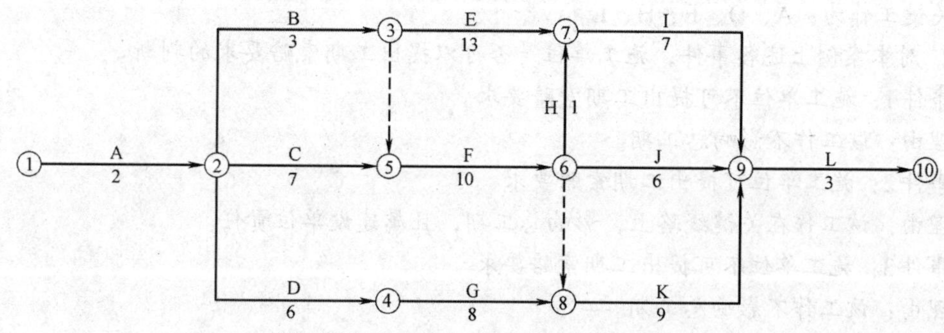

图2–10　调整后的施工进度计划网络图（时间单位：周）

（2）调整后的网络图总工期：31周。

4.（1）各工序按最早开始时间考虑，特种设备计取租赁费用的时长：26周；

（2）优化工序起止时间后，特种设备进场时间：第6周初；

（3）优化后特种设备计取租赁费用的时长：23周。

实务操作和案例分析题二

【背景资料】

某综合楼工程，地下1层，地上10层，钢筋混凝土框架结构，建筑面积28500m^2，某施工单位与建设单位签订了工程施工合同，合同工期约定为20个月。施工单位根据合同工期编制了该工程项目的施工进度计划，并且绘制出施工进度网络计划如图2-11所示。

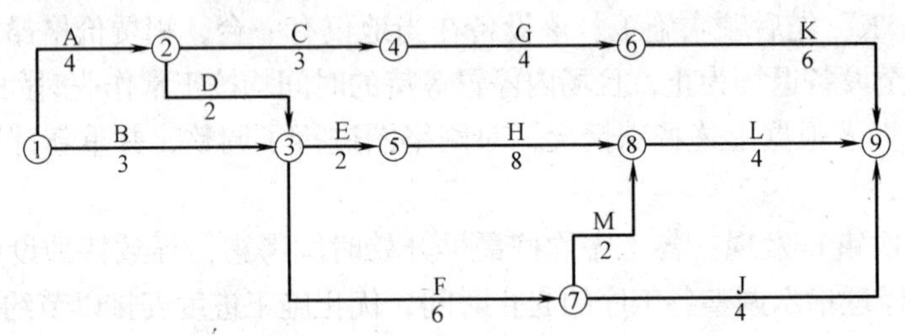

图2-11　施工进度网络计划图（单位：月）

在工程施工中发生了如下事件：

事件1：因建设单位修改设计，致使工作K停工2个月；

事件2：因建设单位供应的建筑材料未按时进场，致使工作H延期1个月；

事件3：因不可抗力原因致使工作F停工1个月；

事件4：因施工单位原因工程发生质量事故返工，致使工作M实际进度延迟1个月。

【问题】

1. 指出该网络计划的关键线路，并指出由哪些关键工作组成？

2. 针对本案例上述各事件，施工单位是否可以提出工期索赔的要求？并分别说明理由。

3. 上述事件发生后，本工程网络计划的关键线路是否发生改变？如有改变，指出新的关键线路。

4. 对于索赔成立的事件，工期可以顺延几个月？实际工期是多少？

【参考答案】

1. 网络计划的关键线路为：①→②→③→⑤→⑧→⑨。

关键工作为：A、D、E、H、L。

2. 对本案例上述各事件，施工单位是否可以提出工期索赔要求的判断。

事件1：施工单位不可提出工期索赔要求。

理由：该工作不影响总工期。

事件2：施工单位可提出工期索赔要求。

理由：该工作在关键线路上，影响总工期，且属建设单位责任。

事件3：施工单位不可提出工期索赔要求。

理由：该工作不影响总工期。

事件4：施工单位不可提出工期索赔要求。

理由：施工单位自身责任造成的。

3. 关键线路没有发生改变。

4. 可顺延工期1个月。

实际工期是21个月。

实务操作和案例分析题三

【背景资料】

某房屋建筑工程，建筑面积6200m²，钢筋混凝土独立基础，现浇钢筋混凝土框架结构，填充墙采用蒸压加气混凝土砌块砌筑。根据《建设工程施工合同（示范文本）》GF—2017—0201和《建设工程监理合同（示范文本）》GF—2012—0202，建设单位分别与中标的施工总承包单位和监理单位签订了施工总承包合同和监理合同。

在合同履行过程中，发生了以下事件：

事件1：主体结构分部工程完成后，施工总承包单位向项目监理机构提交了该子分部工程验收申请报告和相关资料。监理工程师审核相关资料时，发现欠缺结构实体检验资料，提出了“结构实体检验应在监理工程师旁站下，由施工单位项目经理组织实施”的要求。

事件2：监理工程师巡视第四层填充墙砌筑施工现场时，发现加气混凝土砌块填充墙墙体直接从结构楼面开始砌筑，砌筑到梁底并间歇2d后立即将其补砌挤紧。

事件3：施工总承包单位按要求向项目监理机构提交了室内装饰工程的时标网络计划图，如图2-12所示，经批准后按此组织实施。

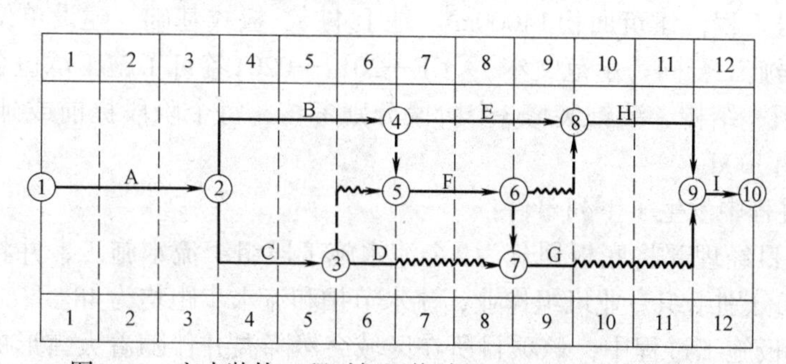

图2-12　室内装饰工程时标网络计划图（时间单位：周）

事件4：在室内装饰工程施工过程中，因合同约定由建设单位采购供应的某装饰材料交付时间延误，导致工程F的结束时间拖延14d，为此，施工总承包单位以建设单位延误供应材料为由，向项目监理机构提出工期索赔14d的申请。

【问题】

1. 根据《混凝土结构工程施工质量验收规范》GB 50204—2015，指出事件1中监理工程师要求中的错误之处，并写出正确做法。

2. 根据《砌体结构工程施工质量验收规范》GB 50203—2011，指出事件2中填充墙砌筑过程中的错误做法，并分别写出正确做法。

3. 事件3中，室内装饰工程的工期为多少天？并写出该网络计划的关键线路（用节点表示）。

4. 事件4中，施工总承包单位提出的工期索赔14d是否成立？说明理由。

【参考答案】

1. 事件1中监理工程师要求中的错误之处：

（1）监理工程师旁站。

正确做法：监理工程师见证实施过程。

（2）项目经理组织实施。

正确做法：项目技术负责人组织实施。

2. 事件2中填充墙砌筑过程中的错误做法及正确做法如下。

（1）错误做法：加气混凝土砌块填充墙墙体直接从结构楼面开始砌筑。

正确做法：墙底部应砌高度150mm的现浇混凝土坎台。

（2）错误做法：加气混凝土砌块砌筑到梁底并间歇2d后立即将其补砌挤紧。

正确做法：填充墙与承重主体结构间的空（缝）隙部位施工，应在填充墙砌筑14d后进行。

3. 室内装饰工程的工期为：12×7＝84d。

该网络计划的关键线路为：①→②→④→⑧→⑨→⑩。

4. 施工总承包单位提出工期索赔14d不成立。

理由：虽然该事件是因建设单位采购供应的某装饰材料交付时间延误导致的，但工作F有1周（7d）的总时差，其被拖延的时间是14d，只能批准7d的工期索赔。

实务操作和案例分析题四

【背景资料】

某纺织厂房工程，建筑面积14000m²，地上4层，板式基础。建设单位和某施工单位根据《建设工程施工合同（示范文本）》GF—2017—0201签订了施工承包合同。合同约定工程工期按底板、结构、装饰装修3个阶段分别考核，每个阶段提前或延误1d对等奖罚5000元，总工期300d。

工程施工过程中发生了下列事件：

事件1：项目经理部将底板划分为2个流水施工段组织流水施工，并将钢筋、模板、混凝土浇筑施工分别组织专业班组作业，流水节拍和流水步距均为4d。

事件2：底板施工过程中，该项目所在区域突然降温并伴随着大雪形成冻害（当地气象记录40年未出现过），给建设单位和施工单位均造成了损失。施工单位认为这些冻害损失是由于突然降温造成，为不可抗力，提出下列索赔：

（1）清理积雪、恢复施工的费用8.2万元；

（2）工人冻伤治疗费用9.7万元；

（3）现场警卫室被积雪压塌损失费用0.7万元；

（4）清理积雪、恢复底板施工需花费的时间5d。

总监理工程师确认属实，并就应由建设单位承担的部分予以签字确认。

在清理、恢复底板施工的过程中，由于施工单位自身安排工作失误，实际用了6d时间，超过总监理工程师确认天数1d。

事件3：由于工艺特殊，地面平整度要求较高，设计做法采用自流平地面。

事件4：合同中对A、B、C 3个检验批不合格控制率分别作了A：4%；B：3%；C：3%的约定，实际检查结果见表2-9。

实际检查结果 **表2-9**

	检验批	规定偏差	统计方式	检查结果（总点数100点）							
控制项目	A	±4	偏差值/累计点数	2	5	−3	1	3	−2	4	−5
				25	1	7	35	8	20	3	1
	B	＋4，−3		3	−2	2	5	1	−5	−1	−4
				6	15	15	1	30	1	30	2
	C	±3		2	4	−1	1	−2	−5	−4	3
				10	1	30	40	10	1	1	7

【问题】

1. 事件1中：

（1）画出底板工程施工进度横道图。

（2）底板施工为何种流水施工组织类型？

（3）计算底板施工工期。

2. 事件2中：

（1）建设单位和施工单位分别应承担的损失费用为多少万元？

（2）工期批准顺延了多少天？

（3）底板施工总工期为多少天？说明理由。

3. 按顺序列出事件3中自流平地面的施工步骤。

4. 列式计算事件4中各检验批不合格率，并指出不合格项。

扫码学习

【参考答案】

1. 底板工程施工进度横道图见表2-10。

施工进度横道图 **表2-10**

施工过程	施工进度（d）															
	1	2	3	4	5	6	7	8	9	10	11	12	13	14	15	16
钢筋	—	① —	—	—	—	② —	—	—								
模板					—	① —	—	—	—	② —	—	—				
混凝土浇筑									—	① —	—	—	—	② —	—	—

底板施工为等节奏（或固定节拍）流水施工组织类型。

底板施工工期＝（3＋2－1）×4＝16d。

2. 事件2中，建设单位应承担的损失费用为8.2万元。

施工单位应承担的损失费用＝冻伤治疗费＋警卫室损失费＋清理超期1d的罚款＝9.7＋0.7＋0.5×1＝10.9万元。

工期批准顺延了5d。

底板施工总工期＝16＋6＝22d。

理由：底板施工总工期为原计划工期加上清理积雪、恢复底板施工实际用时。

3. 事件3中自流平地面的施工步骤：清理基层→抄平设置控制点→设置分段条→涂刷

界面剂→滚涂底层→批涂批刮层→研磨清洁批补层→漫涂面层→养护（保护成品）。

4. A检验批不合格率＝（1＋1）÷100×100%＝2%。

B检验批不合格率＝（1＋1＋2）÷100×100%＝4%。

C检验批不合格率＝（1＋1＋1）÷100×100%＝3%。

不合格项为B检验批。

实务操作和案例分析题五

【背景资料】

某建筑施工单位在新建办公楼工程项目开工前，按《建筑施工组织设计规范》GB/T 50502—2009规定的单位工程施工组织设计应包含的各项基本内容，编制了本工程的施工组织设计，经相应人员审批后报监理机构，在总监理工程师审批签字后按此组织施工。

在施工组织设计中，施工进度计划以时标网络图（时间单位：月）形式表示。在第8月末，施工单位对现场实际进度进行检查，并在时标网络图中绘制了实际进度前锋线，如图2–13所示（时间单位：月）。

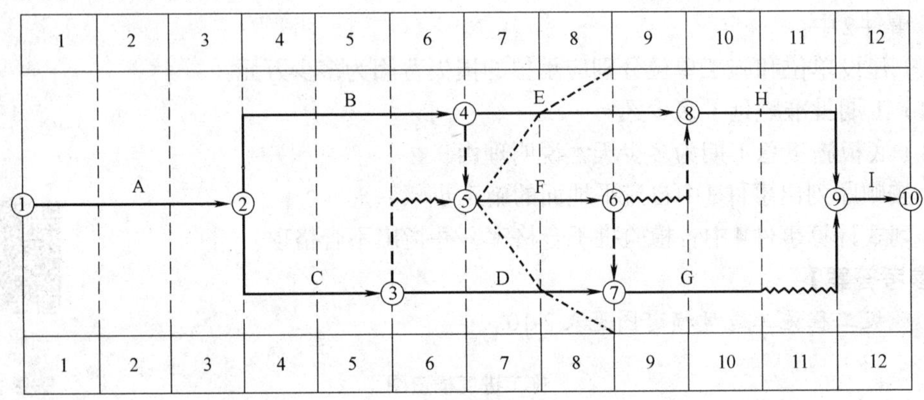

图2–13　时标网络计划图

针对检查中所发现实际进度与计划进度不符的情况，施工单位均在规定时限内提出索赔意向通知，并在监理机构同意的时间内上报了相应的工期索赔资料。经监理工程师核实，工序E的进度偏差是因为建设单位供应材料原因所导致，工序F的进度偏差是因为当地政令性停工导致，工序D的进度偏差是因为工人返乡农忙原因导致。根据上述情况，监理工程师对三项工期索赔分别予以批复。

【问题】

1. 本工程的施工组织设计中应包含哪些基本内容？

2. 施工单位哪些人员具备审批单位工程施工组织设计的资格？

3. 写出网络图中前锋线所涉及各工序的实际进度偏差情况；如后续工作仍按原计划的速度进行，本工程的实际完工工期是多少个月？

4. 针对工序E、工序F、工序D，分别判断施工单位上报的三项工期索赔是否成立，并说明相应的理由。

【参考答案】

1. 本工程属于单位工程，所以施工组织设计为单位工程施工组织设计，其中应包含编制依据、工程概况、施工部署、施工进度计划、施工准备与资源配置计划、主要施工方案、施工现场平面布置、主要施工管理计划等几个方面。

2. 单位工程施工组织设计应由施工单位技术负责人或技术负责人授权的技术人员审批。

3.（1）工序E：拖后1个月；工序F：拖后2个月；工序D：拖后1个月。

（2）后续工作仍按原计划的速度进行，本工程的实际完工工期是13个月。

4.（1）工序E工期索赔成立，索赔1个月；

理由：建设单位供应材料原因所导致，责任由建设单位承担，且工序E是关键工作，影响工期1个月。

（2）工序F工期索赔不成立；

理由：因为工序E的工期索赔成立，此时总工期已被延长到13个月，工序F拖后2个月，并不影响实际总工期，所以索赔不成立。

（3）工序D工期索赔不成立；

理由：因为工人返乡农忙导致工序D拖后，是施工单位的责任，所以索赔不成立。

实务操作和案例分析题六

【背景资料】

某房屋建筑工程，建筑面积6800m^2，钢筋混凝土框架结构，外墙外保温节能体系。根据《建设工程施工合同（示范文本）》GF—2017—0201和《建设工程监理合同（示范文本）》GF—2012—0202，建设单位分别与中标的施工单位和监理单位签订了施工合同和监理合同。

在合同履行过程中，发生了下列事件：

事件1：工程开工前，施工单位的项目技术负责人主持编制了施工组织设计，经项目负责人审核、施工单位技术负责人审批后，报项目监理机构审查。监理工程师认为该施工组织设计的编制、审核（批）手续不妥，要求改正；同时，要求补充建筑节能工程施工的内容。施工单位认为，在建筑节能工程施工前还要编制、报审建筑节能工程施工技术专项方案，施工组织设计中没有建筑节能工程施工内容并无不妥，不必补充。

事件2：建筑节能工程施工前，施工单位上报了建筑节能工程施工技术专项方案，其中包括如下内容：（1）考虑到冬期施工气温较低，规定外墙外保温层只在每日气温高于5℃的11∶00～17∶00之间进行施工，其他气温低于5℃的时段均不施工；（2）工程竣工验收后，施工单位项目经理组织建筑节能分部工程验收。

事件3：施工单位提交了室内装饰装修工程进度计划网络图，如图2-14所示，经监理工程师确认后按此组织施工。

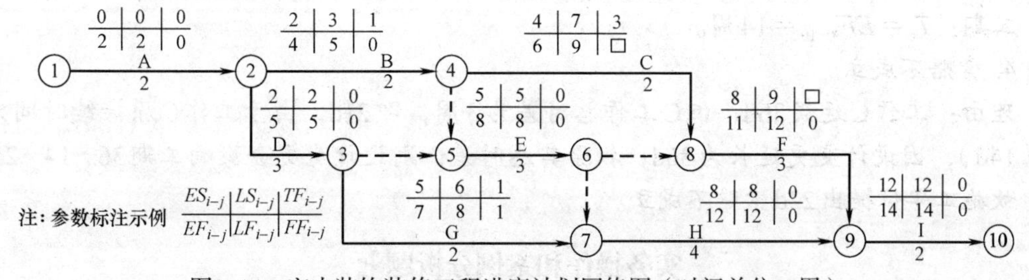

图2-14　室内装饰装修工程进度计划网络图（时间单位：周）

事件4：在室内装饰装修工程施工过程中，因设计变更导致工作C的持续时间变为36d，施工单位以设计变更影响施工进度为由提出22d的工期索赔。

【问题】

1. 分别指出事件1中施工组织设计编制、审批程序的不妥之处，并写出正确做法。施工单位关于建筑节能工程的说法是否正确？说明理由。

2. 分别指出事件2中建筑节能工程施工安排的不妥之处，并说明理由。

3. 针对事件3的进度计划网络图，列式计算工作C和工作F时间参数中的缺项，并确定该网络图的计算工期（单位：周）和关键线路（用工作表示）。

4. 事件4中，施工单位提出的工期索赔是否成立？说明理由。

【参考答案】

1. 事件1中施工组织设计编制、审批程序的不妥之处及正确做法如下。

（1）不妥之处：项目技术负责人主持编制了施工组织设计。

正确做法：应由项目负责人（项目经理）主持编制。

（2）不妥之处：经项目负责人审核。

正确做法：由施工单位主管部门审核。

（3）不妥之处：施工单位认为，在建筑节能工程施工前还要编制、报审建筑节能工程技术专项方案，施工组织设计中没有建筑节能工程施工内容并无不妥。

理由：单位工程的施工组织设计应包括建筑节能工程施工内容。

2. 事件2中建筑节能工程施工安排的不妥之处与理由。

（1）不妥之处：考虑到冬期施工气温较低，规定外墙外保温层只在每日气温高于5℃的11:00～17:00之间进行施工，其他气温低于5℃的时段均不施工。

理由：根据相关规定，建筑外墙外保温工程冬期施工最低温度不应低于−5℃。外墙外保温工程施工期间以及完工后24h内，基层及环境空气温度不应低于5℃。

（2）不妥之处：节能工程竣工验收在竣工验收以后进行。

理由：建筑节能分部工程的质量验收，应在检验批、分项工程全部验收合格的基础上，在单位工程竣工验收前进行。

（3）不妥之处：施工单位项目经理组织建筑节能分部工程验收。

理由：根据相关规定，节能分部工程验收应由总监理工程师（建设单位项目负责人）主持，施工单位项目经理、项目技术负责人和相关专业的质量检查员、施工员参加；施工单位的质量或技术负责人应参加；设计单位节能设计人员应参加。

3. 工作C的自由时差$=ES_{8-9}-EF_{4-8}=8-6=2$周，工作F的总时差$=LS_{8-9}-ES_{8-9}=9-8=1$周。

关键线路：A→D→E→H→I。

工期：$T_c=EF_{9-10}=14$周。

4. 索赔不成立。

理由：工作C延误36d，但C工作总时差为3周，即21d，由于工作C原持续时间为2周（14d），因设计变更延长为36d，扣除其总时差，则设计变更会影响工期36−14−21=1d。故施工单位提出22d索赔不成立。

实务操作和案例分析题七

【背景资料】

某写字楼工程，地下1层，地上11层。当主体结构已基本完成时，施工企业根据工程实际情况，调整了装修施工组织设计文件，编制了装饰工程施工进度网络计划，如图2-15所示，经总监理工程师审核批准后组织实施。

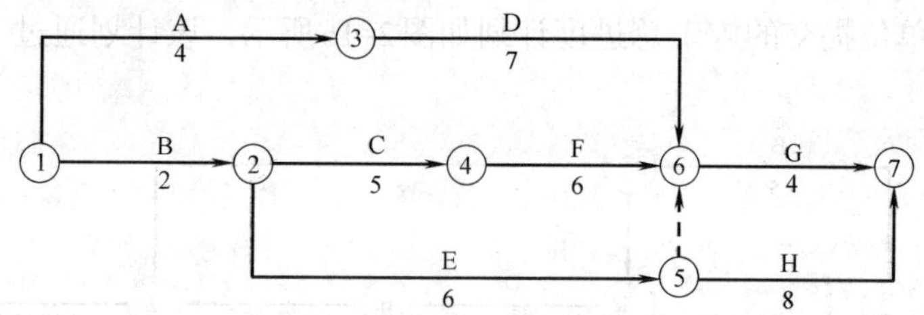

图2-15　施工进度网络计划图（单位：d）

在工程施工过程中，发生了以下事件：

事件1：工作E原计划6d完成，由于设计变更改变了主要材料规格与材质，经总监理工程师批准，E工作计划改为9d完成，其他工作与时间执行网络计划。

事件2：一层大厅轻钢龙骨石膏板吊顶，一盏大型水晶灯（重100kg）安装在吊顶工程的主龙骨上。

事件3：由于建设单位急于搬进写字楼办公，要求提前竣工验收，总监理工程师组织建设单位技术人员、施工单位项目经理及设计单位负责人进行了竣工验收。

【问题】

1. 指出本装饰工程网络计划的关键线路（工作），计算计划工期。

2. 指出本装饰工程实际关键线路（工作），计算实际工期。

3. 水晶灯安装是否正确？说明理由。

4. 竣工验收是否妥当？说明理由。

【参考答案】

1. 本装饰工程网络计划的关键线路（工作）为B、C、F、G。

计划工期＝2＋5＋6＋4＝17d。

2. 本装饰工程实际关键线路（工作）B、E、H。

实际工期＝2＋9＋8＝19d。

3. 水晶灯安装不正确。

理由：因为安装在吊顶工程主龙骨上的大型水晶灯属于重型工具，根据装饰装修工程施工技术要求，重型灯具、电扇及其他重型设备严禁安装在吊顶工程的龙骨上，必须增设附加吊杆。

4. 竣工验收不妥当。

理由：单位工程完工后，施工单位应组织相关单位人员进行自检。总监理工程师应组织各专业监理工程师对工程质量进行竣工预验收，施工单位项目负责人、项目技术负责人参加。存在施工质量问题时，应由施工单位整改。整改完毕后，由施工单位向建设单位提交工程竣工报告，申请工程竣工验收。建设单位收到工程验收报告后，应由建设单位项目负责人组织监理、施工、设计、勘察等单位项目负责人进行单位工程验收，施工单位的技术、质量负责人也应参加验收。

实务操作和案例分析题八

【背景资料】

某办公楼工程，地下1层，地上10层。现浇钢筋混凝土框架结构，预应力管桩基础。

建设单位与施工总承包单位签订了施工总承包合同，合同工期为29个月。按合同约定，施工总承包单位将预应力管桩工程分包给了符合资质要求的专业分包单位。

施工总承包单位提交的施工总进度计划如图2–16所示，该计划通过了监理工程师的审查和确认。

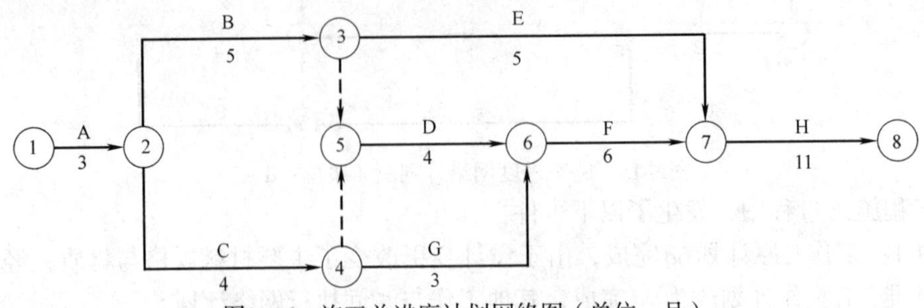

图2–16　施工总进度计划网络图（单位：月）

合同履行过程中，发生了如下事件：

事件1：专业分包单位将管桩专项施工方案报送监理工程师审批，遭到了监理工程师拒绝。在桩基施工过程中，由于专业分包单位没有按设计图纸要求对管桩进行封底施工，监理工程师向施工总承包单位下达了停工令，施工总承包单位认为监理工程师应直接向专业分包单位下达停工令，拒绝签收停工令。

事件2：在工程施工进行到第7个月时，因建设单位提出设计变更，导致G工作停止施工1个月。由于建设单位要求按期完工，施工总承包单位据此向监理工程师提出了赶工费索赔。根据合同约定，赶工费标准为18万元/月。

事件3：在H工作开始前，为了缩短工期，施工总承包单位将原施工方案中H工作的异节奏流水施工调整为成倍节拍流水施工。原施工方案中H工作异节奏流水施工横道图见表2–11（时间单位：月）。

H工作异节奏流水施工横道图　　**表2-11**

施工工序	施工进度/月										
	1	2	3	4	5	6	7	8	9	10	11
P	Ⅰ		Ⅱ		Ⅲ						
R					Ⅰ	Ⅱ	Ⅲ				
Q						Ⅰ		Ⅱ		Ⅲ	

【问题】

1. 施工总承包单位计划工期能否满足合同工期要求？为保证工程进度目标，施工总承包单位应重点控制哪条施工线路？

2. 事件1中，监理工程师及施工总承包单位的做法是否妥当？分别说明理由。

3. 事件2中，施工总承包单位可索赔的赶工费为多少万元？说明理由。

4. 事件3中，流水施工调整后，H工作相邻工序的流水步距为多少个月？工期可缩短多少个月？按照H工作异节奏流水施工横道图格式绘制调整后H工作的施工横道图。

【参考答案】

1. 施工总承包单位计划工期能满足合同工期要求。为保证工程进度目标，施工总承包单位应重点控制的施工线路是①→②→③→⑤→⑥→⑦→⑧。

2. 事件1中，监理工程师及施工总承包单位做法是否妥当的判断及其理由如下：

（1）监理工程师做法妥当。

理由：专业分包单位与建设单位没有合同关系，分包单位不得与建设单位和监理单位发生工作联系，所以，拒收分包单位报送专项施工方案以及对总承包单位下达停工令是妥当的。

（2）施工总承包单位做法不妥当。

理由：专业分包单位与建设单位没有合同关系，监理单位不得对分包单位下达停工令；而总承包单位与建设单位有合同关系，并且应对分包工程质量和分包单位负有连带责任，所以施工总承包单位拒签停工令的做法是不妥当的。

3. 事件2中，施工总承包单位可索赔的赶工费为0万元。

理由：由于G工作的总时差＝29－27＝2个月，因设计变更原因导致G工作停工1个月，没有超过G工作2个月的总时差，不影响合同工期，总承包单位不需要赶工都能按期完成，所以总承包单位索赔赶工费0万元。

4. 事件3中，流水施工调整后，H工作相邻工序的流水步距＝min[2，1，2]＝1个月。H工作的工期＝（3＋5－1）×1＝7个月，工期可缩短＝11－7＝4个月。

调整后H工作的施工横道图见表2-12。

调整后H工作的施工横道图 表2-12

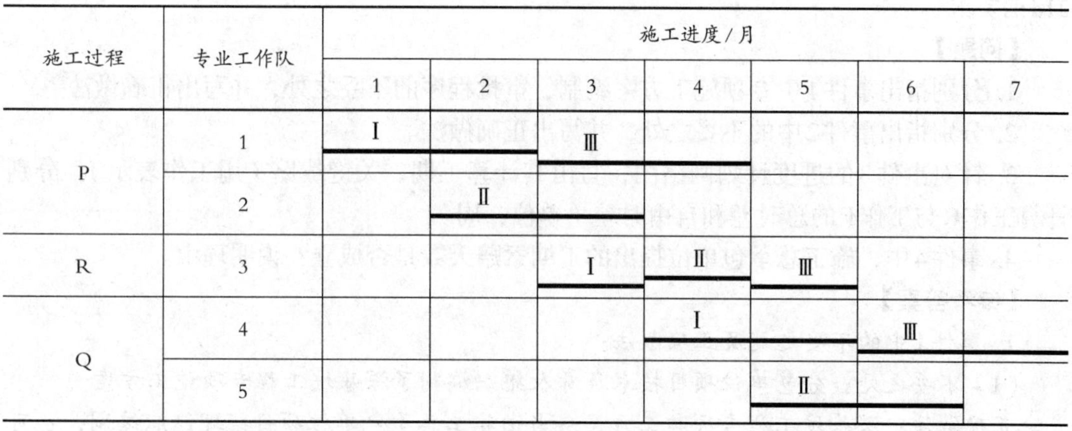

施工过程	专业工作队	施工进度/月						
		1	2	3	4	5	6	7
P	1	Ⅰ		Ⅲ				
	2		Ⅱ					
R	3			Ⅰ	Ⅱ	Ⅲ		
Q	4				Ⅰ		Ⅲ	
	5					Ⅱ		

实务操作和案例分析题九

【背景资料】

某房屋建筑工程，建筑面积$26400m^2$，地下2层，地上7层，钢筋混凝土框架结构。根据《建设工程施工合同（示范文本）》GF—2017—0201和《建设工程监理合同（示范文本）》GF—2012—0202，建设单位分别与中标的施工总承包单位和监理单位签订了施工总承包合同和监理合同。

在合同履行过程中，发生了下列事件：

事件1：经项目监理机构审核和建设单位同意，施工总承包单位将深基坑工程分包给了具有相应资质的某分包单位。深基坑工程开工前，分包单位项目技术负责人组织编制了深基坑工程专项施工方案，经该单位技术部门组织审核，技术负责人签字确认后，报项目监理机构审批。

事件2：室内卫生间楼板二次埋置套管施工过程中，施工总承包单位采用与楼板同抗渗等级的防水混凝土埋置套管，聚氨酯防水涂料施工完毕后，从下午5：00开始进行蓄水检验，次日上午8：30，施工总承包单位要求项目监理机构进行验收，监理工程师对施工总承包单位的做法提出异议，不予验收。

事件3：在监理工程师要求的时间内，施工总承包单位提交了室内装饰装修工程的进度计划双代号时标网络图如图2–17所示，经监理工程师确认后按此组织施工。

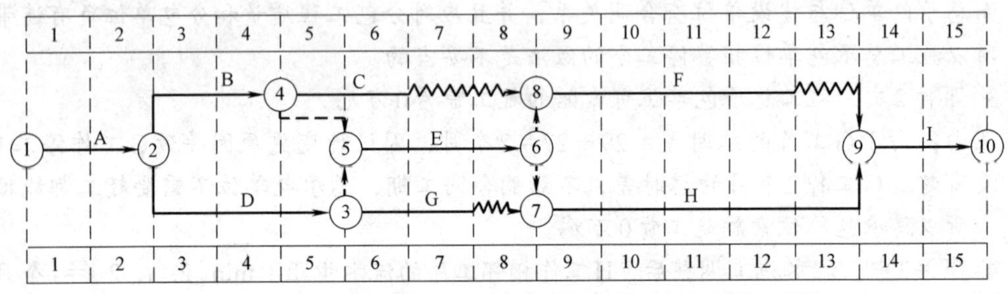

图2–17 室内装饰装修工程进度计划网络图（时间单位：周）

事件4：在室内装饰装修工程施工过程中，因建设单位设计变更导致工作C的实际施工时间为35d，施工总承包单位以设计变更影响进度为由，向项目监理机构提出工期索赔21d的要求。

【问题】

1. 分别指出事件1中专项施工方案编制、审批程序的不妥之处，并写出正确做法。

2. 分别指出事件2中的不妥之处，并写出正确做法。

3. 针对事件3的进度计划网络图，写出其计算工期、关键线路（用工作表示）。分别计算工作C与工作F的总时差和自由时差（单位：周）。

4. 事件4中，施工总承包单位提出的工期索赔天数是否成立？说明理由。

【参考答案】

1. 事件1中的不妥之处及正确做法：

（1）不妥之处：分包单位项目技术负责人组织编制了深基坑工程专项施工方案。

正确做法：深基坑工程专项施工方案应当由施工总承包单位项目经理组织编制，也可以由该分包单位项目经理组织编制。

（2）不妥之处：深基坑工程专项施工方案经分包单位技术部门组织审核，技术负责人签字确认后，报项目监理机构审批。

正确做法：深基坑工程专项施工方案应当由施工单位技术负责人审核签字、加盖单位公章，并由总监理工程师审查签字、加盖执业印章后方可实施。

危大工程实行分包并由分包单位编制专项施工方案的，专项施工方案应当由总承包单位技术负责人及分包单位技术负责人共同审核签字并加盖单位公章。

2. 事件2中不妥之处及正确做法：

（1）不妥之处：室内卫生间楼板二次埋置套管施工过程中，施工总承包单位采用与楼板同抗渗等级的防水混凝土埋置套管。

正确做法：二次埋置的套管，施工总承包单位应采用比楼板抗渗等级高一级的防水混凝土埋置套管，并应掺膨胀剂。

（2）不妥之处：聚氨酯防水涂料施工完毕后，从下午5：00开始进行蓄水检验，次日上午8：30，施工总承包单位要求项目监理机构进行验收。

正确做法：蓄水试验应达到24h以上。

3. 计算工期为15周，关键线路：A→D→E→H→I。

工作C的总时差为3周，自由时差为2周；

工作F的总时差为1周，自由时差为1周。

4. 事件4中，施工总承包单位提出的21天的工期索赔不成立。

理由：虽因建设单位导致设计变更原因造成工期拖延21d，但工作C为非关键工作，且其总时差为3周（21d），拖延时间未超过总时差，所以不影响工期。

实务操作和案例分析题十

【背景资料】

某工程，建设单位与施工单位按《建设工程施工合同（示范文本）》GF—2017—0201签订了合同，经总监理工程师批准的施工总进度计划如图2-18所示（时间单位：d），各项工作均按最早开始时间安排且匀速施工。

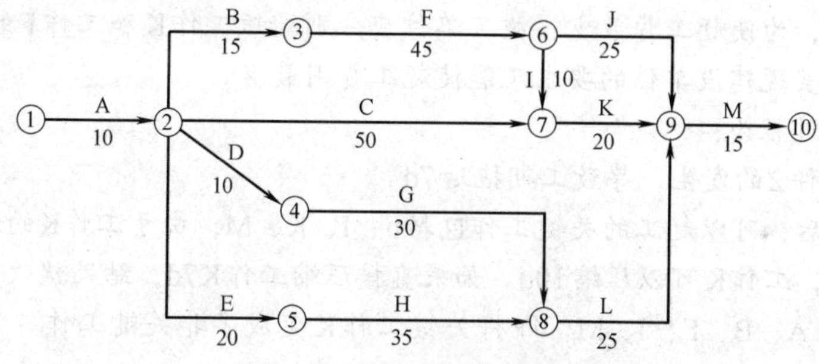

图2-18　施工总进度计划图

施工过程中发生如下事件：

事件1：合同约定开工日期前10d，施工单位向项目监理机构递交了书面申请，请求将开工日期推迟5d。理由是，已安装的施工起重机械未通过有资质检验机构的安全验收，需要更换主要支撑部件。

事件2：由于施工单位人员及材料组织不到位，工程开工后第33d上班时工作F才开始。为确保按合同工期竣工，施工单位决定调整施工总进度计划。经分析，各项未完成工作的赶工费率及可缩短时间见表2-13。

各项未完成工作的赶工费率及可缩短时间　　表2-13

工作名称	C	F	G	H	I	J	K	L	M
赶工费率（万元/d）	0.7	1.2	2.2	0.5	1.5	1.8	1.0	1.0	2.0
可缩短时间（d）	8	6	3	5	2	5	10	6	1

事件3：施工总进度计划调整后，工作L按期开工。施工合同约定，工作L需安装的

设备由建设单位采购，由于设备到货检验不合格，建设单位进行了退换。由此导致施工单位吊装机械台班费损失8万元，L工作拖延9d。施工单位向项目监理机构提出了费用补偿和工程延期申请。

【问题】

1. 事件1中，项目监理机构是否应批准工程推迟开工？说明理由。

2. 指出图2-18所示施工总进度计划的关键线路和总工期。

3. 事件2中，为使赶工费最少，施工单位应如何调整施工总进度计划（写出分析与调整过程）？赶工费总计多少万元？计划调整后工作L的总时差和自由时差为多少天？

4. 事件3中，项目监理机构是否应批准费用补偿和工程延期？分别说明理由。

【参考答案】

1. 事件1中，项目监理机构应批准工程推迟开工。

理由：根据《建设工程施工合同（示范文本）》GF—2017—0201的规定，如果承包人不能按时开工，应在不迟于协议约定的开工日期前7d以书面形式向监理工程师提出延期开工的理由和要求，本案例施工单位是在开工日前10d提出的，在合同规定的有效期内提出了申请，而且理由是已安装的施工起重机械未通过有资质检验机构的安全验收，因此，应批准。

2. 图2-18所示施工总进度计划的关键线路为A→B→F→I→K→M（或①→②→③→⑥→⑦→⑨→⑩）。

总工期＝10＋15＋45＋10＋20＋15＝115d。

3. 事件2中，为使赶工费最少，施工单位应分别缩短工作K和工作F的工作时间5d和2d，这样才能既实现建设单位的要求又能使赶工费用最少。

分析与调整过程为：

（1）由于事件2的发生，导致工期拖延7d。

（2）第33天后，可以赶工的关键工作包括F、I、K、M，由于工作K的赶工费率最低，首先压缩工作K，工作K可以压缩10d。如果直接压缩工作K7d，结果就改变了关键线路，关键线路变成了A、B、F、J、M，即将关键工作K变成了非关键工作。为了不使关键工作K变成非关键工作，第一次压缩工作K5d。

（3）经过第一次压缩后，关键线路就变成了两条，即A→B→F→J→M和A→B→F→I→K→M。此时有4种赶工方案，见表2-14。

赶工方案　　表2-14

赶工方案	赶工费率（万元/d）	可压缩时间
压缩工作F	1.2	6
同时压缩工作J和I	3.3	2
同时压缩工作J和K	2.8	5
压缩工作M	2.0	1

（4）第二次选赶工费率最低的工作F压缩2d，这样就可以确保按合同工期竣工。

赶工费总计＝5×1.0＋2×1.2＝7.4万元。

由于项目赶工的结果是工程按期竣工，调整前与调整后的总工期不变，所以非关键工作L的总时差和自由时差不变，故：

计划调整后工作L的总时差＝计划调整前工作L的总时差＝115－（10＋20＋35＋25＋15）＝10d。

计划调整后工作L的自由时差＝计划调整前工作L的自由时差＝150－（10＋20＋35＋25＋15）＝10d。

4. 事件3中，项目监理机构应批准8万元的费用补偿。

理由：建设单位采购的材料出现质量检测不合格导致的机械台班损失，应由建设单位承担责任。

事件3中，项目监理机构不应批准工程延期。

理由：工作L不是关键工作，且该工作的总时差为10d，工作L拖延9d未超过其总时差，不会影响工期。

实务操作和案例分析题十一

【背景资料】

某建筑工程项目，合同工期15个月，总监理工程师批准的施工进度计划如图2–19所示。

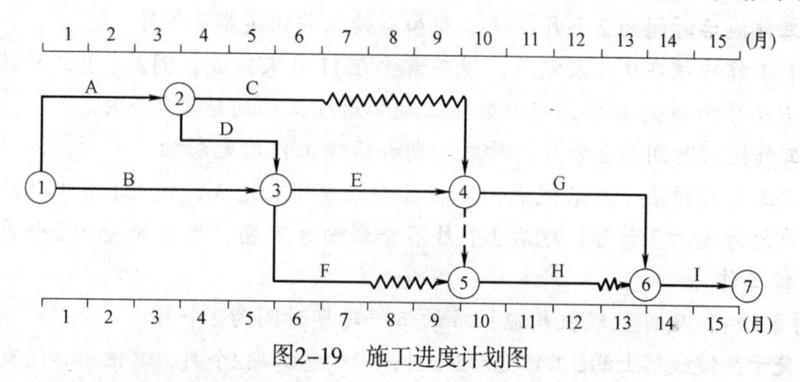

图2–19 施工进度计划图

工程实施过程中发生下列事件：

事件1：在第5个月初到第8个月末的施工过程中，由于建设单位提出工程变更，使施工进度受到较大影响。截至第8个月末，未完工作尚需作业时间见表2–15。

施工单位按索赔程序向项目监理机构提出了工程延期的要求。

事件2：建设单位要求本工程仍按原合同工期完成，施工单位需要调整施工进度计划，加快后续工程进度。经分析得到的各工作有关数据见表2–15。

相关数据表　　表2-15

工作名称	C	E	F	G	H	I
尚需作业时间（月）	1	3	1	4	3	2
可缩短的持续时间（月）	0.5	1.5	0.5	2	1.5	1
缩短持续时间所增加的费用（万元/月）	28	18	30	26	10	14

【问题】

1. 该工程施工进度计划中关键工作和非关键工作分别有哪些？C和F工作的总时差和

自由时差分别为多少?

2. 事件1中，逐项分析第8个月末C、E、F工作的拖后时间及对工期和后续工作的影响程度，并说明理由。

3. 针对事件1，项目监理机构应批准的工程延期时间为多少？说明理由。

4. 针对事件2，施工单位加快施工进度而采取的最佳调整方案是什么？相应增加的费用为多少?

扫码学习

【参考答案】

1. 该工程施工进度计划中关键工作为A、B、D、E、G、I，非关键工作为C、F、H。

C工作总时差=9－6=3个月，自由时差=3个月。

F工作总时差=13－7－3=3个月，自由时差＝2个月。

2. 事件1中，第8个月末C、E、F工作的拖后时间及对工期和后续工作的影响程度及理由:

(1) C工作拖后时间为3个月，对工期和后续工作均无影响。

理由：C工作应该在6月末完成，现在需要在9月末完成，因此，C工作拖后时间为3个月；C工作的总时差为3个月，不会影响工期；C工作的自由时差为3个月，不会影响后续工作。

(2) E工作拖后时间为2个月，使工期和后续工作均延期2个月。

理由：E工作应该在9月末完成，现在需要在11月末完成，因此，E工作拖后时间为2个月；由于E工作为关键工作，所以会使工期和后续工作均延期2个月。

(3) F工作拖后时间为2个月，对总工期和后续工作均无影响。

理由：F工作应该在7月末完成，现在需要在9月末完成，因此，F工作拖后时间为2个月；F工作总时差为3个月，拖后2个月不会影响总工期，自由时差为2个月，拖后2个月不影响后续工作。

3. 针对事件1，项目监理机构应批准的工程延期时间为2个月。

理由：处于关键线路上的E工作拖后2个月，影响总工期2个月，其他工作没有影响工期。

4. 针对事件2，施工单位加快施工进度而采取的最佳调整方案是：I工作缩短1个月，E工作缩短1个月。相应增加费用=14＋18=32万元。

实务操作和案例分析题十二

【背景资料】

某项目部针对一个施工项目编制网络计划图，图2-20是计划图的一部分：

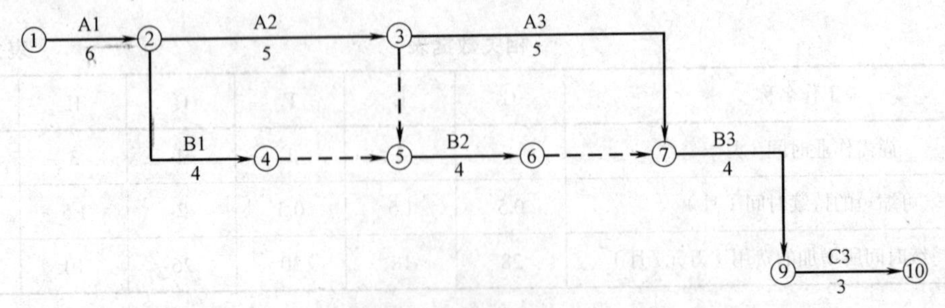

图2-20 局部网络计划图（单位：d）

该网络计划图其余部分计划工作及持续时间见表2-16。

网络计划图其余部分的计划工作及持续时间表 **表2-16**

工作	紧前工作	紧后工作	持续时间（d）
C1	B1	C2	3
C2	C1	C3	3

项目部对按上述思路编制的网络计划图进一步检查时发现有一处错误：C2工作必须在B2工作完成后，方可施工。经调整后的网络计划图由监理工程师确认满足合同工期要求，最后在项目施工中实施。

A3工作施工时，由于施工单位设备事故延误了2d。

【问题】

1. 按背景资料给出的计划工作及持续时间表补全网络计划图的其余部分（请将背景中的网络图复制作答）。

2. 发现C2工作必须在B2工作完成后施工，网络计划图应如何修改［请将问题1的结果（网络图）复制作答］?

3. 给出最终确认的网络计划图的关键线路和工期。

4. A3工作（设备事故）延误的工期能否索赔？说明理由。

【参考答案】

1. 补全的网络计划图如图2-21所示。

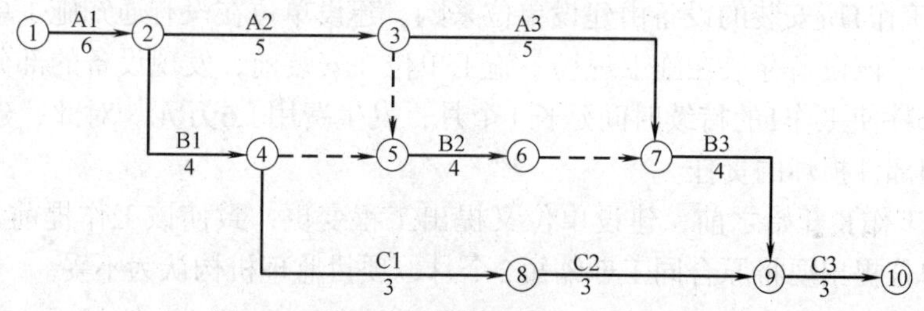

图2-21　补全的网络计划图（单位：d）

2. 修改的网络计划图如图2-22所示。

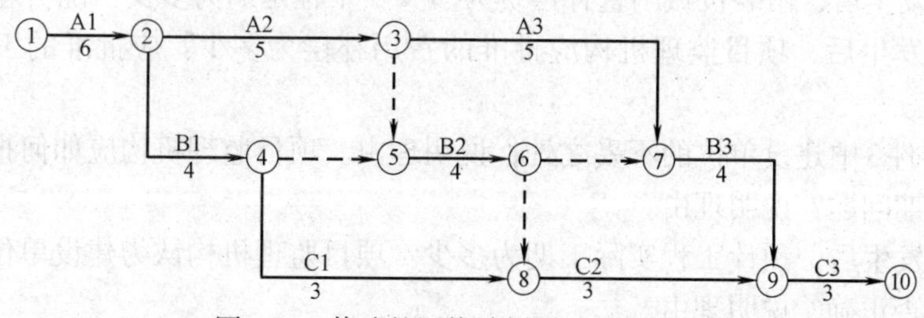

图2-22　修改的网络计划图（单位：d）

3. 关键线路：①→②→③→⑦→⑨→⑩，工期＝6＋5＋5＋4＋3＝23d。

4. A3工作（设备事故）延误的工期不能索赔。

理由：施工单位原因造成的。

实务操作和案例分析题十三

【背景资料】

某实行监理的工程，施工合同采用《建设工程施工合同（示范文本）》GF—2017—0201，合同约定：吊装机械闲置补偿费600元/台班，单独计算，不进入直接费。经项目监理机构审核批准的施工总进度计划如图2-23所示。

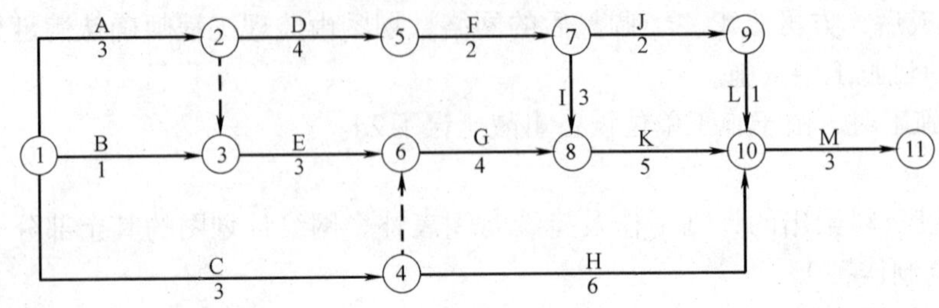

图2-23 施工总进度计划图（单位：月）

施工过程中发生下列事件：

事件1：开工后，建设单位提出工程变更，致使工作E的持续时间延长2个月，吊装机械闲置30台班。

事件2：工作G开始后，受当地百年一遇洪水影响，该工作停工1个月，吊装机械闲置15台班、其他机械设备损坏及停工损失合计25万元。

事件3：工作I所安装的设备由建设单位采购。建设单位在没有通知施工单位共同清点的情况下，就将该设备存放在施工现场。施工单位在安装前，发现设备的部分部件损坏，调换损坏的部件使工作I的持续时间延长1个月，发生费用1.6万元。对此，建设单位要求施工单位承担部件损坏的责任。

事件4：工作K开始之前，建设单位又提出工程变更，致使该工作提前2个月完成，因此，建设单位提出要将原合同工期缩短2个月，项目监理机构认为不妥。

【问题】

1. 确定初始计划的总工期，并确定关键线路及工作E的总时差。

2. 事件1发生后，吊装机械闲置补偿费为多少？工程延期为多少？说明理由。

3. 事件2发生后，项目监理机构应批准的费用补偿为多少？应批准的工程延期为多少？说明理由。

4. 指出事件3中建设单位的不妥之处，说明理由。项目监理机构应如何批复所发生的费用和工程延期问题？说明理由。

5. 事件4发生后，预计工程实际工期为多少？项目监理机构认为建设单位要求缩短合同工期不妥是否正确？说明理由。

【参考答案】

1. 初始计划的总工期＝3＋4＋2＋3＋5＋3＝20个月。

关键线路为A→D→F→I→K→M（或①→②→⑤→⑦→⑧→⑩→⑪）。工作E的总时差＝20－（3＋3＋4＋5＋3）＝2个月。

2. （1）事件1发生后，吊装机械闲置补偿费＝600×30＝18000元。

（2）事件1发生后，工程不会延期。

理由：因建设单位造成承包商设备闲置和工程延期，应给予施工单位费用和工期补偿，但由于工作E不是关键工作，且持续时间延长不会影响到总工期，因此，工程不会延期。

3.（1）事件2发生后，项目监理机构不应批准费用补偿。

理由：百年一遇的洪水属于不可抗力事件，不可抗力事件发生后，承包人的机械设备损失及停工损失由承包人承担。

（2）事件2发生后，项目监理机构应批准工程延期1个月。

理由：因事件1，使工作G变为关键工作，影响工期1个月，因此工期可顺延1个月。

4.（1）事件3中，建设单位的不妥之处：

1）在没有通知施工单位共同清点的情况下，将其采购的设备存放在施工现场。

理由：建设单位在其所供应的材料设备到货前24h应以书面形式通知承包人，由承包人派人与发包人共同清点。双方共同清点接收后，由承包人妥善保管，发包人支付相应的保管费用。

2）建设单位要求施工单位承担部件损坏的责任。

理由：建设单位未将设备移交施工单位保管。

（2）项目监理机构应同意给予施工单位补偿费用1.6万元，工期不予顺延。

理由：建设单位采购的材料设备未通知施工单位进行验收就存放于施工现场，由此发生的损坏丢失由建设单位负责，但由于事件1、事件2使工作I变为非关键工作，且延长1个月未超过总时差，对总工期没有影响，故工程不予顺延。

5.（1）事件4发生后，预计工程实际工期为19个月。

（2）项目监理机构认为建设单位要求缩短合同工期不妥是正确的。

理由：造成工作K提前2个月完成的原因是工程变更，因此可以要求缩短工期，但只能将原合同工期缩短1个月。

实务操作和案例分析题十四

【背景资料】

某广场地下车库工程，建筑面积18000m^2。建设单位和某施工单位根据《建设工程施工合同（示范文本）》GF—2017—0201签订了施工承包合同，合同工期140d。

工程实施过程中发生了如下事件：

事件1：施工单位将施工作业划分为A、B、C、D四个施工过程，分别由指定的专业班组进行施工，每天一班工作制，组织无节奏流水施工，流水施工参数见表2-17。

流水施工参数　　表2-17

施工段 \ 流水节拍（d） \ 施工过程	A	B	C	D
Ⅰ	12	18	25	12
Ⅱ	12	20	25	13
Ⅲ	19	18	20	15
Ⅳ	13	22	22	14

事件2：项目经理部根据有关规定，针对水平混凝土构件模板（架）体系，编制了模板（架）工程专项施工方案，经施工项目负责人批准后开始实施，仅安排施工项目技术负责人进行现场监督。

事件3：在施工过程中，该工程所在地连续下了6d特大暴雨（超过了当地近10年来该季节的最大降雨量），洪水泛滥，给建设单位和施工单位造成了较大的经济损失。施工单位认为这些损失是由于特大暴雨（不可抗力事件）所造成的，提出下列索赔要求（以下索赔数据与实际情况相符）：

（1）工程清理、恢复费用18万元；

（2）施工机械设备重新购置和修理费用29万元；

（3）人员伤亡善后费用62万元；

（4）工期顺延6d。

【问题】

1. 事件1中，列式计算A、B、C、D四个施工过程之间的流水步距分别是多少天？

2. 事件1中，列式计算流水施工的计划工期是多少天？能否满足合同工期要求？

3. 事件2中，指出专项施工方案实施中有哪些不妥之处？说明理由。

4. 事件3中，分别指出施工单位的索赔要求是否成立？说明理由。

【参考答案】

1. 事件1中，A、B、C、D四个施工过程之间的流水步距。

$K_{A,B}$：

$$\begin{array}{rrrrrr} & 12, & 24, & 43, & 56 & \\ -) & & 18, & 38, & 56, & 78 \\ \hline & 12, & 6, & 5, & 0, & -78 \end{array};\ K_{A,B}=\max[12,6,5,0,-78]=12d$$

$K_{B,C}$：

$$\begin{array}{rrrrrr} & 18, & 38, & 56, & 78 & \\ -) & & 25, & 50, & 70, & 92 \\ \hline & 18, & 13, & 6, & 8, & -92 \end{array};\ K_{B,C}=\max[18,13,6,8,-92]=18d$$

$K_{C,D}$：

$$\begin{array}{rrrrrr} & 25, & 50, & 70, & 92 & \\ -) & & 12, & 25, & 40, & 54 \\ \hline & 25, & 38, & 45, & 52, & -54 \end{array};\ K_{C,D}=\max[25,38,45,52,-54]=52d$$

2. 事件1中，流水施工的计划工期＝12＋18＋52＋12＋13＋15＋14＝136d。能满足合同工期要求。

3. 事件2中，专项施工方案实施中的不妥之处：经施工项目负责人批准后开始实施，仅安排施工项目技术负责人进行现场监督。

理由：专项方案要经施工单位技术负责人、总监理工程师签字后方可实施，并由专职安全管理人员进行现场监督。

4. 事件3中，施工单位的索赔要求是否成立的判断及理由如下：

（1）18万元工程清理、恢复费用的索赔要求成立。

理由：不可抗力事件发生后，工程所需清理、修复费用，由建设单位承担。

（2）施工机械设备重新购置和修理费用29万元的索赔要求不成立。

理由：不可抗力事件发生后，承包人机械设备损坏及停工损失，由施工单位承担。

（3）人员伤亡善后费用62万元的索赔要求不成立。

理由：不可抗力事件发生后，工程本身的损害、因工程损害导致第三人人员伤亡和财产损失以及运至施工场地用于施工的材料和待安装的设备的损害，由发包人承担；发包人、承包人人员伤亡由其所在单位负责，并承担相应费用。

（4）工期顺延6d的索赔要求成立。

理由：不可抗力事件发生后，延误的工期相应顺延。

实务操作和案例分析题十五

【背景资料】

某建设项目，经总监理工程师批准的双代号网络施工进度计划如图2-24所示。

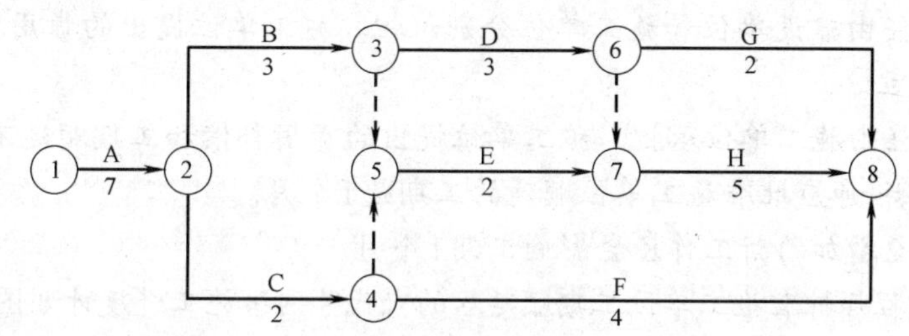

图2-24　双代号网络施工进度计划图（单位：月）

施工过程中发生了如下事件：

事件1：施工单位为了保证A工作的施工质量，扩大基底处理面积，导致费用增加3万元，A工作持续时间增加了1个月。

事件2：项目施工9个月后，由于设计变更，总监理工程师通知施工单位新增K工作。K工作持续时间为4个月，在B和C工作完成后开始，且在H和G工作开始前完成。

事件3：因施工图设计错误原因，F工作实际工程量有所增加，从而导致费用增加20万元，工作持续时间增加1个月。

事件4：G工作施工期内连续降雨累计达1个月（其中：0.5个月的日降雨量超过当地50年气象资料记载的最大强度），导致G工作实际完工时间比原计划拖后1个月，施工单位停工损失3万元。

事件5：由于施工单位采购的材料质量不合格造成返工，H工作实际完工时间比原计划拖后0.5个月，经济损失5万元。施工单位就以上事件向建设单位提出了费用补偿和工期顺延要求。

【问题】

1. 计算图示施工进度计划的总工期，并列出关键线路。

2. 对施工过程中发生的5个事件进行合同责任分析，并逐项说明施工单位提出的费用补偿和工期顺延能否成立。

3. 总监理工程师应批准施工单位顺延的工期是多少？说明理由。

4. 绘制总监理工程师批准施工单位工期顺延后的双代号网络施工进度计划图。

【参考答案】

1. 该双代号网络计划共由5条线路组成，分别是：

线路1：①→②→③→⑥→⑧，持续时间之和为15个月；

线路2：①→②→③→⑥→⑦→⑧，持续时间之和为18个月；

线路3：①→②→③→⑤→⑦→⑧，持续时间之和为17个月；

线路4：①→②→④→⑧，持续时间之和为13个月；

线路5：①→②→④→⑤→⑦→⑧，持续时间之和为16个月。

该施工进度计划的总工期为18个月，关键线路为①→②→③→⑥→⑦→⑧。

2. 合同责任分析：

事件1的责任由施工单位承担。施工单位提出的费用补偿和工期顺延不能成立。

事件2的责任由建设单位承担。施工单位提出的费用补偿和工期顺延可以成立。

事件3的责任由建设单位承担。施工单位提出的费用补偿可以成立，提出的工期顺延不能成立。

事件4的责任由建设单位和施工单位分别承担。施工单位提出的费用补偿不能成立，工期顺延不能成立。

事件5的责任由施工单位承担。施工单位提出的费用补偿和工期顺延不能成立。

3. 总监理工程师应批准施工单位顺延的工期是1个月。

理由：事件2增加的新工作K会影响工期1个月。

4. 总监理工程师批准施工单位工期顺延后的双代号网络施工进度计划图如图2-25所示。

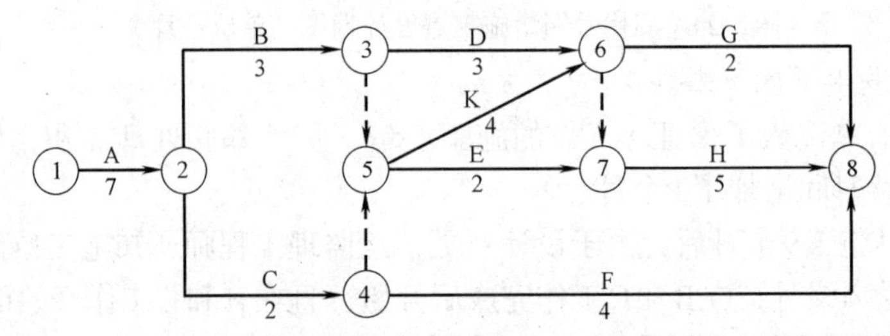

图2–25 批准工期顺延后的双代号网络施工进度计划图（单位：月）

实务操作和案例分析题十六

【背景资料】

某人防工程，建筑面积5000m^2，地下1层，层高4m，基础埋深为自然地面以下6.5m，建设单位委托监理单位对工程实施全过程监理，建设单位和某施工单位根据《建设工程施工合同（示范文本）》GF—2017—0201签订了施工承包合同。

工程施工过程中发生了下列事件：

事件1：施工单位进场后，根据建设单位提供的原场区内方格控制网坐标进行该建筑物的定位测设。

事件2：工程楼板组织分段施工，某一段各工序的逻辑关系见表2–18。

某一段各工序的逻辑关系 表2-18

工作内容	材料准备	支撑搭设	模板铺设	钢筋加工	钢筋绑扎	混凝土浇筑
工作编号	A	B	C	D	E	F
紧后工作	B、D	C	E	E	F	—
工作时间	3	4	3	5	5	1

事件3：砌体工程施工时，监理工程师对工程变更部分新增构造柱的钢筋做法提出疑问。

事件4：工程在设计时就充分考虑"平战结合、综合使用"的原则，平时用作停车库，人员通过电梯或楼梯通道上到地面。工程竣工验收时，相关部门对主体结构、建筑电气、通风空调、装饰装修等分部工程进行了验收。

【问题】

1. 事件1中，建筑物细部点定位测设有哪几种方法？本工程最适宜采用的方法是哪一种？

2. 根据事件2表中给出的逻辑关系，绘制双代号网络计划图，并计算该网络计划图的工期。

3. 事件3中，顺序列出新增构造柱钢筋安装的过程。

4. 根据人防工程的特点和事件4中的描述，本工程验收时还应包含哪些分部工程？

【参考答案】

1. 事件1中，建筑物细部点定位测设方法有直角坐标法、极坐标法、角度前方交会法、距离交会法、方向线交会法。

本工程最适宜采用的方法是直角坐标法。

2. 根据事件2表中给出的逻辑关系，绘制的双代号网络计划如图2-26所示。

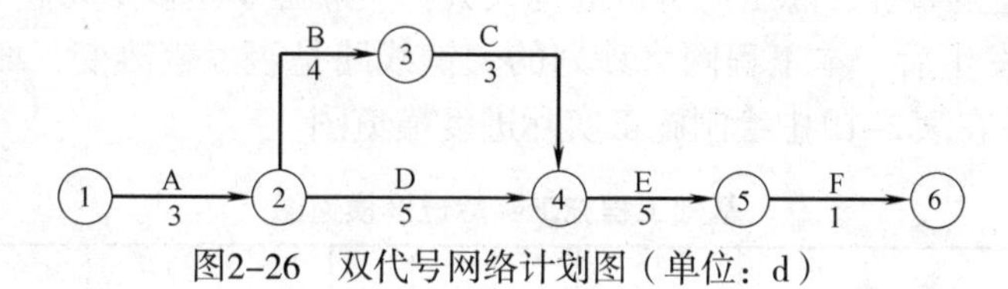

图2–26　双代号网络计划图（单位：d）

该网络计划图的工期＝3＋4＋3＋5＋1＝16d。

3. 构造柱钢筋安装过程：

（1）对构造柱定位，上下端部弹线；

（2）根据配置竖向钢筋的直径和数量在相应位置钻孔；

（3）在钻孔部位植筋（使用建筑用结构胶）；

（4）设计规定数量的箍筋预就位于柱立筋下端部；

（5）绑扎立（主）筋；

（6）将预就位的箍筋按间距要求分布并与立（主）筋绑扎牢固成型。

4. 本工程验收时还应包含的分部工程：地基与基础、建筑屋面、建筑给排水及采暖、智能建筑、电梯等。

实务操作和案例分析题十七

【背景资料】

某办公楼工程，建筑面积6000m^2，框架结构，独立柱基础，上设承台梁，独立柱基础埋深为1.5m，地质勘查报告中地基基础持力层为中砂层，基础施工钢材由建设单位供应。基础工程施工分为两个施工流水段，组织流水施工，根据工期要求编制了工程基础项目的施工进度计划，并绘出施工双代号网络计划图，如图2–27所示。

在工程施工中发生如下事件：

事件1：土方2施工中，开挖后发现局部基础地基持力层为软弱层需处理，工期延误6d。

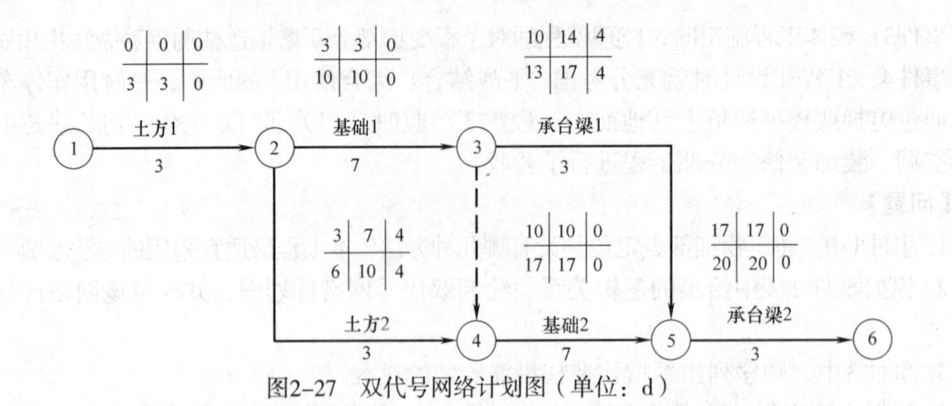

图2–27 双代号网络计划图（单位：d）

事件2：承台梁1施工中，因施工用钢材未按时进场，工期延期3d。

事件3：基础2施工时，因施工总承包单位原因造成工程质量事故，返工致使工期延期5d。

【问题】

1. 指出基础工程网络计划的关键线路，写出该基础工程计划工期。

2. 针对本案例上述各事件，施工总承包单位是否可以提出工期索赔，并分别说明理由。

3. 对索赔成立的事件，总工期可以顺延几天？实际工期是多少天？

4. 上述事件发生后，本工程网络计划的关键线路是否发生改变，如有改变，请指出新的关键线路，并在表2–19中绘制施工实际进度横道图。

基础工程施工实际进度横道图　　表2-19

序号	天数（d） 分项工程名称	2	4	6	8	10	12	14	16	18	20	22	24	26	28
1	土方工程														
2	基础工程														
3	承台梁工程														

【参考答案】

1. 基础工程网络计划的关键线路为①→②→③→④→⑤→⑥，该基础工程计划工期为3＋7＋7＋3＝20d。

2. 施工总承包单位是否可以提出工期索赔以及理由的判断：

事件1：施工总承包单位可以提出工期索赔，索赔工期为6－4＝2d。

理由：由于发现局部基础地基持力层为软弱层需处理属于施工总承包单位不可预见的，因此可以提出工期索赔，土方2的总时差为20－（3＋3＋7＋3）＝4d，虽然土方2不是关键工作，但是延误的工期6d已超过其总时差4d，因此可以提出工期索赔。

事件2：施工总承包单位不可以提出工期索赔。

理由：虽然基础施工钢材由建设单位供应，因施工用钢材未按时进场导致工期延期3d，理应由建设单位承担责任，但是承台梁1不是关键工作，且总时差为4d，延期的3d未超过其总时差，所以不可以提出工期索赔。

事件3：施工总承包单位不可以提出工期索赔。

理由：基础2施工工期延期5d是由于施工总承包单位原因造成工程质量事故的返工而

造成的，属于施工总承包单位应承担的责任，虽然基础2属于关键工作，但也不可以提出工期索赔。

3. 对索赔成立的事件，总工期可以顺延2d。

实际工期为3＋9＋12＋3＝27d。

4. 上述事件发生后，本工程网络计划的关键线路发生了改变，新的关键线路为①→②→④→⑤→⑥。

施工实际进度横道图见表2-20（时间单位：d）。

基础工程施工实际进度横道图　　表2-20

序号	分项工程名称＼天数	2	4	6	8	10	12	14	16	18	20	22	24	26	28
1	土方工程	土方1			土方2										
2	基础工程	$K_{1,2}=5$				基础1			基础2						
3	承台梁工程						$K_{2,3}=13$					承台梁1		承台梁2	

实务操作和案例分析题十八

【背景资料】

某办公楼工程，框架结构，钻孔灌注桩基础，地下1层，地上20层，总建筑面积25000m^2，其中地下建筑面积3000m^2，施工单位中标后与建设单位签订了施工承包合同，合同约定："……至2014年6月15日竣工，工期目标470日历天；质量目标合格；主要材料由施工单位自行采购；因建设单位原因导致工期延误，工期顺延，每延误一天支付施工单位10000元/天的延误费……"，合同签订后，施工单位实施了项目进度计划，其中上部标准层结构工序安排如表2-21所示：

上部标准层结构工序安排表　　表2-21

工作内容	施工准备	模板支撑体系搭设	模板支设	钢筋加工	钢筋绑扎	管线预埋	混凝土浇筑
工序编号	A	B	C	D	E	F	G
时间（d）	1	2	2	2	2	1	1
紧后工序	B、D	C、F	E	E	G	G	/

柱基施工时遇地下溶洞（地质勘探未探明），由此造成工期延误20日历天。施工单位向建设单位提交索赔报告，要求延长工期20日历天，补偿误工费20万元，地下室结构完成，施工单位自检合格后，项目负责人立即组织总监理工程师及建设单位、勘察单位、设计单位项目负责人进行地基基础分部工程验收。

施工至10层结构时，因商品混凝土供应迟缓，延误工期10日历天。施工至20层结构时，建设单位要求将该层进行结构变更，又延误工期15日历天。施工单位向建设单位提交索赔报告，要求延长工期25日历天，补偿误工费25万元。

装饰装修阶段，施工单位采取编制进度控制流程、建立协调机制等措施，保证合同约定工期目标的实现。

【问题】

1. 根据上部标准层结构工序安排表绘制出双代号网络图，找出关键线路，并计算上部标准层结构每层工期是多少日历天？

2. 本工程地基基础分部工程的验收程序有哪些不妥之处？并说明理由。

3. 除采取组织措施外，施工进度控制措施还有哪几种措施？

4. 施工单位索赔成立的工期和费用是多少？逐一说明理由。

【参考答案】

1. 根据上部标准层结构工序安排表绘制的双代号网络图如图2-28所示：

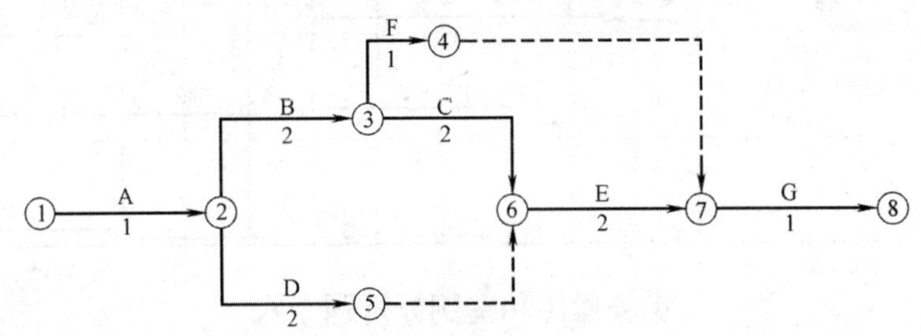

图2-28　双代号网络图（单位：日历天）

关键线路：A→B→C→E→G（①→②→③→⑥→⑦→⑧）。

工期为：1＋2＋2＋2＋1＝8d。

2. 本工程地基基础分部工程的验收程序的不妥之处及理由如下：

（1）不妥之处：施工单位自检合格后，项目负责人立即组织验收不妥。

理由：施工单位自检合格后，应向监理单位申请验收。

（2）不妥之处：项目负责人组织基础验收不妥。

理由：应由总监理工程师组织基础验收。

（3）不妥之处：工程验收时参加的人员不足。

理由：地基基础分部工程的验收除建设单位、施工单位、勘察单位、设计单位项目负责人和总监理工程师参加之外，还需要施工单位技术负责人、质量部门负责人参加。

3. 除采取组织措施外，施工进度控制措施还有技术措施、管理措施、经济措施等。

4. 施工单位索赔成立的工期和费用及理由如下：

（1）桩基施工：施工单位索赔成立，其中，工期索赔20d，费用索赔20万元。

理由：地下溶洞未探明，属于建设单位的责任，按照合同约定，建设单位应承担工期和费用损失。即顺延工期20d，支付施工单位索赔费用20×1＝20万元。

（2）施工至20层结构时建设单位要求进行结构变更：施工单位的索赔成立，其中，工期索赔15d，费用索赔15万元。

理由：建设单位要求进行结构设计变更，属于建设单位的责任。按合同约定，建设单位应承担相应损失。即顺延工期15d，支付施工单位索赔费用15×1＝15万元。

综上，施工单位累计可获得：工期索赔20＋15＝35d，费用索赔20＋15＝35万元。

第三章　建筑工程施工质量管理

2011—2020年度实务操作和案例分析题考点分布

考点＼年份	2011年	2012年	2013年	2014年	2015年	2016年	2017年	2018年	2019年	2020年
民用建筑工程室内环境污染的检测验收			●				●			
项目质量计划的应用							●			
检验批划分							●			
墙体保温材料的控制要点							●			
屋面卷材起鼓的治理							●		●	
工程质量事故的分类						●				
工程质量问题的报告						●				
焊接工艺评定试验参数						●				
幕墙工程安全和功能检测项目					●					
建筑材料复试	●	●		●						
建筑材料质量控制										●
允许偏差合格率的计算				●						
建筑装饰装修工程常见的质量问题及质量验收				●					●	
地下工程防水等级				●						
防水混凝土的验收检查				●						
砂石地基检查			●							
混凝土收缩裂缝产生的原因及防治措施			●							
门窗工程施工技术要求			●							
工程资料的形成			●							
工程资料移交与归档	●									●
建设工程竣工验收的条件及验收资料的移交		●								
女儿墙根部漏水质量问题的治理	●									

续表

考点 \ 年份	2011年	2012年	2013年	2014年	2015年	2016年	2017年	2018年	2019年	2020年
焊缝缺陷产生的原因及处理方法		●								
竣工验收备案提交的文件						●				
砌体结构施工技术及主要的质量问题防治	●								●	
房屋建筑工程竣工验收备案时应提交的文件	●									
隐蔽工程重新检查的规定			●							
地基与基础工程验收组织及验收人员	●									
混凝土结构实体检验管理							●			●
单位工程质量竣工验收记录							●			
同条件养护试件的取样、留置与强度等级要求						●				
施工许可证的办理						●				
砌体子分部工程验收				●						
基础工程质量问题治理		●								
PDCA工作方法								●		
混凝土预制构件安装与连接的主控项目要求								●		
装配式建筑技术标准								●		●
施工检测试验计划的编制、审批与内容								●		
混凝土的温控指标									●	
项目质量计划编制的要求与质量记录的内容									●	
住宅室内电气工程施工要点									●	

【专家指导】

施工质量管理的相关内容是考核的重中之重，对施工工艺及施工技术要点、方法等考核的力度也很大。施工质量一章中，可考知识点较多。关于工程验收的内容在历年真题中，涉及较多的有：各工作质量要求；各检验的实测项目；施工技术要点；施工工艺；质量问题及验收。建筑材料复试及质量控制也是很好的命题点。本章涉及的内容应重点掌握。

要 点 归 纳

1. 项目质量管理程序**【一般考点】**

明确项目质量目标→编制项目质量计划→实施项目质量计划→监督检查项目质量计划

的执行情况→收集、分析、反馈质量信息并制定预防和改进措施。

2. 项目质量计划编制要求【**重要考点**】

（1）项目质量计划应在项目策划过程中编制，经审批后作为对外质量保证和对内质量控制的依据；

（2）项目质量计划是将质量保证标准、质量管理手册和程序文件的通用要求与项目质量联系起来的文件，应保持与现行质量文件要求的一致性；

（3）项目质量计划应高于且不低于通用质量体系文件所规定的要求；

（4）项目质量计划应明确所涉及的质量活动，并对其责任和权限进行分配；同时应考虑相互间的协调性和可操作性；

（5）质量计划应体现从检验批、分项工程、分部工程到单位工程的过程控制，且应体现从资源投入到完成工程质量最终检验和试验的全过程管理与控制要求；

（6）项目质量计划应由项目经理组织编写，须报企业相关管理部门批准并得到发包方和监理方认可后实施；

（7）施工企业应对质量计划实施动态管理，及时调整相关文件并监督实施。

3. 质量管理记录【**重要考点**】

（1）施工日记和专项施工记录；

（2）交底记录；

（3）上岗培训记录和岗位资格证明；

（4）使用机具和检验、测量及试验设备的管理记录；

（5）图纸、变更设计接收和发放的有关记录；

（6）监督检查和整改、复查记录；

（7）质量管理相关文件；

（8）工程项目质量管理策划结果中规定的其他记录。

4. 建筑材料复试的内容【**重要考点**】

（1）钢筋：屈服强度、抗拉强度、伸长率和冷弯。

（2）水泥：抗压强度、抗折强度、安定性、凝结时间。

（3）混凝土外加剂：检验报告中应有碱含量指标，预应力混凝土结构中严禁使用含氯化物的外加剂。混凝土结构中使用含氯化物的外加剂时，混凝土的氯化物总含量应符合规定。

（4）建筑外墙金属窗、塑料窗：气密性、水密性、抗风压性能。

（5）装饰装修用人造木板及胶粘剂：甲醛含量。

5. 土方开挖检查【**一般考点**】

（1）开挖前：检查定位放线、排水和地下水控制系统等。

（2）开挖过程中：检查平面位置、水平标高、边坡坡度、压实度、排水系统等，并随时观测周围的环境变化。

6. 土方回填检查【**一般考点**】

（1）填土施工过程中应检查排水措施、每层填筑厚度、回填土的含水量控制（回填土的最优含水量，砂土：8%～12%；黏土：19%～23%；粉质黏土：12%～15%；粉土：16%～22%）和压实程度。

（2）基坑（槽）的填方，在夯实或压实之后，要对每层回填土的质量进行检验，满足设计或规范要求。

（3）填方施工结束后应检查标高、边坡坡度、压实程度等是否满足设计或规范要求。

7. 灰土、砂和砂石地基工程施工检查**【重要考点】**

（1）施工过程中：检查分层铺设的厚度、夯实时加水量、夯压遍数、压实系数。

（2）施工结束后：检验灰土、砂和砂石地基的承载力。

8. 混凝土灌注桩基础施工检查**【重要考点】**

检查桩位偏差、桩顶标高、桩底沉渣厚度、桩身完整性、承载力、垂直度、桩径、原材料、混凝土配合比及强度、泥浆配合比及性能指标、钢筋笼制作及安装、混凝土浇筑等是否符合设计要求和规范规定。

9. 厨房、厕浴间防水工程施工完成后的检查与检验**【一般考点】**

做24h蓄水试验，无渗漏时再做保护层和面层。设备与饰面层施工完后，在其上继续做第二次24h蓄水试验，达到最终无渗漏和排水畅通为合格，方可进行正式验收。墙面间歇淋水试验应达到30min以上不渗漏。

10. 地基与基础工程验收**【重要考点】**

（1）验收组织者：建设单位项目负责人（或总监理工程师）。

（2）参加单位：施工、监理（建设）、设计、勘察单位。

（3）验收组成员：由总监理工程师（建设单位项目负责人），勘察、设计、施工单位项目负责人，施工单位项目技术、质量负责人，以及施工单位技术、质量部门负责人组成。

11. 主体结构的内容**【高频考点】**

混凝土结构、砌体结构、钢结构、钢管混凝土结构、型钢混凝土结构、铝合金结构、木结构等子分部工程。上述各子分部工程又包括哪些分项工程也是需要掌握的要点。

12. 结构实体检验**【一般考点】**

（1）组织者：监理单位。

（2）审批：施工单位制定的结构实体检验专项方案，经监理单位审核批准后实施。

（3）结构实体混凝土强度检验方法：宜采用同条件养护试件方法；当未取得同条件养护试件强度或同条件养护试件强度不符合要求时，可采用回弹—取芯法进行检验。

13. 主体结构工程分部工程验收组织**【重要考点】**

（1）组织者：总监理工程师（或建设单位项目负责人）。

（2）参加者：设计单位项目负责人和施工单位技术、质量部门负责人应参加主体结构、节能分部工程的验收；地基与基础分部工程还应有勘察单位项目负责人参加。

14. 装饰装修工程各子分部工程有关安全和功能检测项目**【高频考点】**

项次	子分部工程	检验项目
1	门窗工程	建筑外窗的气密性能、水密性能和抗风压性能
2	饰面板工程	饰面板后置埋件的现场拉拔力
3	饰面砖工程	外墙饰面砖样板及工程的饰面砖粘结强度
4	幕墙工程	（1）硅酮结构胶的相容性和剥离粘结性； （2）幕墙后置埋件和槽式预埋件的现场拉拔力； （3）幕墙的气密性、水密性、耐风压性能及层间变形性能

15. 单位工程质量验收组织与程序【**高频考点**】

（1）单位工程完工后，施工单位应组织有关人员进行自检。

单位工程中的分包工程完工后，分包单位应对所承包的工程项目进行自检，并按规定程序进行验收。验收时，总包单位应派人参加。分包单位应将所分包工程的质量控制资料整理完整，并移交给总包单位。

（2）总监理工程师应组织各专业监理工程师对工程质量进行竣工预验收，施工单位项目负责人、项目技术负责人参加。

（3）存在施工质量问题时，应由施工单位整改。

（4）预验收通过后，由施工单位向建设单位提交工程竣工报告，申请工程竣工验收。

（5）建设单位收到工程竣工报告后，应由建设单位项目负责人组织监理、施工、设计、勘察等单位项目负责人进行单位工程验收。

建设单位组织单位工程质量验收时，施工单位的技术、质量负责人应参加验收。当单位工程中有分包工程的，分包单位负责人也应参加验收。

16. 工程质量事故的分类（4类）【**重要考点**】

（1）特别重大事故：30人以上死亡，或者100人以上重伤，或者1亿元以上直接经济损失的事故。

（2）重大事故：10人以上30人以下死亡，或者50人以上100人以下重伤，或者5000万元以上1亿元以下直接经济损失的事故。

（3）较大事故：3人以上10人以下死亡，或者10人以上50人以下重伤，或者1000万元以上5000万元以下直接经济损失的事故。

（4）一般事故：3人以下死亡，或者10人以下重伤，或者100万元以上1000万元以下直接经济损失的事故。

17. 管理事故的成因【**一般考点**】

（1）分部分项工程施工安排顺序不当，造成质量问题和严重经济损失。

（2）施工人员不熟悉图纸，盲目施工，致使构件或预埋件定位错误。

（3）在施工过程中未严格按施工组织设计、方案和工序、工艺标准要求进行施工，造成经济损失。

（4）对进场的材料、成品、半成品不按规定检查验收、存放、复试等，造成经济损失。

（5）未尽到总包责任，导致现场出现管理混乱，进而形成一定的经济损失。

18. 工程质量问题报告【**重要考点**】

（1）质量问题发生后，事故现场有关人员立即向工程建设单位负责人报告；工程建设单位负责人接到报告后，应于1h内向事故发生地县级以上人民政府住房和城乡建设主管部门及有关部门报告。情况紧急时，事故现场有关人员可直接向事故发生地县级以上人民政府住房和城乡建设主管部门报告。

（2）较大、重大及特别重大事故逐级上报至国务院住房和城乡建设主管部门，一般事故逐级上报至省级人民政府住房和城乡建设主管部门，必要时可以越级上报事故情况。

（3）事故报告内容：事故发生的时间、地点、工程项目名称、工程各参建单位名称；事故发生的简要经过、伤亡人数（包括下落不明的人数）和初步估计的直接经济损失；事故的初步原因；事故发生后采取的措施及事故控制情况；事故报告单位、联系人及联系方式等。

（4）补报：事故报告后出现新情况，以及事故发生之日起30d内伤亡人数发生变化的。

19. 基础工程边坡塌方的原因及治理【一般考点】

（1）原因：基坑（槽）开挖坡度不够；未采取有效的降排水措施；边坡顶部堆载过大，或受外力振动影响；土质松软，开挖次序、方法不当等。

（2）治理：对基坑（槽）塌方，应清除塌方后采取临时性支护措施；对永久性边坡局部塌方，应清除塌方后用块石填砌或用2∶8、3∶7灰土回填嵌补，与土接触部位做成台阶搭接，防止滑动；或将坡度改缓。同时，应做好地面排水和降低地下水位的工作。

20. 基础工程回填土密实度达不到要求【重要考点】

（1）原因

① 土的含水率过大或过小，因而达不到最优含水率下的密实度要求。

② 填方土料不符合要求。

③ 碾压或夯实机具能量不够，达不到影响深度要求，使土的密实度降低。

（2）治理

① 将不符合要求的土料挖出换土，或掺入石灰、碎石等夯实加固。

② 因含水量过大而达不到密实度的土层，可采用翻松晾晒、风干，或均匀掺入干土等吸水材料，重新夯实。

③ 因含水量小或碾压机能量过小时，可采用增加夯实遍数，或使用大功率压实机碾压等措施。

21. 混凝土结构工程中混凝土收缩裂缝的原因及防治措施【重要考点】

（1）原因：混凝土原材料质量不合格；水泥或掺合料用量超出规范规定；混凝土水胶比、坍落度偏大，和易性差；混凝土浇筑振捣差，养护不及时或养护差。

（2）防治措施：选用合格的原材料；根据现场情况、图纸设计和规范要求，由有资质的试验室配制合适的混凝土配合比，并确保搅拌质量；确保混凝土浇筑振捣密实，并在初凝前进行二次抹压；确保混凝土及时养护，并保证养护质量满足要求。

22. 砌体工程中主要质量问题及防治【高频考点】

（1）因地基不均匀下沉引起的墙体裂缝。

1）现象：在纵墙的两端出现斜裂缝，多数裂缝通过窗口的两个对角，裂缝向沉降较大的方向倾斜，并由下向上发展；在窗间墙的上下对角处成对出现水平裂缝；在纵墙中央的顶部和底部窗台处出现竖向裂缝。

2）防治措施：加强基础坑（槽）钎探工作；合理设置沉降缝；提高上部结构的刚度，增强墙体抗剪强度；宽大窗口下部应考虑设混凝土梁或砌反砖拱以适应窗台反梁作用的变形，防止窗台处产生竖直裂缝。

（2）填充墙砌筑不当，与主体结构交接处裂缝。

1）现象：框架梁底、柱边出现裂缝。

2）防治措施：柱边（框架柱或构造柱）应设置间距不大于500mm的2ϕ6钢筋，且应在砌体内锚固长度不小于1000mm的拉结筋；填充墙梁下口最后3皮砖应在下部墙砌完14d后砌筑，并由中间开始向两边斜砌；如为空心砖外墙，里口用半砖斜砌墙；外口先立斗模，再浇筑不低于C10细石混凝土，终凝拆模后将多余的混凝土凿去；外窗下为空心砖墙时，若设计无要求，应将窗台改为不低于C10的细石混凝土，其长度大于窗边100mm，并在细石混凝土内加2ϕ6钢筋；柱与填充墙接触处应设钢丝网片，防止该处粉刷裂缝。

23. 屋面卷材起鼓的治理【重要考点】

（1）直径100mm以下的中、小鼓泡可用抽气灌胶法治理，并压上几块砖，几天后再将砖移去即可。

（2）直径100～300mm的鼓泡可先铲除鼓泡处的保护层，再用刀将鼓泡按斜十字形割开，放出鼓泡内气体，擦干水分，清除旧胶结料，用喷灯把卷材内部吹干。随后按顺序把旧卷材分片重新粘贴好，再新贴一块方形卷材（其边长比开刀范围大100mm），压入卷材下；最后，粘贴覆盖好卷材，四边搭接好，并重做保护层。上述分片铺贴顺序是按屋面流水方向先下再左右后上。

（3）直径更大的鼓泡用割补法治理。先用刀把鼓泡卷材割除，按上一做法进行基层清理，再用喷灯烘烤旧卷材槎口，并分层剥开，除去旧胶结料后，依次粘贴好旧卷材，上面铺贴一层新卷材（四周与旧卷材搭接不小于100mm）。再依次粘贴旧卷材，上面覆盖铺贴第二层新卷材，周边压实刮平，重做保护层。

24. 建筑装饰装修工程常见质量问题【重要考点】

（1）饰面板（砖）工程：饰面板（砖）空鼓、脱落。

（2）涂饰工程：泛碱、咬色、流坠、疙瘩、砂眼、刷纹、漏涂、透底、起皮和掉粉。

25. 建筑节能工程技术与管理【重要考点】

建筑节能工程采用的新技术、新设备、新材料、新工艺，应按照有关规定进行评审、鉴定及备案。施工前应对新的或首次采用的施工工艺进行评价，并制定专门的施工技术方案。单位工程的施工组织设计应包括建筑节能工程施工内容。建筑节能工程施工前，施工单位应编制建筑节能工程施工方案并经监理（建设）单位审查批准。施工单位应对从事建筑节能工程施工作业的人员进行技术交底和必要的实际操作培训。

26. 墙体保温材料复验项目【重要考点】

导热系数、密度、抗压强度或压缩强度，粘结材料的粘结强度，增强网的力学性能、抗腐蚀性能。

历年真题

实务操作和案例分析题一［2020年真题］

【背景资料】

某企业新建研发中心大楼工程，地下一层，地上十六层，总建筑面积28000m^2，基础为钢筋混凝土预制桩，二层以上为装配式混凝土结构，外墙装饰部分为玻璃幕墙，实行项目总承包管理。

在静压预制桩施工时，桩基专业分包单位按照“先深后浅，先大后小，先长后短，先密后疏”的顺序进行，上部采用卡扣式接桩方法，接头高出地面0.8m。桩基施工后经检测，有1%的Ⅱ类桩。

项目部编制了包括材料采购等内容的材料质量控制环节，材料进场时，材料员等相关管理人员对进场材料进行了验收，并将包括材料的品种、型号和外观检查等内容的质量验证记录上报监理单位备案，监理单位认为，项目部上报的材料质量验证记录内容不全，要求补充后重新上报。

二层装配式叠合构件安装完毕准备浇筑混凝土时，监理工程师发现该部位没有进行隐蔽验收，下达了整改通知单，指出装配式结构叠合构件的钢筋工程必须按质量合格证明书的牌号、规格、数量、位置以及间距等隐蔽工程的内容分别验收合格后，再进行叠合构件的混凝土浇筑。

工程竣工验收后，参建各方按照合同约定及时整理了工程归档资料。幕墙承包单位在整理了工程资料后，移交了建设单位。项目总承包单位、监理单位、建设单位也分别将归档后的工程资料按照国家现行有关法规和标准进行了移交。

【问题】

1. 桩基的沉桩顺序是否正确？卡扣式接桩高出地面0.8m是否妥当并说明理由？桩身的完整性有几类？写出Ⅱ类桩的缺陷特征。

2. 质量验证记录还有哪些内容？材料质量控制环节还有哪些内容？

3. 监理工程师对施工单位发出的整改通知单是否正确？补充叠合构件钢筋工程需进行隐蔽工程验收的内容。

4. 幕墙承包单位的工程资料移交程序是否正确？各相关单位的工程资料移交程序是哪些？

【解题方略】

1. 本题考核的是静力压桩法施工和桩基检测。静力压桩法的沉桩施工应按“先深后浅、先长后短、先大后小、避免密集”的原则进行。桩接头可采用焊接法或螺纹式、啮合式、卡扣式、抱箍式等机械快速连接方法。焊接、螺纹接桩时，接头宜高出地面0.5～1m；啮合式、卡扣式、抱箍式方法接桩时，接头宜高出地面1～1.5m。桩身完整性分为Ⅰ类桩、Ⅱ类桩、Ⅲ类桩、Ⅳ类桩共4类。Ⅰ类桩桩身完整；Ⅱ类桩桩身有轻微缺陷，不会影响桩身结构承载力的正常发挥；Ⅲ类桩桩身有明显缺陷，对桩身结构承载力有影响；Ⅳ类桩桩身存在严重缺陷。

2. 本题考核的是建筑材料质量控制。质量验证包括材料品种、型号、规格、数量、外观检查和见证取样。验证结果记录后报监理工程师审批备案。建筑材料的质量控制主要体现在以下四个环节：材料的采购、材料进场试验检验、过程保管和材料使用。

3. 本题考核的是安全检查要求和叠合构件钢筋隐蔽验收检验项目的内容。本题是比较简单的简答式提问，将知识点对号入座即可。

4. 本题考核的是工程资料移交与归档。工程资料移交与归档要点：（1）施工单位应向建设单位移交施工资料；（2）实行施工总承包的，各专业承包单位应向施工总承包单位移交施工资料；（3）监理单位应向建设单位移交监理资料；（4）工程资料移交时应及时办理相关移交手续，填写工程资料移交书、移交目录；（5）建设单位应按国家有关法规和标准的规定向城建档案管理部门移交工程档案，并办理相关手续。有条件时，向城建档案管理部门移交的工程档案应为原件。

【参考答案】

1. 沉桩顺序不正确。

卡扣式接桩高出地面0.8m不妥当。

理由：应高出地面1～1.5m（在此范围内均得分）。

桩身的完整性有4（四、Ⅳ）类。

Ⅱ类桩的缺陷特征是：桩身有轻微缺陷，不影响承载力的正常发挥。

2. 材料质量验证记录还有：材料规格、见证取样和合格证（检测报告）。

建筑材料质量控制的环节还有：材料的进场试验检验（复检）、过程保管（存放、存储）、材料使用。

3. 监理工程师下达的整改通知单正确。

钢筋工程需进行隐蔽工程验收的内容还有：

钢筋箍筋弯钩角度及平直段长度、连接方式、接头数量、接头位置、接头面积的百分比率、搭接长度、锚固方式、锚固长度及预埋件。

4. 幕墙承包单位的工程资料移交程序不正确。

各相关单位的工程资料移交程序是：

专业承包（幕墙）单位向施工总承包单位移交。

总承包（施工）单位向建设单位移交。

监理单位向建设单位移交。

建设单位向城建档案管理部门（档案馆）移交。

实务操作和案例分析题二［2019年真题］

【背景资料】

某新建住宅工程，建筑面积22000m^2，地下一层，地上十六层，框架—剪力墙结构，抗震设防烈度7度。

施工单位项目部在施工前，由项目技术负责人组织编写了项目质量计划书，报请施工单位质量管理部门审批后实施。质量计划要求项目部施工过程中建立包括使用机具和设备管理记录，图纸、设计变更收发记录，检查和整改复查记录，质量管理文件及其他记录等质量管理记录制度。

240mm厚灰砂砖填充墙与主体结构连接施工的要求有：填充墙与柱连接钢筋为2ϕ6@600，伸入墙内500mm；填充墙与结构梁下最后三皮砖空隙部位，在墙体砌筑7d后，采取两边对称斜砌填实；化学植筋连接筋ϕ6做拉拔试验时，将轴向受拉非破坏承载力检验值设为5.0kN，持荷时间2min，期间各检测结果符合相关要求，即判定该试样合格。

屋面防水层选用2mm厚的改性沥青防水卷材，铺贴顺序和方向按照平行于屋脊、上下层不得相互垂直等要求，采用热粘法施工。

项目部在对卫生间装修工程电气分部工程进行专项检查时发现，施工人员将卫生间内安装的金属管道、浴缸、淋浴器、暖气片等导体与等电位端子进行了连接，局部等电位联接排与各连接点使用截面积2.5mm^{2}黄色标单根铜芯导线进行串联连接。对此，监理工程师提出了整改要求。

【问题】

1. 指出项目质量计划书编、审、批和确认手续的不妥之处。质量计划应用中，施工单位应建立的质量管理记录还有哪些？

2. 指出填充墙与主体结构连接施工要求中的不妥之处，并写出正确做法。

3. 屋面防水卷材铺贴方法还有哪些？屋面卷材防水铺贴顺序和方向要求还有哪些？

4. 改正卫生间等电位连接中的错误做法。

【解题方略】

1. 本题考查的是项目质量计划编制的要求与质量管理记录的内容。项目质量计划应由项目经理组织编写，且须报企业相关管理部门批准并得到发包方和监理方认可后实施。

施工过程中的质量管理记录应包括：

（1）施工日记和专项施工记录；

（2）交底记录；

（3）上岗培训记录和岗位资格证明；

（4）使用机具和检验、测量及试验设备的管理记录；

（5）图纸、变更设计接收和发放的有关记录；

（6）监督检查和整改、复查记录；

（7）质量管理相关文件；

（8）工程项目质量管理策划结果中规定的其他记录。

2. 本题考查的是砌体工程中主要的质量问题防治。填充墙梁下口最后3皮砖应在下部墙砌完14d后砌筑。柱边（框架柱或构造柱）应设置间距不大于500mm的2ϕ6钢筋，且应在砌体内锚固长度不小于1000mm的拉结筋。

3. 本题考查的是卷材防水层屋面施工。卷材防水层铺贴顺序和方向应符合下列规定：

（1）卷材防水层施工时，应先进行细部构造处理，然后由屋面最低标高向上铺贴；

（2）檐沟、天沟卷材施工时，宜顺檐沟、天沟方向铺贴，搭接缝应顺流水方向；

（3）卷材宜平行屋脊铺贴，上下层卷材不得相互垂直铺贴。

4. 本题考查的是住宅室内电气工程施工要点。局部等电位联接排与各连接点间应采用多股铜芯有黄绿色标的导线，其截面积不应小于4mm^2，且不得进行串联。

【参考答案】

1.（1）不妥之处1：由项目技术负责人组织编写了项目质量计划书。

不妥之处2：没有报发包方和监理方认可。

（2）施工单位应建立的质量管理记录还应有：施工日记、专项施工记录、交底记录、上岗培训记录和岗位资格证明。

2.（1）不妥之处：填充墙与结构梁下最后三皮砖空隙部位，在墙体砌筑7d后砌筑。

正确做法：填充墙与结构梁下最后三皮砖空隙部位，在墙体砌筑14d后砌筑。

（2）不妥之处：填充墙与柱连接钢筋为2ϕ6@600。

正确做法：填充墙与柱连接钢筋为2ϕ6@500。

（3）不妥之处：伸入墙内500mm。

正确做法：伸入墙内1000mm。

（4）不妥之处：承载力检验值设为5.0kN。

正确做法：锚固钢筋拉拔试验的轴向受拉非破坏承载力检验值应为6.0kN。

3.（1）屋面防水卷材铺贴方法还包括：冷粘法、热熔法、自粘法、焊接法、满粘法、机械固定法。

（2）屋面卷材防水铺贴顺序和方向要求还有：

① 卷材防水层施工时，应先进行细部构造处理，然后由屋面最低标高向上铺贴；

② 檐沟、天沟卷材施工时，宜顺檐沟、天沟方向铺贴，搭接缝应顺流水方向。

4. 卫生间等电位连接中的错误做法及其改正：

（1）错误做法：使用截面积2.5mm^{2}导线。

正确做法：使用截面积4.0mm^{2}导线。

（2）错误做法：使用黄色标单根铜芯导线。

正确做法：采用多股铜芯有黄绿色标的导线。

（3）错误做法：进行串联连接。

正确做法：进行并联连接。

实务操作和案例分析题三［2017年真题］

【背景资料】

某新建住宅工程项目，建筑面积23000m^2，地下2层，地上18层，现浇钢筋混凝土剪力墙结构，项目实行项目总承包管理。

施工总承包单位项目部技术负责人组织编制了项目质量计划，由项目经理审核后报监理单位审批，该质量计划要求建立的施工过程质量管理记录有：使用机具的检验、测量及试验设备管理记录，质量检查和整改、复查记录，质量管理文件记录及规定的其他记录等。监理工程师对此提出了整改要求。

施工前，项目部根据本工程施工管理和质量控制要求，对分项工程按照工种等条件，检验批按照楼层等条件，制定了分项工程和检验批划分方案，报监理单位审核。

该工程的外墙保温材料和粘结材料等进场后，项目部会同监理工程师核查了其导热系数、燃烧性能等质量证明文件；在监理工程师见证下对保温、粘结和增强材料进行了复验取样。

项目部针对屋面卷材防水层出现的起鼓（直径＞30mm）问题，制定了割补法处理方案。方案规定了修补工序，并要求先铲除保护层、把鼓泡卷材割除、对基层清理干净等修补工序依次进行处理整改。

【问题】

1. 项目部编制质量计划的做法是否妥当？质量计划中管理记录还应该包含哪些内容？

2. 分别指出分项工程和检验批划分的条件还有哪些？

3. 外墙保温、粘结和增强材料复试项目有哪些？

4. 卷材鼓泡采用割补法治理的工序依次还有哪些？

【解题方略】

1. 本题考查的是项目质量计划的应用。

质量管理记录应包括：

（1）施工日记和专项施工记录；

（2）交底记录；

（3）上岗培训记录和岗位资格证明；

（4）使用机具和检验、测量及试验设备的管理记录；

（5）图纸、变更设计接收和发放的有关记录；

（6）监督检查和整改、复查记录；

（7）质量管理相关文件；

（8）工程项目质量管理策划结果中规定的其他记录。

2. 本题考查的是分项工程和检验批划分的条件。

建筑装饰装修工程的检验批可根据施工及质量控制和验收需要按楼层、施工段、变形缝等进行划分。

3. 本题考查的是墙体保温材料的复验。

墙体节能工程使用的保温隔热材料，其导热系数、密度、抗压强度或压缩强度、燃烧性能应符合设计要求。对其检验时应核查质量证明文件及进场复验报告（复验应为见证取样送检），并对保温材料的导热系数、密度、抗压强度或压缩强度，粘结材料的粘结强度，增强网的力学性能、抗腐蚀性能等进行复验。

4. 本题考查的是卷材起鼓的处理。

（1）直径100mm以下的中、小鼓泡可用抽气灌胶法治理，并压上几块砖，几天后再将砖移去即可。

（2）直径100～300mm的鼓泡可先铲除鼓泡处的保护层，再用刀将鼓泡按斜十字形割开，放出鼓泡内气体，擦干水分，清除旧胶结料，用喷灯把卷材内部吹干。随后按顺序把旧卷材分片重新粘贴好，再新贴一块方形卷材（其边长比开刀范围大100mm），压入卷材下；最后，粘贴覆盖好卷材，四边搭接好，并重做保护层。上述分片铺贴顺序是按屋面流水方向先下再左右后上。

（3）直径更大的鼓泡用割补法治理。先用刀把鼓泡卷材割除，按上一做法进行基层清理，再用喷灯烘烤旧卷材槎口，并分层剥开，除去旧胶结料后，依次粘贴好旧卷材，上面铺贴一层新卷材（四周与旧卷材搭接不小于100mm）。再依次粘贴旧卷材，上面覆盖铺贴第二层新卷材，周边压实刮平，重做保护层。

【参考答案】

1. 不妥当。

项目质量管理记录应还包含有：① 施工日记；② 专项工程施工记录；③ 上岗培训记录；④ 岗位资格证明；⑤ 交底记录；⑥ 图纸收发记录；⑦ 设计变更收发记录。

2. 分项工程可按照材料、施工工艺、设备类别划分，检验批可按工程量、施工段、变形缝划分。

3. 复试项目应该包括：保温材料的导热系数、密度、抗压强度或压缩强度；粘结材料的粘结强度；增强网的力学性能、抗腐蚀性能。

4. 割补法工序依次是：剥开旧卷材槎口、清除胶结料、粘贴底层旧卷材、铺贴一层新卷材、粘贴第二层旧卷材、铺贴第二层新卷材、重做保护层。

实务操作和案例分析题四［2016年真题］

【背景资料】

某新建体育馆工程，建筑面积约23000m²，现浇钢筋混凝土结构，钢结构网架屋盖，地下1层，地上4层，地下室顶板设计有后张法预应力混凝土梁。地下室顶板同条件养护试件强度达到设计要求时，施工单位现场生产经理立即向监理工程师口头申请拆除地下室顶板模板，监理工程师同意后，现场将地下室顶板模板及支架全部拆除。

“两年专项治理行动”检查时，二层混凝土结构经回弹—取芯法检验，其强度不满足设计要求，经设计单位验算，需对二层结构进行加固处理，造成直接经济损失300余万元。工程质量事故发生后，现场有关人员立即向本单位负责人报告，并在规定的时间内逐级上报至市（设区）级人民政府住房和城乡建设主管部门。施工单位提交的质量事故报告内容包括：

（1）事故发生的时间、地点、工程项目名称；

（2）事故发生的简要经过，无伤亡；

（3）事故发生后采取的措施及事故控制情况；

（4）事故报告单位。

屋盖网架采用Q390GJ钢，因钢结构制作单位首次采用该材料，施工前，监理工程师要求其对首次采用的Q390GJ钢及相关的接头形式、焊接工艺参数、预热和后热措施等焊接参数组合条件进行焊接工艺评定。

填充墙砌体采用单排孔轻集料混凝土小砌块，专用小砌块砂浆砌筑。现场检查中发现：进场的小砌块产品龄期达到21d后，即开始浇水湿润，待小砌块表面出现浮水后，开始砌筑施工；砌筑时将小砌块的底面朝上反砌于墙上，小砌块的搭接长度为块体长度的1/3；砌体的砂浆饱满度要求为：水平灰缝90%以上，竖向灰缝85%以上；墙体每天砌筑高度为1.5m，填充墙砌筑7d后进行顶砌施工；为施工方便，在部分墙体上留置了净宽度为1.2m的临时施工洞口，监理工程师要求对错误之处进行整改。

【问题】

1. 监理工程师同意地下室顶板拆模是否正确？背景资料中地下室顶板预应力梁拆除底模及支架的前置条件有哪些？

2. 本题中的质量事故属于哪个等级？指出事故上报的不妥之处。质量事故报告还应包括哪些内容？

3. 除背景资料已明确的焊接参数组合条件外，还有哪些参数的组合条件也需要进行焊接工艺评定？

4. 针对背景资料中填充墙砌体施工的不妥之处，写出相应的正确做法。

【解题方略】

1. 本题考查的是模板拆除。关于模板的拆除考生应掌握以下两个方面：

（1）模板拆除条件，即：

1）现浇混凝土结构模板及其支架拆除时的混凝土强度应符合设计要求。

2）不承重的侧模板，只要混凝土强度能保证其表面及棱角不因拆除模板而受损，即可进行拆除。

3）承重模板应在与结构同条件养护的试块强度达到规定要求时，进行拆除。

4）后张法预应力混凝土结构或构件模板的拆除，侧模应在预应力张拉前拆除，其混凝土强度达到侧模拆除条件即可。底模必须在预应力张拉完毕方能拆除。

5）拆除芯模或预留孔的内模时，应在混凝土强度能保证不发生塌陷和裂缝时，方可拆除。

（2）拆除作业进行之前应进行的工作：填写拆模申请；同条件养护试块强度记录达到规定要求；技术负责人批准。

2. 本题考查的是工程质量事故的判定与报告。工程质量事故按工程质量事故造成的人员伤亡或者直接经济损失分为一般事故、较大事故、重大事故及特别重大事故。一般事故，是指造成3人以下死亡，或者10人以下重伤，或者100万元以上1000万元以下直接经济损失的事故。结合背景资料“造成直接经济损失300余万元”，故判定该事故为一般事故。

工程质量事故上报存在的不妥之处为：

（1）工程质量事故发生后，现场有关人员立即向本单位负责人报告。

（2）逐级上报至市（设区）级人民政府住房和城乡建设主管部门。

正确的做法应为：

（1）事故现场有关人员应当立即向工程建设单位负责人报告。

（2）逐级上报至省级人民政府住房和城乡建设主管部门。

本题第3小问考查的是质量事故报告的内容，并无难点，考生应对知识点熟悉掌握，并结合背景资料进行解答。

3. 本题考查的是焊接工艺评定试验参数。施工单位首次采用的钢材、焊接材料、焊接方法、接头形式、焊接位置、焊后热处理等各种参数及参数的组合，应在钢结构制作及安装前进行焊接工艺评定试验。

4. 本题考查的是砌体工程施工技术要点。混凝土小型空心砌块砌体工程施工应根据以下关键点，进行施工做法判断：

（1）产品龄期不小于28d。

（2）底层室内地面以下或防潮层以下的砌体，灌实小砌块孔洞的混凝土强度等级不低于C20。

（3）轻集料混凝土小砌块，提前浇水湿润。

（4）小砌块表面有浮水时，不得施工。

（5）单排孔小砌块的搭接长度为块体长度的1/2；多排孔小砌块的搭接长度不宜小于小砌块长度的1/3，且不应小于90mm。

（6）砌体水平灰缝和竖向灰缝的砂浆饱满度，应按净面积计算不得低于90%。

为了防止框架梁底、柱边出现裂缝，填充墙梁下口最后3皮砖应在下部墙砌完14d后砌筑，并由中间开始向两边斜砌。

临时施工洞口净宽度不应超过1m，侧边离交接处墙面不应小于500mm。

【参考答案】

1. 监理工程师同意地下室顶板拆模不正确。

地下室顶板后张法预应力混凝土梁的底模及支架应在预应力张拉完毕后方能拆除，拆除作业前必须填写拆模申请（书面申请），并在同条件养护试块强度达到规定要求时，经项目技术负责人批准方能拆模。

2. 本题中的质量事故属于一般事故。

事故上报的不妥之处及正确做法如下：

（1）不妥之处：工程质量事故发生后，现场有关人员立即向本单位负责人报告。

正确做法：工程质量问题发生后，事故现场有关人员应当立即向工程建设单位负责人报告。

（2）不妥之处：在规定的时间内逐级上报至市（设区）级人民政府住房和城乡建设主管部门。

正确做法：一般事故逐级上报至省级人民政府住房和城乡建设主管部门。

质量事故报告还应包括的内容：

（1）事故发生的工程各参建单位名称；

（2）事故发生的初步估计的直接经济损失；

（3）事故的初步原因；

（4）事故报告联系人及联系方式；

（5）其他应当报告的情况。

3. 除背景资料已明确的焊接参数组合条件外，还需进行焊接工艺评定的有：施工单位首次采用的钢材、焊接材料、焊接方法、焊接位置等各种参数及参数的组合。

4. 填充墙砌体施工的不妥之处及正确做法如下：

（1）不妥之处：进场的小砌块产品龄期达到21d后开始砌筑施工。

正确做法：施工时所用的小砌块的产品龄期不应小于28d。

（2）不妥之处：待小砌块表面出现浮水后，开始砌筑施工。

正确做法：小砌块表面有浮水时，不得施工。

（3）不妥之处：小砌块的搭接长度为块体长度的1/3。

正确做法：单排孔小砌块的搭接长度应为块体长度的1/2。

（4）不妥之处：砌体的砂浆饱满度水平灰缝90%以上，竖向灰缝85%以上。

正确做法：砌体水平灰缝和竖向灰缝的砂浆饱满度，应按净面积计算不得低于90%。

（5）不妥之处：填充墙砌筑7d后进行顶砌施工。

正确做法：填充墙梁下口最后3皮砖应在下部墙砌完14d后砌筑，并由中间开始向两边斜砌。

（6）不妥之处：在部分墙体上留置了净宽度为1.2m的临时施工洞口。

正确做法：在墙上留置临时施工洞口，其侧边离交接处墙面不应小于500mm，洞口净宽度不应超过1m。

实务操作和案例分析题五［2014年真题］

【背景资料】

某办公楼工程，建筑面积45000m^2，钢筋混凝土框架—剪力墙结构，地下1层，地上12层，层高5m，抗震等级一级，内墙装饰面层为油漆、涂料，地下工程防水为混凝土自防水和外粘卷材防水。

施工过程中，发生了下列事件：

事件1：项目部按规定向监理工程师提交调直后HRB400Eϕ12钢筋复试报告，主要检测数据为：抗拉强度实测值561N/mm^2，屈服强度实测值460N/mm^2，实测重量0.816kg/m（HRB400Eϕ12钢筋；屈服强度标准值400N/mm^2，极限强度标准值540N/mm^2，理论重量0.888kg/m）。

事件2：五层某施工段现浇结构尺寸检验批验收表（部分），见表3-1：

事件3：监理工程师对三层油漆和涂料施工质量检查中，发现部分房间有流坠、刷纹、透底等质量通病，下达了整改通知单。

事件4：在地下防水工程质量检查验收时，监理工程师对防水混凝土强度、抗渗性能和细部节点构造进行了检查，提出了整改要求。

五层某施工段现浇结构尺寸检验批验收表（部分） **表3-1**

项目				允许偏差	检查结果（mm）									
一般项目	轴线位置	基础		15	10	2	5	7	16					
		独立基础		10										
		柱、梁、墙		8	6	5	7	8	3	9	5	9	1	10
		剪力墙		5	6	1	5	2	7	4	3	2	0	1
	垂直度	层高	≤5m	8	8	5	7	8	11	5	9	6	12	7
			＞5m											
		全高（*H*）		*H*/1000且≤30										
	标高	层高		±10	5	7	8	11	5	7	6	12	8	7
		全高		±30										

【问题】

1. 事件1中，计算钢筋的强屈比，屈强比（超屈比）、重量偏差（保留两位小数），并根据计算结果分别判断该指标是否符合要求。

2. 事件2中，指出验收表中的错误，计算表中正确数据的允许偏差合格率。

3. 事件3中，涂饰工程还有哪些质量通病？

4. 事件4中，地下工程防水分为几个等级？一级防水的标准是什么？防水混凝土验收时，需要检查哪些部位的设置和构造做法？

【解题方略】

1. 本题考查的是钢筋各项指标合格的判定。有抗震设防要求的框架结构的纵向受力钢筋抗拉强度实测值与屈服强度实测值之比不应小于1.25，钢筋屈服强度实测值与屈服强度标准值之比不应大于1.30。

钢筋的强屈比＝抗拉强度实测值/屈服强度实测值＝561/460＝1.22＜1.25，故不符合要求。

钢筋的屈强比（超屈比）＝屈服强度实测值/屈服强度标准值＝460/400＝1.15＜1.30，故符合要求。

2. 本题考查的是允许偏差合格率的计算。由于表3–1是五层某施工段现浇结构尺寸检验批验收表，所以出现基础检测结果不正确。

允许偏差合格率＝（检测点数－不合格点数）/检测点数×100%。

柱、梁、墙：允许偏差≤8，不合格点数3个（即9、9、10）；允许偏差合格率＝（10－3）/10×100%＝70%。

剪力墙：允许偏差≤5，不合格点数2个（即6、7）；允许偏差合格率＝（10－2）/10×100%＝80%。

垂直度层高：允许偏差≤8，不合格点数3个（即11、9、12）；允许偏差合格率＝（100－3）/10×100%＝70%。

标高层高：允许偏差≤±10，不合格点数2个（即11、12）；允许偏差合格率＝（10－

2）/10×100%＝80%。

3. 本题考查的是建筑装饰装修工程常见质量问题。此类题并无难点，考生应结合背景资料，以免出现内容重复现象。同时，排除所给质量问题，考生也可联系工程实际进行解答。

4. 本题考查的是地下工程防水等级的划分及防水混凝土的验收检查。

（1）地下工程防水等级分为4级，下列部分防水标准需要考生区别记忆：

一级防水：不允许渗水，结构表面无湿渍；

二级防水：不允许漏水，结构表面可有少量湿渍；

三级防水：有少量漏水点，不得有线流和漏泥砂；

四级防水：有漏水点，不得有线流和漏泥砂。

（2）防水混凝土验收时，其抗压强度、抗渗性能必须符合设计要求，结构的变形缝、施工缝、后浇带、穿墙管道、埋设件等设置和构造也必须符合设计要求。

【参考答案】

1. 钢筋的强屈比＝抗拉强度实测值/屈服强度实测值＝561/460＝1.22。

钢筋的屈强比（超屈比）＝屈服强度实测值/屈服强度标准值＝460/400＝1.15。

钢筋的重量偏差＝(理论重量—实测重量)/理论重量＝（0.888－0.816）/0.888×100%＝8.11%。

钢筋的强屈比＜1.25，该指标不符合要求。

钢筋的屈强比＜1.30，该指标符合要求。

钢筋的重量偏差＞8%，该指标不符合要求。

2. 事件2中，验收表中的错误：(1) 不应该包括基础的检查结果；(2) 垂直度项中全高应参加评定；(3) 标高项中全高应参加评定。

表中正确数据的允许偏差合格率的计算如下。

柱、梁、墙的允许偏差合格率＝（10－3）/10×100%＝70%。

剪力墙的允许偏差合格率＝（10－2）/10×100%＝80%。

垂直度层高的允许偏差合格率＝（10－3）/10×100%＝70%。

标高层高的允许偏差合格率＝（10－2）/10×100%＝80%。

3. 事件3中，涂饰工程除背景资料给出的质量通病外，还应包括：泛碱、咬色、疙瘩、砂眼、漏涂、起皮和掉粉。

4. 事件4中，地下工程防水分为4个等级。

一级防水的标准：不允许渗水，结构表面无湿渍。

防水混凝土验收时，还应检查：防水混凝土结构的变形缝、施工缝、后浇带、穿墙管道、埋设件等设置和构造做法。

实务操作和案例分析题六［2013年真题］

【背景资料】

某商业建筑工程，地上6层，砂石地基，砖混结构，建筑面积24000m^2，外窗采用铝合金窗，内门采用金属门。在施工过程中发生了如下事件：

事件1：砂石地基施工中，施工单位采用细砂（掺入30%的碎石）进行铺填。监理工程师检查发现其分层铺设厚度和分段施工的上下层搭接长度不符合规范要求，令其整改。

事件2：二层现浇混凝土楼板出现收缩裂缝，经项目经理部分析认为原因有：混凝土原材料质量不合理（集料含泥量大）、水泥和掺合料用量超出规范规定。同时提出了相应的防治措施：选用合格的原材料，合理控制水泥和掺合料用量。监理工程师认为项目经理部的分析不全面，要求进一步完善原因分析和防治方法。

事件3：监理工程师对门窗工程检查时发现：外窗未进行三性检查，内门采用“先立后砌”安装方式，外窗采用射钉固定安装方式。监理工程师对存在的问题提出整改要求。

事件4：建设单位在审查施工单位提交的工程竣工资料时，发现工程资料有涂改，违规使用复印件等情况，要求施工单位进行整改。

【问题】

1. 事件1中，砂石地基采用的原材料是否正确？砂石地基还可以采用哪些原材料？除事件1列出的项目外，砂石地基施工过程中还应检查哪些内容？

2. 事件2中，出现裂缝的原因还可能有哪些？并补充完善其他常见的防治方法。

3. 事件3中，建筑外墙铝合金窗的三性试验是指什么？分别写出错误安装方法的正确做法。

4. 针对事件4，分别写出工程竣工资料修改以及使用复印件的正确做法。

【解题方略】

1. 本题考查的是砂石地基检查。砂、砂石地基的原材料宜用中砂、粗砂、砾砂、碎石（卵石）、石屑。如用细砂，应同时掺入25%～35%的碎石或卵石。此点解答了本题第1、2小问，背景资料中给出“施工单位采用细砂（掺入30%的碎石）进行铺填”。故砂石地基采用的原材料正确。

砂石地基施工过程中应检查分层铺设的厚度、分段施工时上下2层的搭接长度、夯实时加水量、夯压遍数、压实系数。施工结束后，应检验灰土地基、砂和砂石地基的承载力。此处需要考生注意两点：一是，施工过程中与施工结束后检查项目的区别，切勿混淆；二是，解答时应结合背景资料，避免重复。

2. 本题考查的是混凝土收缩裂缝产生的原因及防治措施。本题属于理解记忆性题型，抓住原因就能对症下药找出防治措施，并无难点。

3. 本题考查的是门窗工程施工技术要求。建筑外墙金属窗应进行抗风压性能、空气渗透性能和雨水渗漏性能检测（注意：门窗、饰面板、砖、幕墙工程检测项目已有新规定，见要点归纳）。

金属门窗安装应采用预留洞口的方法施工，不得采用边安装边砌口或先安装后砌口的方法施工。金属门窗的固定方法应符合设计要求，在砌体上安装金属门窗严禁用射钉固定。

4. 本题考查的是工程竣工资料要求。工程资料形成单位应对资料内容的真实性、完整性、有效性负责；由多方形成的资料，应各负其责；工程资料的填写、编制、审核、审批、签认应及时进行，其内容应符合相关规定；工程资料不得随意修改；当需修改时，应实行划改，并由划改人签署；工程资料应为原件；当为复印件时，提供单位应在复印件上加盖单位印章，并应有经办人签字及日期；提供单位应对资料的真实性负责。

【参考答案】

1. 事件1中，砂石地基采用的原材料正确。

砂石地基还可以采用的原材料：中砂、粗砂、砾砂、碎石（卵石）、石屑。

除事件1列出的项目外，砂石地基施工过程中还应检查的内容：夯实时加水量、夯压遍数、压实系数。

2. 事件2中，出现裂缝的原因还可能有：

（1）混凝土水灰比偏大；

（2）混凝土坍落度偏大；

（3）和易性差；

（4）混凝土浇筑振捣不及时；

（5）混凝土养护不及时或养护差。

其他常见的防治方法有：

（1）根据现场情况、图纸设计和规范要求，由有资质的试验室配制合适的混凝土配合比，并确保搅拌质量；

（2）确保混凝土浇筑振捣密实，并在初凝前进行二次抹压；

（3）确保混凝土及时养护，并保证养护质量满足要求。

3. 建筑外墙铝合金窗的三性试验是指建筑外墙金属窗的抗风压性能、空气渗透性能和雨水渗漏性能。

内门采用“先立后砌”安装方式错误。正确做法：内门采用“先砌后立”安装方式。

外窗采用射钉固定安装方式错误。正确做法：外窗采用膨胀螺栓固定安装方式。

4. 工程竣工资料在修改以及使用复印件的正确做法：工程资料不得随意涂改，当需要修改时，应实行划改，并由划改人签署。工程资料应为原件，当为复印件时，提供单位应在复印件上加盖单位印章，并应有经办人签字及日期。

实务操作和案例分析题七［2012年真题］

【背景资料】

某办公楼工程，地下1层，地上12层，总建筑面积25800m^2，筏板基础，框架—剪力墙结构。建设单位与某施工总承包单位签订了施工总承包合同。按照合同约定，施工总承包单位将装饰装修工程分包给了符合资质条件的专业分包单位。

合同履行过程中，发生了下列事件：

事件1：基坑开挖完成后，经施工总承包单位申请，总监理工程师组织勘察、设计单位的项目负责人和施工总承包单位的相关人员等进行验槽。首先，验收小组经检验确认了该基坑不存在空穴、古墓、古井、防空掩体及其他地下埋设物；其次，根据勘察单位项目负责人的建议，验收小组仅核对基坑的位置之后就结束了验槽工作。

事件2：有一批次框架结构用钢筋，施工总承包单位认为与上一批次已批准使用的是同一个厂家生产的，没有进行进场复验等质量验证工作，直接投入了使用。

事件3：监理工程师在现场巡查时，发现第8层框架填充墙砌至接近梁底时留下的适当空隙，间隔了48h即用斜砖补砌挤紧。

事件4：总监理工程师在检查工程竣工验收条件时，确认施工总承包单位已经完成建设工程设计和合同约定的各项内容，有完整的技术档案与施工管理资料，以及勘察、设计、施工、工程监理等参建单位分别签署的质量合格文件并符合要求，但还缺少部分竣工验收条件所规定的资料。

在竣工验收时，建设单位要求施工总承包单位和装饰装修工程分包单位将各自的工程资料向项目监理机构移交，由项目监理机构汇总后向建设单位移交。

【问题】

1. 事件1中，验槽的组织方式是否妥当？基坑验槽还包括哪些内容？

2. 事件2中，施工单位的做法是否妥当？列出钢筋质量验证时材质复验的主要内容。

3. 事件3中，根据《砌体工程施工质量验收规范》GB 50203—2002指出此工序下填充墙片每验收批的抽检数量。判断施工总承包单位的做法是否妥当？并说明理由。

4. 事件4中，根据《建设工程质量管理条例》（国务院令第279号）和《建设工程文件归档整理规范》GB/T 50328—2001，指出施工总承包单位还应补充哪些竣工验收资料？建设单位提出的工程竣工资料移交的要求是否妥当？并给出正确的做法。

【解题方略】

1. 本题考查的是基坑验槽。基坑验槽应在施工单位自检合格的基础上进行。施工单位确认自检合格后提出验收申请，由总监理工程师或建设单位项目负责人组织建设、监理、勘察、设计及施工单位的项目负责人、技术质量负责人，共同按设计要求和有关规定进行。

基坑验槽的内容只要考生理解掌握即可得分，此处并无难点。

2. 本题考查的是建筑材料复试。同一厂家生产的同一品种、同一类型、同一生产批次的进场材料应根据相应建筑材料质量标准与管理规程以及规范要求的代表数量确定取样批次，抽取样品进行复试，当合同另有约定时应按合同执行。因此，施工单位的做法不妥当。

钢筋应进行屈服强度、抗拉强度、伸长率、冷弯性能复试。

3. 本题考查的是填充墙施工技术要求。根据《砌体工程施工质量验收规范》GB 50203—2002第9.3.7条的规定，填充墙砌至接近梁、板底时，应留一定空隙，待填充墙砌筑完并应至少间隔7d后，再将其补砌挤紧。

抽检数量：每验收批抽10%填充墙片（每两柱间的填充墙为一墙片），且不应少于3片墙。

根据《砌体结构工程施工质量验收规范》GB 50203—2011第9.1.9条的规定，填充墙砌体砌筑，应待承重主体结构检验批验收合格后进行。填充墙与承重主体结构间的空（缝）隙部位施工，应在填充墙砌筑14d后进行。

《砌体工程施工质量验收规范》GB 50203—2002已废止。

4. 本题考查的是建设工程竣工验收的条件及验收资料的移交。

施工项目符合下列要求方可进行竣工验收：

（1）完成工程设计和合同约定的各项内容。

（2）施工单位在工程完工后对工程质量进行检查，确认工程质量符合有关法律、法规和工程建设强制性标准，符合设计文件及合同要求，并提出工程竣工报告。工程竣工报告应经项目经理和施工单位有关负责人审核签字。

（3）对于委托监理的工程项目，监理单位对工程进行了质量评估，具有完整的监理资料，并提出工程质量评估报告。工程质量评估报告应经总监理工程师和监理单位有关负责人审核签字。

（4）勘察、设计单位对勘察、设计文件及施工过程中由设计单位签署的设计变更通知书进行检查，并提出质量检查报告。质量检查报告应经该项目勘察、设计负责人和勘察、设计单位有关负责人审核签字。

（5）有完整的技术档案和施工管理资料。

（6）有工程使用的主要建筑材料、建筑构配件和设备的进场试验报告，以及工程质量检测和功能性试验资料。

（7）建设单位已按合同约定支付工程款。

（8）有施工单位签署的工程质量保修书。

（9）对于住宅工程，进行分户验收并验收合格，建设单位按户出具《住宅工程质量分户验收表》。

关于工程资料的移交，需要考生明白的一点是施工单位、监理单位分别向建设单位移交施工资料；实行施工总承包的，各专业承包单位应向施工总承包单位移交施工资料；最终是由建设单位向城建档案管理部门移交工程档案。

《建设工程文件归档整理规范》GB/T 50328—2001已被《建设工程文件归档规范》GB/T 50328—2014（2019年版）替代。

【参考答案】

1. 事件1中，验槽的组织方式不妥当。

基坑验槽还应包括的内容：

（1）根据设计图纸检查基槽的开挖尺寸、槽底深度；检查是否与设计图纸相符，开挖深度是否符合设计要求；

（2）仔细观察槽壁、槽底土质类型、均匀程度和有关异常土质是否存在，核对基坑土质及地下水情况是否与勘察报告相符；

（3）检查基槽之中是否有旧建筑物基础、地下人防工程等；

（4）检查基槽边坡外缘与附近建筑物的距离，基坑开挖对建筑物稳定是否有影响；

（5）检查核实分析钎探资料，对存在的异常点位进行复核检查。

2. 事件2中，施工单位的做法不妥当。

钢筋质量验证时材质复验的主要内容：屈服强度、抗拉强度、伸长率和冷弯。

3. 事件3中，根据规定，此工序下填充墙片每验收批的抽检数量：每验收批抽10%填充墙片（每两柱间的填充墙为一墙片），且不应少于3片墙。

施工总承包单位的做法不妥当。

理由：填充墙与承重主体结构间的空（缝）隙部位施工，应在填充墙砌筑14d后进行。

4. 事件4中，根据规定，施工总承包单位还应补充的竣工验收资料：

（1）工程使用的主要建筑材料、构（配）件和设备的进场试验报告；

（2）施工总承包单位签署的工程保修书。

建设单位提出的工程竣工资料移交的要求不妥当。

正确的做法：分包单位将自己的工程资料移交施工总承包单位，由施工总承包单位汇总整理后移交建设单位。监理单位的工程资料单独整理移交建设单位。

实务操作和案例分析题八［2011年真题］

【背景资料】

某公共建筑工程，建筑面积22000m^2，地下2层，地上5层，层高3.2m，钢筋混凝土框架结构。大堂1至3层中空，大堂顶板为钢筋混凝土井字梁结构。屋面设女儿墙，屋面防水材料采用SBS卷材，某施工总承包单位承担施工任务。

合同履行过程中，发生了下列事件：

事件1：施工总承包单位进场后，采购了110t Ⅱ级钢筋，钢筋出厂合格证明资料齐全。施工总承包单位将同一炉罐号的钢筋组批，在监理工程师见证下，取样复试。复试合格后，施工总承包单位在现场采用冷拉方法调直钢筋，冷拉率控制为3%，监理工程师责令施工总承包单位停止钢筋加工工作。

事件2：施工总承包单位根据《危险性较大的分部分项工程安全管理办法》，会同建设单位、监理单位、勘察设计单位相关人员，聘请了外单位五位专家及本单位总工程师共计6人组成专家组，对《土方及基坑支护工程施工方案》进行论证，专家组提出了口头论证意见后离开，论证会结束。

事件3：施工总承包单位根据《建筑施工模板安全技术规范》JGJ 162—2008，编制了《大堂顶板模板工程施工方案》，并绘制了模板及支架示意图如图3-1所示。监理工程师审查后要求重新绘制。

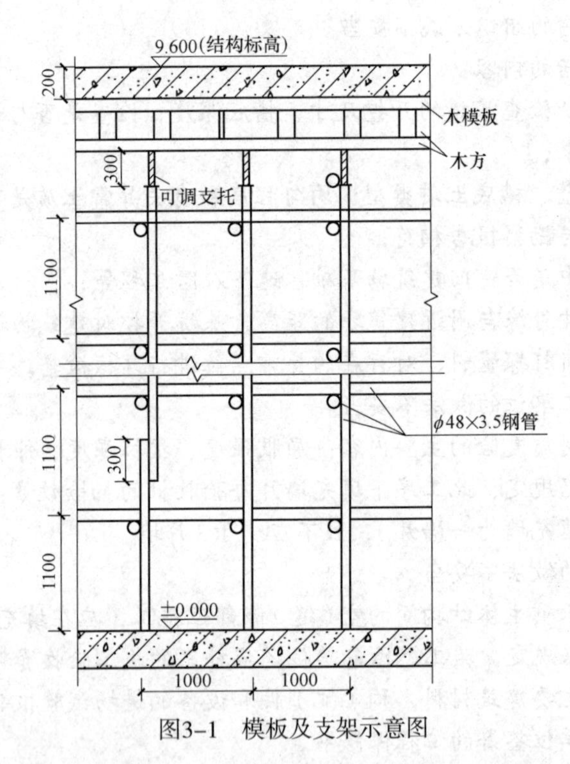

图3-1　模板及支架示意图

事件4：屋面进行闭水试验时，发现女儿墙根部漏水，经查，主要原因是转角处卷材开裂，施工总承包单位进行了整改。

【问题】

1. 指出事件1中施工总承包单位做法的不妥之处，分别写出正确做法。

2. 指出事件2中的不妥之处，并分别说明理由。

3. 指出事件3中图3-1模板及支架示意图中不妥之处的正确做法。

4. 按先后顺序说明事件4中女儿墙根部漏水质量问题的治理步骤。

【解题方略】

1. 本题考查的是钢筋材料复试及钢筋加工要求。钢筋材料复试应注意以下几点：

（1）按同一厂家生产的同一品种、同一类型、同一生产批次的进场材料组批进行；

（2）每一批不超过60t；

（3）不得混批送检。

钢筋加工包括调直、除锈、下料切断、接长、弯曲成型等。钢筋宜采用无延伸功能的机械设备进行调直，也可采用冷拉调直。当采用冷拉调直时，HPB300光圆钢筋的冷拉率不宜大于4%；HRB335、HRB400、HRB500、HRBF400、HRBF500及RRB400带肋钢筋的冷拉率不宜大于1%。

2. 本题考查的是专项施工方案的论证。专项施工方案的专家论证属于高频考点，考生应掌握以下考核热点：

（1）超过一定规模的危险性较大的分部分项工程专项方案应当由施工单位组织召开专家论证会。实行施工总承包的，由施工总承包单位组织召开专家论证会。

（2）专家论证会的参会人员：专家组成员；建设单位项目负责人或技术负责人；监理单位项目总监理工程师及相关人员；施工单位分管安全的负责人、技术负责人、项目负责人、项目技术负责人、专项方案编制人员、项目专职安全生产管理人员；勘察、设计单位项目技术负责人及相关人员。

（3）专家组成员应当由5名及以上符合相关专业要求的专家组成，本项目参建各方的人员不得以专家身份参加专家论证会。

（4）专项方案经论证后，专家组应当提交论证报告，对论证的内容提出明确的意见，并在论证报告上签字。该报告作为专项方案修改完善的指导意见。

3. 本题考查的是脚手架的搭设要求。模板及支架示意图中无垫板、无扫地杆、无斜撑，均应进行设置。同时，对于脚手架的搭设，应特别注意纵、横向水平杆，主节点，纵、横向扫地杆，立杆，剪刀撑等的设置要求。对前述几项知识点熟悉掌握，便能很快找出示意图中的不妥之处并加以改正。

4. 本题考查的是女儿墙根部漏水质量问题的治理。女儿墙根部漏水其主要原因有：卷材收口处张口，固定不牢；封口砂浆开裂、剥落，压条脱落；压顶板滴水线破损，雨水沿墙进入卷材；女儿墙与屋面板缺乏牢固拉结，转角处没有做成钝角，垂直面卷材与屋面卷材没有分层搭槎，基层松动；垂直面保护层因施工困难而被省略。了解其原因便于更好的治理。

【参考答案】

1. 事件1中施工总承包单位做法的不妥之处及正确做法如下：

（1）不妥之处：施工总承包单位将同一炉罐号的钢筋组批进行取样复试。

正确做法：按同一厂家生产的同一品种、同一类型、同一生产批次的进场材料组批进行取样复试，且一批不应超过60t，110t钢筋应分两个批次进行抽检，不能与不同时间、不同批次进场的钢筋混批送检。

（2）不妥之处：调直钢筋时，冷拉率控制为3%。

正确做法：调直钢筋时，Ⅱ级钢筋的冷拉率不应超过1%。

2. 事件2中的不妥之处及理由。

（1）不妥之处：施工总承包单位总工程师作为专项方案论证专家组。

理由：本项目参建各方的人员都不得以专家身份参加专家论证会。

（2）不妥之处：专家组提出了口头论证意见后离开。

理由：专家组应当提交论证报告，对论证的内容提出明确的意见，并在论证报告上签字。

3. 事件3中模板及支架示意图中不妥之处的正确做法：应设置垫板、扫地杆和斜撑。纵向水平杆应设置在立杆内侧，其长度不宜小于3跨。两根相邻纵向水平杆的接头不宜设置在同步或同跨内；不同步或不同跨两个相邻接头在水平方向错开的距离不应小于500mm。主节点处必须设置一根横向水平杆，用直角扣件扣接且严禁拆除。主节点处的两个直角扣件的中心距不应大于150mm。纵向扫地杆应采用直角扣件固定在距底座上皮不大于200mm处的立杆上。同步内每隔一根立杆的两个相邻接头在高度方向错开的距离不宜小于500mm。

4. 按先后顺序说明事件4中女儿墙根部漏水质量问题的治理步骤：

（1）清除卷材张口脱落处的旧胶结料，烤干基层，重新钉上压条，将旧卷材贴紧钉牢，再覆盖一层新卷材，收口处用防水油膏封口。

（2）凿除开裂和剥落的压顶砂浆，重抹1：（2～2.5）水泥砂浆，并做好滴水线。

（3）将转角处开裂的卷材割开，旧卷材烘烤后分层剥离，清除旧胶结料，将新卷材分层压入旧卷材下，并搭接粘贴牢固。再在裂缝表面增加一层卷材，四周粘贴牢固。

典 型 习 题

实务操作和案例分析题一

【背景资料】

某新建商住楼工程，钢筋混凝土框架—剪力墙结构，地下1层，地上16层，建筑面积2.8万m^2，基础柱为泥浆护壁钻孔灌注桩。

项目部进场后，在泥浆护壁灌注桩钢筋笼作业交底会上，重点强调钢筋笼制作和钢筋笼保护层垫块的注意事项，要求钢筋笼分段制作，分段长度要综合考虑成笼的三个因素。钢筋保护层垫块，每节钢筋笼不少于2组，长度大于12m的中间加设1组，每组块数2块，垫块可自由分布。

在回填土施工前，项目部安排人员编制了回填土专项方案，包括：按设计和规范规定，严格控制回填土方的粒径和含水率，要求在土方回填前做好清除基底垃圾等杂物，按填方高度的5%预留沉降量等内容。

现场使用潜水泵抽水过程中，在抽水作业人员将潜水泵倾斜放入水中时，发现泵体根部防水型橡胶电缆老化，并有一处接头断裂，在重新连接处理好后继续使用。下午1时15分，抽水作业人员发现，潜水泵体已陷入污泥，在拉拽出水管时触电，经抢救无效死亡。

事故发生后，施工单位负责人在下午2时15分接到了现场项目经理事故报告，立即赶往事故现场，召集项目部全体人员，分析事故原因，并于下午4时08分按照事故报告应当及时、不得迟报等原则，向事故发生地的县人民政府建设主管部门和有关部门报告。

【问题】

1. 写出灌注桩钢筋笼制作和安装综合考虑的三个因素，指出钢筋笼保护层垫块的设置数量及位置的错误之处并改正。

2. 土方回填预留沉降量是否正确并说明理由？土方回填前除清除基底垃圾外，还有哪些清理内容及相关工作？

3. 写出现场抽水作业人员的错误之处并改正。

4. 施工单位负责人事故报告时间是否正确并说明理由？事故报告的原则除应当及时、不得迟报外还有哪些内容？

【参考答案】

1.（1）灌注桩钢筋笼制作和安装综合考虑的三个因素为：钢筋笼的整体刚度、材料长度、起重设备的有效高度。

（2）错误之处一：每组块数2块；

正确做法：每组块数不得少于3块。

错误之处二：垫块可自由分布；

正确做法：垫块应均匀分布在同一截面的主筋上。

2.（1）“按填方高度的5%预留沉降量”不正确。

理由：填方应按设计要求预留沉降量，一般不超过填方高度的3%。

（2）土方回填前，还应清除基底的树根等杂物，抽除积水，挖出淤泥，验收基底高程。

3. 错误之处一：抽水作业人员将潜水泵倾斜放入水中；

正确做法：潜水泵在水中应直立放置。

错误之处二：有一处接头断裂，在重新连接处理好后使用；

正确做法：潜水泵的电源线应采用防水型橡胶电缆，并不得有接头。

错误之处三：潜水泵体已陷入污泥；

正确做法：潜水泵的泵体不得陷入污泥或露出水面。

错误之处四：拉拽出水管；

正确做法：放入水中或提出水面时应提拉系绳，禁止拉拽电缆或出水管，并应切断电源。

4.（1）施工单位负责人事故报告时间不正确。

理由：事故发生后，事故现场有关人员应当立即向施工单位负责人报告；施工单位负责人接到报告后，应当于1h内向事故发生地县级以上人民政府建设主管部门和有关部门报告。

（2）事故报告的原则除及时和不得迟报外，还应当准确、完整，任何单位和个人对事故不得漏报、谎报或者瞒报。

实务操作和案例分析题二

【背景资料】

某办公楼工程，建筑面积24000m^2，地下一层，地上十二层，筏板基础，钢筋混凝土框架结构，砌筑工程采用蒸压灰砂砖砌体。建设单位依据招投标程序选定了监理单位及施工总承包单位，并约定部分工作允许施工总承包单位自行分包。

施工总承包单位进场后，项目质量总监组织编制了项目检测试验计划，经施工企业技术部门审批后实施。建设单位指出检测试验计划编制与审批程序错误，要求项目部调整后重新报审。第一批钢筋原材到场，项目试验员会同监理单位见证人员进行见证取样，对钢筋原材相关性能指标进行复检。

本工程混凝土设计强度等级：梁板均为C30，地下部分框架柱为C40，地上部分框架柱为C35。施工总承包单位针对梁柱核心区（梁柱节点部位）混凝土浇筑制定了专项技术措施：拟采取竖向结构与水平结构连续浇筑的方式；地下部分梁柱核心区中，沿柱边设置隔离措施，先浇筑框架柱及隔离措施内的C40混凝土，再浇筑隔离措施外的C30梁板混凝土；地上部分，先浇筑柱C35混凝土至梁柱核心区底面（梁底标高）处，梁柱核心区与梁、板一起浇筑C30混凝土。针对上述技术措施，监理工程师提出异议，要求修正其中的错误和补充必要的确认程序，现场才能实施。

工程完工后，施工总承包单位自检合格，再由专业监理工程师组织了竣工预验收。根据预验收所提出问题施工单位整改完毕，总监理工程师及时向建设单位申请工程竣工验收，建设单位认为程序不妥拒绝验收。

项目通过竣工验收后，建设单位、监理单位、设计单位、勘察单位、施工总承包单位与分包单位会商竣工资料移交方式，建设单位要求各参建单位分别向监理单位移交资料，监理单位收集齐全后统一向城建档案馆移交。监理单位以不符合程序为由拒绝。

【问题】

1. 针对项目检测试验计划编制、审批程序存在的问题，给出相应的正确做法。钢筋原材的复检项目有哪些？

2. 针对混凝土浇筑措施监理工程师提出的异议，施工总承包单位应修正和补充哪些措施和确认？

3. 指出竣工验收程序有哪些不妥之处？并写出相应正确做法。

4. 针对本工程的参建各方，写出正确的竣工资料移交程序。

【参考答案】

1.（1）编制正确做法：项目检测试验计划应由项目技术负责人组织编制。

审批程序正确做法：项目检测试验计划实施前应报送监理单位（总监理工程师）审查合格。

（2）钢筋原材复检项目有：屈服强度、抗拉强度、伸长率、弯曲性能、重量偏差（或质量偏差）。

2. 修正和补充的措施和确认：

（1）地下部分：梁柱核心区分隔位置距离柱边缘不小于500mm。

（2）地上部分：梁柱核心区浇筑同一等级C30混凝土应经设计单位同意。

3. 不妥之一：专业监理工程师组织了竣工预验收；

正确做法：应由总监理工程师组织竣工预验收。

不妥之二：施工单位整改完成后总监理工程师及时向建设单位申请工程竣工验收；

正确做法：预验收通过后，应由施工单位向建设单位申请工程竣工验收。

4. 竣工资料移交的正确程序：

分包单位向施工总承包单位移交、施工总承包单位向建设单位移交，设计单位向建设单位移交，勘察单位向建设单位移交，监理单位向建设单位移交，建设单位向城建档案馆移交。

实务操作和案例分析题三

【背景资料】

某施工单位承建两栋15层的框架结构工程。合同约定：（1）钢筋由建设单位供应；

（2）工程质量保修按国务院279号令执行。开工前施工单位编制了单位工程施工组织设计，并通过审批。

施工过程中，发生了如下事件：

事件1：建设单位按照施工单位提出的某批次钢筋使用计划按时组织钢筋进场。

事件2：因工期紧，施工单位建议采取每5层一次竖向分阶段组织验收的措施，得到建设单位的认可。项目经理部对施工组织设计作了修改，其施工部署中劳动力计划安排为“为便于管理，选用一个装饰装修班组按栋分两个施工段组织流水作业”。

事件3：分部工程验收时，监理工程师检查发现某墙体抹灰约有1.0m²的空鼓区域，责令限期整改。

事件4：工程最后一次阶段验收合格，施工单位于2014年9月18日提交工程验收报告，建设单位于当天投入使用。建设单位以工程质量问题需在使用中才能发现为由，将工程竣工验收时间推迟到11月18日进行，并要求“工程质量保修书”中竣工日期以11月18日为准。施工单位对竣工日期提出异议。

【问题】

1. 事件1中，对于建设单位供应的该批次钢筋，建设单位和施工单位各应承担哪些责任？

2. 事件2中，施工组织设计修改后，应按什么程序报审？

3. 事件2中，本工程劳动力计划安排是否合理？写出合理安排。

4. 写出事件3中墙体抹灰空鼓的修补程序（至少列出四项）。

5. 事件4中，施工单位对竣工日期提出异议是否合理？说明理由。写出本工程合理的竣工日期。

【参考答案】

1. 建设单位责任：提供钢材合格证，销售单位的备案证；在交货地点向施工方移交，清点该批钢材数量；负责交接材料的保管工作。

施工单位责任：整理进场报验资料，向现场监理工程师进行材料报验；组织相关现场人员对该批钢材进行现场抽样送样；负责交接材料后的保管工作。

2. 事件2中，施工组织设计修改后，应报送原审批人审核，原审批人审批后，报监理或建设单位审核。

3. 事件2中，本工程劳动力计划安排不合理。

合理安排：选用两个装饰装修班组分别在两栋楼同时展开施工；各栋楼划分为3个施工段组织流水作业。

4. 事件3中，墙体抹灰空鼓的修补程序：

（1）将空鼓处用切割机切开，切至边缘没有再空鼓处为止，空鼓边缘每边至少外延5cm处大白石膏剔除干净，戗至砂浆层；

（2）空鼓切口用钎子处理成豁口，基层用毛刷掸水处理干净；

（3）涂刷界面剂结合，待界面剂达到施工条件，用同标号砂浆分层找平，砂浆中掺加膨胀剂，膨胀剂比例按使用说明添加，每次抹砂浆厚度不能超过1cm；

（4）砂浆淋水养护，待砂浆达到施工条件后打磨干净；

（5）重新组织验收。

5. 事件4中，施工单位对竣工日期提出异议合理。

理由：施工单位于2014年9月18日提交工程验收报告，建设单位于当天投入使用。如果建设单位认为工程质量存在问题，可以要求施工单位进行修补，再次提出验收申请报告，但不能以此为由，将工程竣工验收时间推迟。

本工程合理的竣工日期是2014年9月18日。

实务操作和案例分析题四

【背景资料】

某装饰公司承接了寒冷地区某商场的室内外装饰工程。其中，室内地面采用地面砖镶贴，吊顶工程部分采用木龙骨，室外部分墙面为铝板幕墙，采用进口硅酮结构密封胶、铝塑复合板，其余外墙为加气混凝土外镶贴陶瓷砖。

施工过程中，发生如下事件：

事件1：因木龙骨为甲提供材料，施工单位未对木龙骨进行检验和处理就用到工程上。施工单位对新进场外墙陶瓷砖和内墙砖的吸水率进行了复试，对铝塑复合板核对了产品质量证明文件。

事件2：在送待检时，为赶工期，施工单位未经监理工程师许可就进行了外墙饰面砖镶贴施工，待复验报告出来，部分指标未能达到要求。

事件3：外墙面砖施工前，工长安排工人在陶粒空心砖墙面上做了外墙饰面砖样板件，并对其质量验收进行了允许偏差的检验。

【问题】

1. 进口硅酮结构密封胶使用前应提供哪些质量证明文件和报告？

2. 事件1中，施工单位对甲提供的木龙骨是否需要检查验收？木龙骨使用前应进行什么技术处理？

3. 事件1中，外墙陶瓷砖复试还应包括哪些项目？是否需要进行内墙砖吸水率复试？铝塑复合板应进行什么项目的复验？

4. 事件2中，施工单位的做法是否妥当？为什么？

5. 指出事件3中外墙饰面砖样板件施工中存在的问题，写出正确做法，补充外墙饰面砖质量验收的其他检验项目。

【参考答案】

1. 进口硅酮结构密封胶使用前应提供的质量证明文件和报告包括：出厂检验证明、产品质量合格证书、性能检测报告、进场验收记录和复验报告、有效期证明材料、商检证。

2. 事件1中，施工单位对甲提供的木龙骨需要检查验收。木龙骨使用前应进行防火、防腐、防蛀等技术处理。

3. 事件1中，外墙陶瓷砖复试还应包括对外墙陶瓷砖的抗冻性进行复试；不需要进行内墙砖吸水率复试。铝塑复合板应进行剥离强度项目的复验。

4. 事件2中，施工单位的做法不妥当。

理由：没有监理工程师的许可，施工单位不得自行赶工，要按照之前编制的进度计划实施项目。

5. 存在问题：外墙饰面砖样板件不应做在陶粒空心砖墙上，而应做在加气混凝土外墙上。样板件的基层与大面积施工的基层应相同（加气混凝土墙上）。还应对外墙面饰面砖进行粘结强度检验。

外墙饰面砖质量验收的其他检验项目：对外墙饰面砖隐蔽工程进行验收，平整度、光洁度的检验、尺寸检验、饰面板嵌缝质量检验。

实务操作和案例分析题五

【背景资料】

某学校活动中心工程，现浇钢筋混凝土框架结构，地上6层，地下2层，采用自然通风。

在施工过程中，发生了下列事件：

事件1：在基础底板混凝土浇筑前，监理工程师督查施工单位的技术管理工作，要求施工单位按规定检查混凝土运输单，并做好混凝土扩展度测定等工作。全部工作完成并确认无误后，方可浇筑混凝土。

事件2：主体结构施工过程中，施工单位对进场的钢筋按国家现行有关标准抽样检验了抗拉强度、屈服强度。结构施工至四层时，施工单位进场一批72tc18螺纹钢筋，在此前因同厂家、同牌号的该规格钢筋已连续3次进场检验均一次检验合格，施工单位对此批钢筋仅抽取1组试件送检，监理工程师认为取样组数不足。

事件3：建筑节能分部工程验收时，由施工单位项目经理主持、施工单位质量负责人以及相关专业的质量检查员参加，总监理工程师认为该验收主持及参加人员均不满足规定，要求重新组织验收。

事件4：该工程交付使用7d后，建设单位委托有资质的检验单位进行室内环境污染检测，在对室内环境的甲醛、苯、氨、TVOC浓度进行检测时，检测人员将房间对外门窗关闭30min后进行检测，在对室内环境的氡浓度进行检测时，检测人员将房间对外门窗关闭12h后进行检测。

【问题】

1. 事件1中，除已列出的工作内容外，施工单位针对混凝土运输单还要做哪些技术管理与测定工作？

2. 事件2中，施工单位还应增加哪些钢筋原材检测项目？通常情况下钢筋原材检验批量最大不宜超过多少吨？监理工程师的意见是否正确？并说明理由。

3. 事件3中，节能分部工程验收应由谁主持？还应有哪些人员参加？

4. 事件4中，有哪些不妥之处？并分别说明正确做法。

【参考答案】

1. 事件1中，施工单位针对混凝土运输单还要做的技术管理与测定工作有：核对混凝土配合比，确认混凝土强度等级，检查混凝土运输时间，测定混凝土坍落度。

2. 事件2中，施工单位还应检测钢筋的伸长率及单位长度重量偏差。

通常钢筋原材检验批量最大不宜超过60t。

监理工程师说法不正确。

理由：在同一工程项目中，同一厂家、同一牌号、同一规格的钢筋连续三次进场检验均合格时，其后的检验批量可扩大一倍（或该批钢筋的检验批量可达120t）。

3. 节能分部工程验收主持者：总监理工程师或建设单位项目负责人。

参加人员：施工单位项目技术负责人；相关专业的施工员；施工单位的技术负责人；

设计单位项目负责人、设计单位节能设计人员。

4. 事件4中的不妥之处：

（1）不妥之处：工程交付使用7d后，建设单位委托有资质的检验单位进行室内环境污染检测。

正确做法：民用建筑工程及室内装修工程的室内环境质量验收，应在工程完工至少7d以后、工程交付使用前进行。

（2）不妥之处：在对室内环境的甲醛、苯、氨、TVOC浓度进行检测时，检测人员将房间对外门窗关闭30min后进行检测。

正确做法：民用建筑工程室内环境中甲醛、苯、氨、总挥发性有机化合物（TVOC）浓度检测时，对采用自然通风的民用建筑工程，检测应在对外门窗关闭1h后进行。

（3）不妥之处：在对室内环境的氡浓度进行检测时，检测人员将房间对外门窗关闭12h后进行检测。

正确做法：民用建筑工程室内环境中氡浓度检测时，对采用自然通风的民用建筑工程，应在房间的对外门窗关闭24h以后进行。

实务操作和案例分析题六

【背景资料】

某办公大楼由主楼和裙楼两部分组成，平面呈不规则四方形，主楼29层，裙楼4层，地下2层，总建筑面积74500m^2。该工程5月份完成主体施工，屋面防水施工安排在8月份。屋面防水层由一层聚氨酯防水涂料和一层自粘SBS高分子防水卷材构成。

裙楼地下室回填土施工时已将裙楼外脚手架拆除，在裙楼屋面防水层施工时，因工期紧没有搭设安全防护栏杆。工人张某在铺贴卷材后退时不慎从屋面掉下，经医院抢救无效死亡。

主楼屋面防水工程检查验收时发现少量卷材起鼓，鼓泡有大有小，直径大的达到90mm，鼓泡割破后发现有冷凝水珠。经查阅相关技术资料后发现：没有基层含水率试验和防水卷材粘贴试验记录；屋面防水工程技术交底要求自粘SBS卷材搭接宽度为50mm，接缝口应用密封材料封严，宽度不小于5mm。

【问题】

1. 从安全防护措施角度指出发生这一起伤亡事故的直接原因。

2. 项目经理部负责人在事故发生后应该如何处理此事？

3. 试分析卷材起鼓的原因，并指出正确的处理方法。

4. 自粘SBS卷材搭接宽度和接缝口密封材料封严宽度应满足什么要求？

【参考答案】

1. 发生该起伤亡事故的直接原因：临边防护未做好。

2. 事故发生后，项目经理应及时上报，保护现场，做好抢救工作，积极配合调查，认真落实纠正和预防措施，并认真吸取教训。

3. 卷材起鼓的原因是在卷材防水层中粘结不实的部位，有水分和气体，当其受到太阳照射或人工热源影响后，体积膨胀，造成鼓泡。

处理方法：

（1）直径100mm以下的中、小鼓泡可用抽气灌胶法治理，并压上几块砖，几天后再将砖移去即成。

（2）直径100～300mm的鼓泡可先铲除鼓泡处的保护层，再用刀将鼓泡按斜十字形割开，放出鼓泡内气体，擦干水分，清除旧胶结料，用喷灯把卷材内部吹干；然后，按顺序把旧卷材分片重新粘贴好，再新粘一块方形卷材（其边长比开刀范围大100mm），压入卷材下；最后，粘贴、覆盖好卷材，四边搭接好，并重做保护层。上述分片铺贴顺序是按屋面流水方向先下再左右后上。

（3）直径更大的鼓泡用割补法治理。先用刀把鼓泡卷材割除，按上一做法进行基层清理，再用喷灯烘烤旧卷材槎口，并分层剥开，除去旧胶结料后，依次粘贴好旧卷材，上铺一层新卷材（四周与旧卷材搭接不小于100mm）；然后，贴上旧卷材，再依次粘贴旧卷材，上面覆盖第二层新卷材；最后，粘贴卷材，周边压实刮平，重做保护层。

4. 屋面防水工程技术交底要求自粘SBS卷材搭接宽度为80mm，接缝口应用密封材料封严，宽度不小于10mm。

实务操作和案例分析题七

【背景资料】

某工程，建设单位通过公开招标与甲施工单位签订施工总承包合同，依据合同，甲施工单位通过招标将钢结构工程分包给乙施工单位，施工过程中发生了下列事件：

事件1：甲施工单位项目经理安排技术员兼施工现场安全员，并安排其负责编制深基坑支护与降水工程专项施工方案，项目经理对该施工方案进行安全验算后，即组织现场施工，并将施工方案及验算结果报送项目监理机构。

事件2：乙施工单位采购的特殊规格钢板，因供应商未能提供出厂合格证明，乙施工单位按规定要求进行了检验，检验合格后向项目监理机构报验。为不影响工程进度，总监理工程师要求甲施工单位在监理人员的见证下取样复检，复检结果合格后，同意该批钢板进场使用。

事件3：为满足钢结构吊装施工的需要，甲施工单位向设备租赁公司租用了一台大型塔式起重机，委托一家有相应资质的安装单位进行塔式起重机安装，安装完成后，由甲、乙施工单位对该塔式起重机共同进行验收，验收合格后投入使用，并到有关部门办理登记。

事件4：钢结构工程施工中，专业监理工程师在现场发现乙施工单位使用的高强螺栓未经报验，存在严重的质量隐患，即向乙施工单位签发了“工程暂停令”，并报告给总监理工程师。甲施工单位得知后也要求乙施工单位立刻停止整改。乙施工单位为赶工期，边施工边报验，项目监理机构及时报告给有关主管部门。报告发出的当天，发生了因高强螺栓不符合质量标准导致的钢梁高空坠落事故，造成8人重伤，直接经济损失150万元。

【问题】

1. 指出事件1中甲施工单位项目经理做法的不妥之处，写出正确做法。

2. 事件2中，总监理工程师的处理是否妥当？说明理由。

3. 指出事件3中塔式起重机验收中的不妥之处。

4. 指出事件4中专业监理工程师做法的不妥之处，说明理由。

5. 事件4中的质量事故，甲施工单位和乙施工单位各承担什么责任？说明理由。监理单位是否有责任？说明理由。该事故属于哪一类工程质量事故？处理此事故的依据是什么？

【参考答案】

1. 事件1中甲施工单位项目经理做法的不妥之处及正确做法如下：

（1）不妥之处：安排技术员兼施工现场安全员。

正确做法：应配备专职安全生产管理人员。

（2）不妥之处：对该施工方案进行安全验算后即组织现场施工。

正确做法：安全验算合格后应组织专家进行论证、审查，并经施工单位技术负责人签字，报总监理工程师签字后才能安排现场施工。

2. 事件2中，总监理工程师的处理不妥。

理由：没有出厂合格证明的原材料不得进场使用。

3. 事件3中塔式起重机验收中的不妥之处：只有甲、乙施工单位参加了验收，出租单位和安装单位未参加验收。

4. 事件4中专业监理工程师做法的不妥之处：向乙施工单位签发“工程暂停令”。

理由：“工程暂停令”应由总监理工程师向甲施工单位签发。

5.（1）事件4中的质量事故，甲施工单位承担连带责任，因甲施工单位是总承包单位；乙施工单位承担主要责任，因质量事故是由于乙施工单位自身原因造成的（或因质量事故是由于乙施工单位不服从甲施工单位管理造成的）。

（2）事件4中的质量事故，监理单位没有责任。

理由：项目监理机构已履行了监理职责，并已及时向有关主管部门报告。

（3）事件4中的质量事故属于一般事故。

事件4中的质量事故的处理依据：质量事故的实况资料、有关合同文件、有关的技术文件和档案、相关的建设法规。

实务操作和案例分析题八

【背景资料】

某新建办公楼工程，总建筑面积18600m^2，地下二层，地上四层，层高4.5m，筏板基础，钢筋混凝土框架结构。

在施工过程中，发生了下列事件：

事件1：工程开工前，施工单位按规定向项目监理机构报审施工组织设计。监理工程师审核时，发现“施工进度计划”部分仅有“施工进度计划表”一项内容，认为该部分内容缺项较多，要求补充其他必要内容。

事件2：某分项工程采用新技术，现行验收规范中对该新技术的质量验收标准未作出相应规定，设计单位制定了“专项验收”标准。由于该专项验收标准涉及结构安全，建设单位要求施工单位就此验收标准组织专家论证，监理单位认为程序错误，提出异议。

事件3：雨期施工期间，由于预控措施不到位，基坑发生坍塌事故，施工单位在规定时间内，按事故报告要求的内容向有关单位及时进行了上报。

事件4：工程竣工验收后，建设单位指令设计、监理等参建单位将工程建设档案资料交施工单位汇总，施工单位把汇总资料提交给城建档案管理机构进行工程档案预验收。

【问题】

1. 事件1中，还应补充的施工进度计划内容还有哪些？

2. 分别指出事件2中程序的不妥之处，并写出相应的正确做法。

3. 写出事件3中事故报告的主要内容。

4. 分别指出事件4中的不妥之处，并写出相应的正确做法。

【参考答案】

1. 事件1中，还应补充的施工进度计划内容还有：

（1）编制说明；

（2）资源需要量；

（3）资源供应平衡表。

2. 事件2中不妥之处及正确做法：

（1）不妥之处：某分项工程采用新技术，现行验收规范中对该新技术的质量验收标准未作出相应规定，设计单位制定了“专项验收”标准。

正确做法：当专业验收规范对工程中的验收项目未作出相应规定时，应由建设单位组织监理、设计、施工等相关单位制定专项验收要求。

（2）不妥之处：由于该专项验收标准涉及结构安全，建设单位要求施工单位就此验收标准组织专家论证。

正确做法：涉及安全、节能、环境保护等项目的专项验收要求应由建设单位组织专家论证。

3. 事件3中事故报告要求的主要内容有：

（1）事故发生的时间、地点和工程项目、有关单位名称；

（2）事故的简要经过；

（3）事故已经造成或者可能造成的伤亡人数（包括下落不明的人数）和初步估计的直接经济损失；

（4）事故的初步原因；

（5）事故发生后采取的措施及事故控制情况；

（6）事故报告单位或报告人员；

（7）其他应当报告的情况。

4. 事件4中不妥之处及正确做法：

（1）不妥之处：工程竣工验收后，建设单位指令设计、监理等参建单位将工程建设档案资料交施工单位汇总。

正确做法：在组织工程竣工验收前，设计、监理等参建单位将工程建设档案资料移交建设单位汇总。

（2）不妥之处：工程竣工验收后，施工单位把汇总资料提交给城建档案管理机构进行工程档案预验收。

正确做法：在组织工程竣工验收前，建设单位应提请当地的城建档案管理机构对工程档案进行预验收。

第四章　建筑工程施工安全管理

2011—2020年度实务操作和案例分析题考点分布

考点 \ 年份	2011年	2012年	2013年	2014年	2015年	2016年	2017年	2018年	2019年	2020年
专项施工方案的工程范围、编制、审批及论证	●	●			●	●	●		●	
保证模板拆除施工安全的基本要求						●				
脚手架的搭设要求	●					●				
生产安全事故调查							●			
生产安全事故报告		●								
建筑工程施工安全检查的主要形式							●			●
建筑工程施工安全检查的内容			●							
专职安全员的配备						●				
应急救援预案的执行						●				
高处作业检查评定项目						●				
操作行为检查及内支撑的拆除方法					●					
安全技术交底及悬挑式钢平台的安全防范措施					●					
安全生产事故的调查与处理					●					
安全考核资格证书的类别及特种作业人员的配备				●						
重大危险源控制系统的组成部分				●						
脚手架搭设安全隐患防范				●						
生产安全事故的等级划分及判定		●		●						
安全措施计划的内容			●							
建筑施工安全检查评定			●							●
项目安全管理计划的内容与适用	●									
项目安全生产领导小组的配备				●						
塔式起重机安全控制要点					●	●				

续表

考点 \ 年份	2011年	2012年	2013年	2014年	2015年	2016年	2017年	2018年	2019年	2020年
安全检查要求		●								●
安全生产费用与高处作业安全技术措施								●		
气瓶的安全控制要点									●	

【专家指导】

施工安全管理考查频次较高的要点主要集中在安全生产专项施工方案相关知识与安全生产事故报告、调查、等级与判定中。各施工机具及施工作业的安全控制要点及方法也是很重要的命题点，考生需要结合真题进行熟练的记忆。

要点归纳

1. 建筑施工安全生产教育培训**【重要考点】**

（1）安全教育和培训的类型应包括：各类上岗证书的初审、复审培训，三级教育（企业、项目、班组）、岗前教育、日常教育、年度继续教育。

（2）施工企业的从业人员上岗应符合下列要求：

① 企业主要负责人、项目负责人和专职安全生产管理人员必须经安全生产知识和管理能力考核合格，依法取得安全生产考核合格证书；

② 企业的各类管理人员必须具备与岗位相适应的安全生产知识和管理能力，依法取得必要的岗位资格证书；

③ 特殊工种作业人员必须经安全技术理论和操作技能考核合格，依法取得建筑施工特种作业人员操作资格证书。

（3）施工企业新上岗操作工人必须进行岗前教育培训，教育培训应包括下列内容：

① 安全生产法律法规和规章制度；

② 安全操作规程；

③ 针对性的安全防护措施；

④ 违章指挥、违章作业、违反劳动纪律产生的后果；

⑤ 预防、减少安全风险以及紧急情况下应急救援的基本知识、方法和措施。

2. 应单独编制安全专项施工方案的工程范围**【重要考点】**

危险性较大的分部分项工程：

（1）基坑支护、降水工程

1）开挖深度超过3m（含3m）的基坑（槽）的土方开挖、支护、降水工程。

2）开挖深度虽未超过3m，但地质条件、周围环境和地下管线复杂，或影响毗邻建、构筑物安全的基坑（槽）的土方开挖、支护、降水工程。

（2）模板工程及支撑体系

1）各类工具式模板工程：包括滑模、爬模、飞模、隧道模等工程。

2）混凝土模板支撑工程：搭设高度5m及以上；搭设跨度10m及以上；施工总荷载（荷载效应基本组合的设计值，以下简称设计值）10kN/m^{2}及以上；集中线荷载（设计值）15kN/m及以上；或高度大于支撑水平投影宽度且相对独立无联系构件的混凝土模板支撑工程。

3）承重支撑体系：用于钢结构安装等满堂支撑体系。

3. 需要组织专家对单独编制的专项施工方案进行论证的分部分项工程范围**【高频考点】**

超过一定规模的危险性较大的分部分项工程：

（1）深基坑工程

开挖深度超过5m（含5m）的基坑（槽）的土方开挖、支护、降水工程。

（2）模板工程及支撑体系

1）各类工具式模板工程：包括滑模、爬模、飞模、隧道模等工程。

2）混凝土模板支撑工程：搭设高度8m及以上，搭设跨度18m及以上，施工总荷载（设计值）15kN/m^{2}及以上，或集中线荷载（设计值）20kN/m及以上。

3）单点集中荷载7kN及以上。

（3）起重吊装及起重机械安装拆卸工程

1）采用非常规起重设备、方法，且单件起吊重量在100kN及以上的起重吊装工程。

2）起重量300kN及以上，或搭设总高度200m及以上，或搭设基础标高在200m及以上的起重机械安装和拆卸工程。

（4）脚手架工程

1）搭设高度50m及以上落地式钢管脚手架工程。

2）提升高度150m及以上附着式升降脚手架工程或附着式升降操作平台工程。

3）分段架体搭设高度20m及以上的悬挑式脚手架工程。

（5）拆除、爆破工程

1）码头、桥梁、高架、烟囱、水塔或拆除中容易引起有毒有害气（液）体或粉尘扩散、易燃易爆事故发生的特殊建、构筑物的拆除工程。

2）文物保护建筑、优秀历史建筑或历史文化风貌区控制范围内的拆除工程。

（6）暗挖工程

采用矿山法、盾构法、顶管法施工的隧道、洞室工程。

（7）其他

1）施工高度50m及以上的建筑幕墙安装工程。

2）跨度36m及以上的钢结构安装工程；或跨度60m及以上的网架和索膜结构安装工程。

3）开挖深度16m及以上的人工挖孔桩工程。

4）水下作业工程。

5）重量1000kN及以上的大型结构整体顶升、平移、转体等施工工艺。

6）采用新技术、新工艺、新材料、新设备可能影响工程施工安全，尚无国家、行业及地方技术标准的分部分项工程。

4. 危大工程专项施工方案的审批流程**【高频考点】**

专项施工方案应当由施工单位技术负责人审核签字、加盖单位公章，并由总监理工程师审查签字、加盖执业印章后方可实施。

危大工程实行分包并由分包单位编制专项施工方案的，专项施工方案应当由总承包单位技术负责人及分包单位技术负责人共同审核签字并加盖单位公章。

5. 危大工程专项施工方案的论证与方案管理**【高频考点】**

（1）超过一定规模的危大工程，施工单位应当组织召开专家论证会对专项施工方案进行论证。实行施工总承包的，由施工总承包单位组织召开专家论证会。

（2）专家论证会的参会人员：

专家应当从地方人民政府住房城乡建设主管部门建立的专家库中选取，符合专业要求且人数不得少于5名。与本工程有利害关系的人员不得以专家身份参加专家论证会。

① 专家组成员。

② 建设单位项目负责人。

③ 监理单位项目总监理工程师及专业监理工程师。

④ 总承包单位和分包单位技术负责人或授权委派的专业技术人员、项目负责人、项目技术负责人、专项施工方案编制人员、项目专职安全生产管理人员及相关人员。

⑤ 勘察、设计单位项目技术负责人及相关人员。

6. 重大危险源控制系统的组成**【重要考点】**

重大危险源控制系统的组成（7部分）：重大危险源的辨识；重大危险源的评价；重大危险源的管理；重大危险源的安全报告；事故应急救援预案；工厂选址和土地实用规划；重大危险源的监察。

企业应负责制定现场事故应急救援预案，并且定期检验和评估现场事故应急救援预案和程序的有效程度，以及在必要时进行修订。事故应急救援预案应提出详尽、实用、明确和有效的技术措施与组织措施。

7. 建筑工程施工安全检查**【高频考点】**

（1）内容：查安全思想、查安全责任、查安全制度、查安全措施、查安全防护、查设备设施、查教育培训、查操作行为、查劳动防护用品使用和查伤亡事故处理等。

（2）形式：日常巡查、专项检查、定期安全检查（由项目经理组织进行）、经常性安全检查、季节性安全检查、节假日安全检查、开工、复工安全检查、专业性安全检查和设备设施安全验收检查。

经常性的安全检查方式主要有：

① 现场专（兼）职安全生产管理人员及安全值班人员每天例行开展的安全巡视、巡查。

② 现场项目经理、责任工程师及相关专业技术管理人员在检查生产工作的同时进行的安全检查。

③ 作业班组在班前、班中、班后进行的安全检查。

8. 安全检查项目**【重要考点】**

（1）“安全管理”检查评定

保证项目：安全生产责任制、施工组织设计及专项施工方案、安全技术交底、安全检查、安全教育、应急救援。

一般项目：分包单位安全管理、持证上岗、生产安全事故处理、安全标志。

（2）“基坑工程”检查评定

保证项目：施工方案、基坑支护、降排水、基坑开挖、坑边荷载、安全防护。

一般项目：基坑监测、支撑拆除、作业环境、应急预案。

（3）“模板支架”检查评定

保证项目：施工方案、支架基础、支架构造、支架稳定、施工荷载、交底与验收。

一般项目：杆件连接、底座与托撑、构配件材质、支架拆除。

（4）“高处作业”检查评定

检查评定项目：安全帽、安全网、安全带、临边防护、洞口防护、通道口防护、攀登作业、悬空作业、移动式操作平台、悬挑式物料钢平台。

9. 安全检查评分等级的划分原则【重要考点】

施工安全检查的评定结论分为优良、合格、不合格三个等级，依据是汇总表的总得分和保证项目的达标情况。建筑施工安全检查评定的等级划分应符合下列规定：

（1）优良

分项检查评分表无零分，汇总表得分值应在80分及以上。

（2）合格

分项检查评分表无零分，汇总表得分值应在80分以下，70分及以上。

（3）不合格

① 当汇总表得分值不足70分时；

② 当有一分项检查评分表为零时。

10. 脚手架搭设安全控制要点【重要考点】

（1）作业层上的施工荷载应符合作业要求，不得超载。不得将模板支架、缆风绳、泵送混凝土和砂浆的运输管等固定在脚手架上；严禁悬挂起重设备。

（2）一次搭设高度：不应超过相邻连墙件以上两步。

（3）纵向水平杆设置：设置在立杆内侧，其长度不应小于3跨，接长应采用对接扣件连接或搭接。

（4）主节点处设置：设置一根横向水平杆，用直角扣件扣接且严禁拆除。两个直角扣件的中心距不应大于150mm。

（5）扫地杆设置：纵向扫地杆应采用直角扣件固定在距底座上皮不大于200mm处的立杆上。横向扫地杆宜采用直角扣件固定在紧靠纵向扫地杆下方的立杆上。当立杆的基础不在同一高度上时，必须将高处的纵向扫地杆向低处延长两跨与立杆固定，高低差不应大于1m。

（6）立杆设置：立杆接长除顶层顶步可采用搭接外，其余各层各步接头必须采用对接扣件连接。

（7）连墙件设置：高度24m及以下的单、双排脚手架，宜采用刚性连墙件与建筑物可靠连接，亦可采用钢筋与顶撑配合使用的附墙连接方式。严禁使用只有钢筋的柔性连墙件。高度24m以上的双排脚手架，必须采用刚性连墙件与建筑物可靠连接。

（8）剪刀撑设置：高度24m以下的单、双排脚手架，均必须在外侧两端、转角及中间不超过15m的立面上，各设置一道剪刀撑，并应由底至顶连续设置；高度24m及以上的双排脚手架在外侧全立面连续设置剪刀撑。开口形双排脚手架的两端均必须设置横向斜撑。

11. 脚手架的拆除控制要点【重要考点】

（1）拆除顺序：由上而下逐层进行，严禁上下同时作业。

（2）拆除要求：连墙件必须随脚手架逐层拆除，严禁先将连墙件整层拆除后再拆脚手架；分段拆除高差不应大于2步，如高差大于2步，应增设连墙件加固；各构配件严禁抛掷至地面。

12. 脚手架的检查验收阶段（3前5后）**【重要考点】**

基础完工后，架体搭设前；每搭设完6～8m高度后；作业层上施加荷载前；达到设计高度后或遇有6级及以上风或大雨后，冻结地区解冻后；停用超过一个月。

13. 脚手架定期检查的主要内容**【一般考点】**

（1）杆件的设置与连接，连墙件、支撑、门洞桁架的构造是否符合要求。

（2）地基是否积水，底座是否松动，立杆是否悬空，扣件螺栓是否松动。

（3）高度在24m以上的双排、满堂脚手架，高度在20m以上的满堂支撑架，其立杆的沉降与垂直度的偏差是否符合技术规范要求。

（4）架体安全防护措施是否符合要求。

（5）是否有超载使用现象。

14. 保证模板拆除施工安全的基本要求**【重要考点】**

（1）现浇混凝土结构模板及其支架拆除时的混凝土强度应符合设计要求。

（2）不承重的侧模板，只要混凝土强度能保证其表面及棱角不因拆除模板而受损，即可进行拆除。

（3）承重模板，应在与结构同条件养护的试块强度达到规定要求时，进行拆除。

（4）后张法预应力混凝土结构或构件模板的拆除，侧模应在预应力张拉前拆除，其混凝土强度达到侧模拆除条件即可。进行预应力张拉，必须在混凝土强度达到设计规定值时进行，底模必须在预应力张拉完毕方能拆除。

（5）拆模作业之前必须填写拆模申请，并在同条件养护试块强度记录达到规定要求时，技术负责人方能批准拆模。

（6）模板拆除顺序：先支的后拆，后支的先拆，先拆非承重的模板，后拆承重的模板及支架。

15. 高处作业基本要求**【重要考点】**

（1）建筑施工中凡涉及临边与洞口作业、攀登与悬空作业、操作平台、交叉作业及安全防护网搭设的，应在施工组织设计或施工方案中制定高处作业安全技术措施。

（2）高处作业施工前，应按类别对安全防护设施进行检查、验收，验收合格后方可进行作业，并应做好验收记录。验收可分层或分阶段进行。

（3）当遇有6级及以上强风、浓雾、沙尘暴等恶劣气候，不得进行露天攀登与悬空高处作业。

16. 悬挑式操作平台的安全防范措施**【重要考点】**

（1）悬挑式操作平台设置应符合下列规定：

1）操作平台的搁置点、拉结点、支撑点应设置在稳定的主体结构上，且应可靠连接；

2）严禁将操作平台设置在临时设施上；

3）操作平台的结构应稳定可靠，承载力应符合设计要求。

（2）悬挑式操作平台的悬挑长度不宜大于5m，均布荷载不应大于5.5kN/m^2，集中荷载不应大于15kN，悬挑梁应锚固固定。

（3）采用斜拉方式的悬挑式操作平台，平台两侧的连接吊环应与前后两道斜拉钢丝绳连接，每一道钢丝绳应能承载该侧所有荷载。

（4）采用支承方式的悬挑式操作平台，应在钢平台下方设置不少于两道斜撑，斜撑的一端应支承在钢平台主结构钢梁下，另一端应支承在建筑物主体结构上。

（5）采用悬臂梁式的操作平台，应采用型钢制作悬挑梁或悬挑桁架，不得使用钢管，其节点应采用螺栓或焊接的刚性节点。当平台板上的主梁采用与主体结构预埋件焊接时，预埋件、焊缝均应经设计计算，建筑主体结构应同时满足强度要求。

（6）悬挑式操作平台应设置4个吊环，吊运时应使用卡环，不得使吊钩直接钩挂吊环。吊环应按通用吊环或起重吊环设计，并应满足强度要求。

（7）悬挑式操作平台安装时，钢丝绳应采用专用的钢丝绳夹连接，钢丝绳夹数量应与钢丝绳直径相匹配，且不得少于4个。建筑物锐角、利口周围系钢丝绳处应加衬软垫物。

（8）悬挑式操作平台的外侧应略高于内侧；外侧应安装防护栏杆并应设置防护挡板全封闭。

（9）人员不得在悬挑式操作平台吊运、安装时上下。

17. 塔式起重机的安全控制要点**【高频考点】**

（1）塔式起重机的轨道基础和混凝土基础必须经过设计验算，验收合格后方可使用，基础周围应修筑边坡和排水设施，并与基坑保持一定的安全距离。

（2）拆装作业配备人员：持有安全生产考核合格证书的项目负责人和安全负责人、机械管理人员；具有建筑施工特种作业操作资格证书的建筑起重机械安装拆卸工、起重司机、起重信号工、司索工等特殊作业操作人员。

（3）安全保护装置（动臂变幅限制器、行走限位器、力矩限制器、吊钩高度限制器、行程限位开关）必须安全完整、灵敏可靠，不得随意调整和拆除。严禁用限位装置代替操作机构。

（4）塔式起重机械不得超荷载和起吊不明质量的物件。

（5）在起吊荷载达到塔吊额定起重量的90%及以上时，应先将重物吊离地面200～500mm，然后进行下列检查：机械状况、制动性能、物件绑扎情况等，确认安全后方可继续起吊。对有晃动的物件，必须拉溜绳使之稳定。

18. 施工电梯、铆焊设备的安全控制要点**【重要考点】**

（1）施工电梯：周围5m内不得堆放易燃、易爆物品及其他杂物，不得在此范围内挖沟开槽；2.5m范围内应搭坚固的防护棚。

（2）铆焊设备：气焊电石起火时必须用干砂或二氧化碳灭火器，严禁用泡沫、四氯化碳灭火器或水灭火。电石粒末应在露天销毁。

19. 气瓶的安全控制要点**【重要考点】**

（1）施工现场使用的气瓶应按标准色标涂色。

（2）气瓶的放置地点，不得靠近热源和明火，可燃、助燃性气体气瓶，与明火的距离一般不小于10m，应保证气瓶瓶底干燥；禁止敲击、碰撞；禁止在气瓶上进行电焊引弧；严禁用带油的手套开气瓶。

（3）氧气瓶和乙炔瓶在室温下，满瓶之间的安全距离至少5m；气瓶距明火的距离至少10m。

（4）瓶阀冻结时，不得用火烘烤；夏季要有防日光暴晒的措施。

（5）气瓶内的气体不能用尽，必须留有剩余压力或重量。

（6）气瓶必须配好瓶帽、防震圈（集装气瓶除外）；旋紧瓶帽，轻装，轻卸，严禁抛、滑、滚动或撞击。

20. 建筑业最常发生的安全事故类型**【重要考点】**

高处坠落、物体打击、机械伤害、触电、坍塌。

21. 常见安全事故的原因**【一般考点】**

人的因素、物的因素、环境因素、管理因素。

历 年 真 题

实务操作和案例分析题一［2020年真题］

【背景资料】

某办公楼工程，地下2层，地上18层，框筒结构，地下建筑面积0.4万m^2，地上建筑面积2.1万m^2。某施工单位中标后，派赵佑项目经理组织施工。

施工至5层时，公司安全部叶军带队对该项目进行了定期安全检查，检查过程依据标准JGJ 59的相关内容进行，项目安全总监张帅也全过程参加，最终检查结果见表4-1。

某办公楼工程建筑施工安全检查评分汇总表 **表4-1**

<table>
<tr><td>工程名称</td><td>建筑面积（万m^2）</td><td>结构类型</td><td>总计得分</td><td colspan="10">检查项目内容及分值</td></tr>
<tr><td rowspan="2">某办公楼</td><td rowspan="2">（A）</td><td rowspan="2">框筒结构</td><td>检查前总分（B）</td><td>安全管理10分</td><td>文明施工15分</td><td>脚手架10分</td><td>基坑工程10分</td><td>模板支架10分</td><td>高处作业10分</td><td>施工用电10分</td><td>外用电梯10分</td><td>塔吊10分</td><td>施工机具5分</td></tr>
<tr><td>检查后得分（C）</td><td>8</td><td>12</td><td>8</td><td>7</td><td>8</td><td>8</td><td>9</td><td>—</td><td>8</td><td>4</td></tr>
<tr><td colspan="14">评语：该项目安全检查总得分为（D）分，评定等级为（E）</td></tr>
<tr><td>检查单位</td><td>公司安全部</td><td>负责人</td><td>叶军</td><td colspan="2">受检单位</td><td colspan="4">某办公楼项目部</td><td colspan="2">项目负责人</td><td colspan="2">（F）</td></tr>
</table>

公司安全部门在年初的安全检查规划中按相关要求明确了对项目安全检查的主要形式，包括定期安全检查、开工、复工安全检查、季节性安全检查等，确保项目施工过程全覆盖。

进入夏季后，公司项目管理部对该项目的工人宿舍和食堂进行了检查，个别宿舍内床铺均为2层，住有18人，设置有生活用品专用柜；窗户为封闭式窗户，防止他人进入；通道的宽度为0.8m；食堂办理了卫生许可证，3名炊事人员均有身体健康证，上岗中符合个人卫生相关规定。检查后项目管理部对工人宿舍的不足提出了整改要求，并限期达标。

工程竣工后，根据合同要求相关部门对该工程进行绿色建筑评价。评价指标中，“生活便利”项分值相对较低；施工单位将该评分项“出行与无障碍”等4项指标进行了逐一分析，以便得到改善。评价分值见表4-2。

某办公楼工程绿色建筑评价分值 表4-2

	控制项基本分值 Q_0	评价指标及分值					提高与创新加分得分 Q_A
		安全耐久 Q_1	健康舒适 Q_2	生活便利 Q_3	资源节约 Q_4	环境宜居 Q_5	
评价分值	400	90	80	75	80	80	120

【问题】

1. 写出表4–1中A到F所对应的内容（如：A：* 万 m^2）。施工安全评定结论分几个等级？最终评价的依据有哪些？

2. 建筑工程施工安全检查还有哪些形式？

3. 指出工人宿舍管理的不妥之处并改正。在炊事人员上岗期间，从个人卫生角度还有哪些具体管理规定？

4. 列式计算该工程绿色建筑评价总得分Q。该建筑属于哪个等级？还有哪些等级？"生活便利"评分项还有哪些指标？

【解题方略】

1. 本题考核的是施工安全检查等级的划分原则。施工安全检查的评定结论分为优良、合格、不合格三个等级，依据是汇总表的总得分和保证项目的达标情况。

2. 本题考核的是建筑工程施工安全检查的主要形式。建筑工程施工安全检查的主要形式一般可分为日常巡查、专项检查、定期安全检查、经常性安全检查、季节性安全检查、节假日安全检查、开工、复工安全检查、专业性安全检查和设备设施安全验收检查等。

3. 本题考核的是现场宿舍及食堂的管理。现场宿舍的管理：（1）现场宿舍必须设置可开启式窗户，宿舍内的床铺不得超过2层，严禁使用通铺；（2）现场宿舍内应保证有充足的空间，室内净高不得小于2.5m，通道宽度不得小于0.9m，每间宿舍居住人员不得超过16人。现场食堂的管理：现场食堂必须办理卫生许可证，炊事人员必须持身体健康证上岗，上岗应穿戴洁净的工作服、工作帽和口罩，应保持个人卫生，不得穿工作服出食堂，非炊事人员不得随意进入制作间。

4. 本题考核的是绿色建筑评价与等级划分。绿色建筑划分为基本级、一星级、二星级、三星级4个等级。生活便利的评分项包括：出行与无障碍，服务设施，智慧运行，物业管理。

【参考答案】

1. A：2.5万 m^2；B：90分；C：80分；D：80分；E：优良；F：赵佑。

安全评定结论分3（三）个等级。

最终评价的依据是：汇总表得分（或总分）和保证项目达标情况。

2. 还有的形式：

日常巡查、专项检查、经常性安全检查、节假日安全检查、专业性安全检查、设备安全验收检查、设施安全验收检查。

3.（1）不妥1：窗户为封闭式窗户；正确做法：应为开启式窗户。

不妥2：通道宽度0.8m；正确做法：应不小于0.9m（900mm）。

不妥3：每间住有18人；正确做法：应每间不超过16人。

（2）对炊事人员上岗期间个人卫生具体管理规定：

穿戴洁净的工作服、工作帽、口罩、不得穿工作服出食堂、勤洗手。

4. 该工程绿色建筑评价总得分Q：

$$Q=(Q_0+Q_1+Q_2+Q_3+Q_4+Q_5+Q_A)/10$$
$$=(400+90+80+75+80+80+100)/10$$
$$=90.5\text{分}$$

该建筑属于：三星级；还有：基本级、一星级、二星级。

"生活便利"评分项指标还有：服务设施、智慧运行、物业管理。

实务操作和案例分析题二［2018年真题］

【背景资料】

一新建工程地下2层，地上20层，高度70m，建筑面积40000m^2，标准层平面为40m×40m。项目部根据施工条件和需求按照施工机械设备选择的经济性等原则，采用单位工程量成本比较法选择确定了塔吊型号。施工总承包单位根据项目部制定的安全技术措施、安全评价等安全管理内容提取了项目安全生产费用。

施工中，项目部技术负责人组织编写了项目检测试验计划，内容包括试验项目名称、计划试验时间等，报项目经理审批同意后实施。

项目部在"某工程施工组织设计"中制定了临边作业、攀登与悬空作业等高处作业项目安全技术措施。在"绿色施工专项方案"的节能与能源利用中，分别设定了生产等用电项的控制指标，规定了包括分区计量等定期管理要求，制定了指标控制预防与纠正措施。

在一次塔吊起吊荷载达到其额定起重量95%的起吊作业中，安全人员让操作人员先将重物吊起离地面15cm然后对重物的平稳性、设备和绑扎等各项内容进行了检查，确认安全后同意其继续起吊作业。

"在建工程施工防火技术方案"中，对已完成结构施工楼层的消防设施平面布置设计如图4-1所示。图中立管设计参数为：消防用水量15L/s，水流速i=1.5m/s；消防箱包括消防水枪、水带与软管。监理工程师按照《建设工程施工现场消防安全技术规范》GB 50720—2011提出了整改要求。

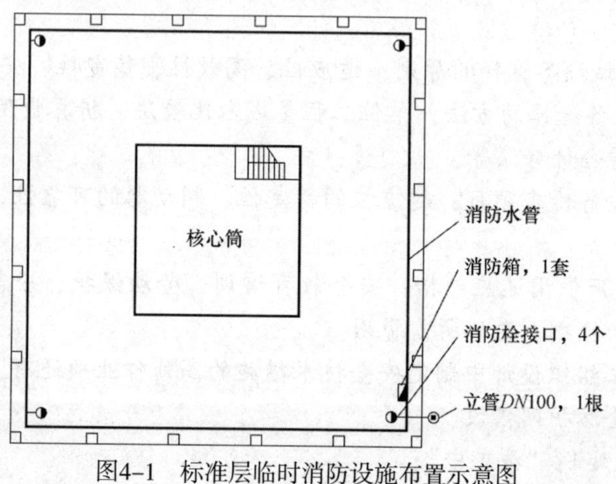

图4-1　标准层临时消防设施布置示意图

（未显示部分视为符合要求）

【问题】

1. 施工机械设备选择的原则和方法分别还有哪些？当塔吊起重荷载达到额定起重量

90%以上对起重设备和重物的检查项目有哪些？

2. 安全生产费用还应包括哪些内容？需要在施工组织设计中制定安全技术措施的高处作业项还有哪些？

3. 指出项目检测试验计划管理中的不妥之处，并说明理由。施工检测试验计划内容还有哪些？

4. 节能与能源利用管理中，应分别对哪些用电项设定控制指标？对控制指标定期管理的内容有哪些？

5. 指出图4-1中的不妥之处，并说明理由。

【解题方略】

1. 本题考查的是施工机械设备选择的原则、方法及检查项目。关于施工机械设备选择的原则与方法为基础知识。在起吊荷载达到塔吊额定起重量的90%及以上时，应先将重物吊起离地面不大于20cm，然后进行下列检查：起重机的稳定性、制动器的可靠性、重物的平稳性、绑扎的牢固性，确认安全后方可继续起吊。

2. 本题考查的是安全生产费用与高处作业安全技术措施。安全生产费用包括：安全技术措施、安全教育培训、劳动保护、应急准备等，以及必要的安全评价、监测、检测、论证所需费用。建筑施工中凡涉及临边与洞口作业、攀登与悬空作业、操作平台、交叉作业及安全防护网搭设的，应在施工组织设计或施工方案中制定高处作业安全技术措施。

3. 本题考查的是施工检测试验计划的编制、审批与内容。施工检测试验计划应在工程施工前由施工项目技术负责人组织有关人员编制，并应报送监理单位进行审查和监督实施。施工检测试验计划应包括的内容有：（1）检测试验项目名称；（2）检测试验参数；（3）试样规格；（4）代表批量；（5）施工部位；（6）计划检测试验时间。

4. 本题考查的是节能与能源利用的技术要点。施工现场分别设定生产、生活、办公和施工设备的用电控制指标，定期进行计量、核算、对比分析，并有预防与纠正措施。

5. 本题考查的是施工现场消防管理。考生应对消防器材的配备以及灭火器设置要求熟练的掌握。

【参考答案】

1.（1）施工机械设备选择的原则：适应性、高效性、稳定性、安全性（经济性）。

（2）施工机械设备选择的方法：单位工程量成本比较法、折算费用法（等值成本法）、界限时间比较法和综合评分法等。

（3）施工机械设备检查项目：起重机的稳定性、制动器的可靠性、重物的平稳性、绑扎的牢固性。

2.（1）安全生产费用还应包括：安全教育培训、劳动保护、应急准备等，以及必要的安全评价、监测、检测、论证所需费用。

（2）需要在施工组织设计中制定安全技术措施的高处作业项还有：洞口作业、操作平台、交叉作业及安全防护网搭设。

3.（1）不妥之处1："施工中"；

理由：编写报审时间应为"施工前"。

不妥之处2："报项目经理审批同意后实施"；

理由："应报送监理单位进行审查和监督实施"。

（2）施工检测试验计划还应包括的内容有：检测试验参数；试样规格；代表批量；施工部位。

4.（1）设定用电控制指标的有：生产、生活、办公和施工设备。

（2）定期管理的内容：计量、核算、对比分析，并有预防与纠正措施。

5. 不妥之处1：立管DN100，1根。

理由：立管不应少于2根。

不妥之处2：消防箱，1套。

理由：消防箱不应少于2套。

不妥之处3：消防箱位置。

理由：应在楼梯处。

不妥之处4：消防栓接口间距约40m。

理由：不应大于30m。

不妥之处5：立管DN100。

理由：立管直径$d=\sqrt{\frac{4Q}{\pi \cdot V \cdot 1000}}=0.112(\mathrm{m})>100(\mathrm{mm})$。

实务操作和案例分析题三［2017年真题］

【背景资料】

某新建仓储工程，建筑面积8000m^2，地下1层，地上1层，采用钢筋混凝土筏板基础，建筑高度12m；地下室为钢筋混凝土框架结构，地上部分为钢结构；筏板基础混凝土等级为C30，内配双层钢筋网、主筋为Φ20螺纹钢，基础筏板下三七灰土夯实，无混凝土垫层。

施工单位安全生产管理部门在安全文明施工巡检时，发现工程告示牌及含施工总平面布置图的五牌一图布置在了现场主入口处围墙外侧。要求项目部将五牌一图布置在主入口内侧。

项目制定的基础筏板钢筋施工技术方案中规定：钢筋保护层厚度控制在40mm；主筋通过直螺纹连接接长，钢筋交叉点按照相隔交错扎牢，绑扎点的钢丝扣绑扎方向要求一致；上、下层钢筋网之间拉勾要绑扎牢固，以保证上、下层钢筋网相对位置准确。监理工程师审查后认为有些规定不妥，要求整改。

屋面梁安装过程中，发生两名施工人员高处坠落事故，一人死亡，当地人民政府接到事故报告后，按照事故调查规定组织安全生产监督管理部门、公安机关等相关部门指派的人员和2名专家组成事故调查组。调查组检查了项目部制定的项目施工安全检查制度，其中规定了项目经理至少每旬组织开展一次定期安全检查，专职安全管理人员每天进行巡视检查。调查组认为项目部经常性安全检查制度规定内容不全，要求完善。

【问题】

1. 五牌一图还应包含哪些内容？
2. 写出基础筏板钢筋技术方案中的不妥之处，并分别说明理由。
3. 判断此次高处坠落事故等级，事故调查组还应有哪些单位或部门指派人员参加？
4. 项目部经常性安全检查的方式还应有哪些？

【解题方略】

1. 本题考查的是现场文明施工管理的控制要点。

（1）施工现场出入口应标有企业名称或企业标识，主要出入口明显处应设置工程概况牌，大门内应设置施工现场总平面图和安全生产、消防保卫、文明施工和管理人员名单及监督电话牌等制度牌。

（2）施工现场必须实施封闭管理，现场出入口应设门卫室，场地四周必须采用封闭围挡，围挡要坚固、整洁、美观，并沿场地四周连续设置。一般路段的围挡高度不得低于1.8m，市区主要路段的围挡高度不得低于2.5m。

（3）施工现场的施工区域应与办公、生活区划分清晰，并应采取相应的隔离防护措施。施工现场的临时用房应选址合理，并应符合安全、消防要求和国家有关规定。在建工程内严禁住人。

2. 本题考查的是基础筏板钢筋技术方案。解答本题首先分析背景资料中的施工技术，结合所学知识点进行分析判断，找出错误之处并加以改正。

3. 本题考查的是事故调查的内容。

未造成人员伤亡的一般事故，县级人民政府也可以委托事故发生单位组织事故调查组进行调查。

特别重大事故以下等级事故，事故发生地与事故发生单位不在同一个县级以上行政区域的，由事故发生地人民政府负责调查，事故发生单位所在地人民政府应当派人参加。

事故调查组的组成应当遵循精简、效能的原则。根据事故的具体情况，事故调查组由有关人民政府、安全生产监督管理部门、负有安全生产监督管理职责的有关部门、监察机关、公安机关以及工会派人组成，并应当邀请人民检察院派人参加。事故调查组可以聘请有关专家参与调查。

4. 本题考查的是经常性安全检查的方式。

经常性的安全检查方式主要有：

（1）现场专（兼）职安全生产管理人员及安全值班人员每天例行开展的安全巡视、巡查。

（2）现场项目经理、责任工程师及相关专业技术管理人员在检查生产工作的同时进行的安全检查。

（3）作业班组在班前、班中、班后进行的安全检查。

【参考答案】

1. 五牌一图还应包括安全生产牌、消防保卫牌、工程概况牌、文明施工牌和管理人员名单及监督电话牌。

2. 基础筏板钢筋加工和绑扎技术方案中错误之处及相应正确做法：

不妥1：钢筋保护层厚度为40mm。正确做法：底皮钢筋的保护层厚度应不小于70mm。

不妥2：钢筋交叉点按照相隔交错扎牢，正确做法：全部钢筋交叉点应扎牢。

不妥3：绑扎点的钢丝扣绑扎方向要求一致，正确做法：相邻绑扎点的钢丝扣要成八字形绑扎。

不妥4：上层钢筋网拉勾做撑脚，正确：另设钢筋撑脚。

3. 此次属于一般事故。事故调查组还应有：负有安全管理职责的部门、监察机关、工会、人民检察院派员参加。

4. 项目经理部经常性安全检查规定：

规定1：作业班组在班前、班中、班后进行安全检查；

规定2：现场安全值班人员每天进行例行巡视检查；

规定3：项目经理组织相关人员进行生产检查同时进行安全检查。

实务操作和案例分析题四［2016年真题］

【背景资料】

某新建工程，建筑面积15000m²，地下2层，地上5层，钢筋混凝土框架结构，800mm厚钢筋混凝土筏板基础，建筑总高20m。建设单位与某施工总承包单位签订了总承包合同。施工总承包单位将建设工程的基坑工程分包给了建设单位指定的专业分包单位。

施工总承包单位项目经理部成立了安全生产领导小组，并配备了3名土建类专职安全员。项目经理部对现场的施工安全危险源进行了分辨识别，编制了项目现场防汛应急救援预案，按规定履行了审批手续，并要求专业分包单位按照应急救援预案进行一次应急演练。专业分包单位以没有配备相应救援器材和难以现场演练为由拒绝。总承包单位要求专业分包单位根据国家和行业相关规定进行整改。

外装修施工时，施工单位搭设了扣件式钢管脚手架如图4–2所示。架体搭设完成后，进行了验收检查，并提出了整改意见。

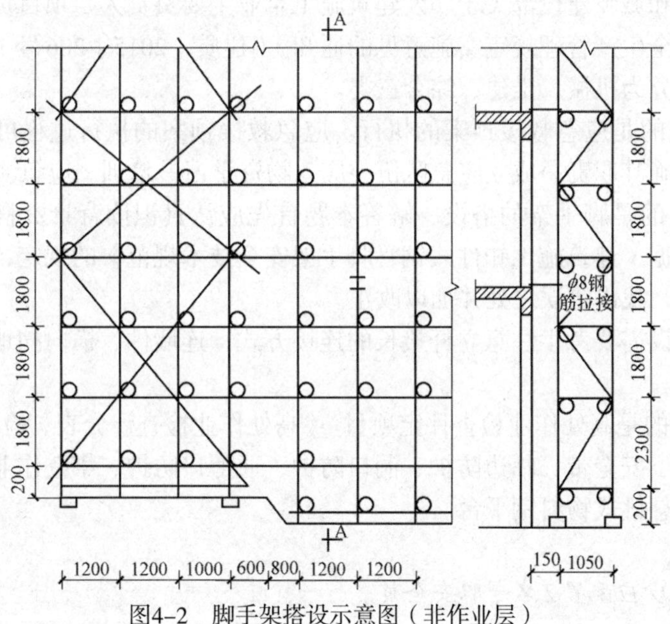

图4–2　脚手架搭设示意图（非作业层）

项目经理组织参建各方人员进行高处作业专项安全检查。检查内容包括安全帽、安全网、安全带、悬挑式物料钢平台等。监理工程师认为检查项目不全面，要求按照《建筑施工安全检查标准》JGJ 59—2011予以补充。

【问题】

1. 本工程至少应配置几名专职安全员？根据《住房和城乡建设部关于印发建筑施工企业主要负责人、项目负责人和专职安全生产管理人员安全生产管理规定实施意见的通知》（建质［2015］206号），项目经理部配置的专职安全员是否妥当？并说明理由。

2. 对于施工总承包单位编制的防汛应急救援预案，专业承包单位应如何执行？

3. 指出背景资料中脚手架搭设的错误之处。

4. 按照《建筑施工安全检查标准》JGJ 59—2011，现场高处作业检查的项目还应补充哪些？

【解题方略】

1. 本题考查的是专职安全员的配备。根据《建筑施工企业安全生产管理机构设置及专职安全生产管理人员配备办法》第13条的规定，总承包单位配备项目专职安全生产管理人员应当满足下列要求：

（1）建筑工程、装修工程按照建筑面积配备：

1）1万m^2以下的工程不少于1人；

2）1万～5万m^2的工程不少于2人；

3）5万m^2及以上的工程不少于3人，且按专业配备专职安全生产管理人员。

（2）土木工程、线路管道、设备安装工程按照工程合同价配备：

1）5000万元以下的工程不少于1人；

2）5000万～1亿元的工程不少于2人；

3）1亿元及以上的工程不少于3人，且按专业配备专职安全生产管理人员。

由于本工程建筑面积为15000m^2，所以应配备2名专职安全员。

根据《住房和城乡建设部关于印发建筑施工企业主要负责人、项目负责人和专职安全生产管理人员安全生产管理规定实施意见的通知》（建质［2015］206号）的规定，专职安全生产管理人员分为机械、土建、综合三类。

2. 本题考查的是应急救援预案的执行。应急救援预案的执行过程可巧记为：成立应急领导小组、明确其职责→成立应急队伍→应急物资学习→培训→应急演练。

3. 本题考查的是脚手架的搭设。解答本题首先应认真识读背景资料中给出的脚手架搭设示意图，依据《建筑施工扣件式钢管脚手架安全技术规范》的规定，并结合所学知识点进行分析判断，找出错误之处并加以改正。

脚手架的搭设需要考生注意立杆接长的连接方式；连墙件、横向扫地杆的设置；立杆的步距等关键点。

4. 本题考查的是高处作业检查评定项目。《高处作业检查评分表》检查评定项目包括：安全帽、安全网、安全带、临边防护、洞口防护、通道口防护、攀登作业、悬空作业、移动式操作平台、悬挑式物料钢平台。

【参考答案】

1. 本工程至少应配置2名专职安全员。

项目经理部配置的专职安全员不妥当。

理由：专职安全生产管理人员分为机械、土建、综合三类，还应配置机械类（或综合类）专职安全员。

2. 专业分包单位应该按照应急救援预案要求建立应急救援组织（或配备应急救援人员），配备救援器材（设备），并定期进行应急演练。

3. 外脚手架搭设构造中的错误有：

（1）低处脚手架最下一步局部步距过大（立杆的步距不应大于2m）；

（2）横向扫地杆在纵向扫地杆上部（应紧靠纵向扫地杆下方的立杆上）；

（3）连墙件仅用钢筋与主体拉接（严禁使用只有钢筋的柔性连墙件）；

（4）剪刀撑宽度小于6m；

（5）横杆不在节点处；

（6）高低处水平杆延长跨度不够；

（7）连墙件竖向间距过大；

（8）立杆采用搭接方式接长；

（9）首步未设置连墙件；

（10）立杆底部悬空。

4. 按照《建筑施工安全检查标准》JGJ 59—2011，高处作业检查评定项目还应包括：临边防护、洞口防护、通道口防护、攀登作业、悬空作业、移动式操作平台。

实务操作和案例分析题五［2015年真题］

【背景资料】

某新建钢筋混凝土框架结构工程，地下2层，地上15层，建筑总高58m，玻璃幕墙外立面，钢筋混凝土叠合楼板，预制钢筋混凝土楼梯。基坑挖土深度为8m，地下水位位于地表以下8m，采用钢筋混凝土排桩＋钢筋混凝土内支撑支护体系。

在履约过程中，发生了下列事件：

事件1：监理工程师在审查施工组织设计时，发现需要单独编制专项施工方案的分项工程清单内列有塔式起重机安装拆除，施工电梯安装拆除、外脚手架工程。监理工程师要求补充完善清单内容。

事件2：项目专职安全员在安全“三违”巡视检查时，发现人工拆除钢筋混凝土内支撑施工的安全措施不到位，有违章作业现象，要求立即停止拆除作业。

事件3：施工员在楼层悬挑式钢质卸料平台安装技术交底中，要求使用卡环进行钢平台吊运与安装，并在卸料平台三个侧边设置1200mm高的固定式安全防护栏杆，架子工对此提出异议。

事件4：主体结构施工过程中发生塔式起重机倒塌事故，当地县级人民政府接到事故报告后，按规定组织安全生产监督管理部门、负有安全生产监督管理职责的有关部门等派出的相关人员组成了事故调查组，对事故展开调查。施工单位按照事故调查组移交的事故调查报告中对事故责任者的处理建议对事故责任人进行处理。

【问题】

1. 事件1中，按照《危险性较大的分部分项工程安全管理办法》（建质［2009］87号）规定，本工程还应单独编制哪些专项施工方案？

2. 事件2中，除违章作业外，针对操作行为检查的“三违”巡查还应包括哪些内容？混凝土内支撑还可以采用哪几类拆除方法？

3. 写出事件3中技术交底的不妥之处，并说明楼层卸料平台上安全防护与管理的具体措施。

4. 事件4中，施工单位对事故责任人的处理做法是否妥当？并说明理由。事故调查组还应有哪些单位派员参加？

【解题方略】

1. 本题考查的是需要单独编制专项施工方案的分部分项工程范围。此类题属于考核重点，考生应熟悉掌握，并注意数值的限制。

2. 本题考查的是操作行为检查及内支撑的拆除方法。查操作行为主要是检查现场施工作业过程中有无违章指挥、违章作业、违反劳动纪律的行为发生。

拆除工程可以采用的拆除方法有：人工拆除、机械拆除、爆破拆除、静力破碎。

3. 本题考查的是安全技术交底及悬挑式钢平台的安全防范措施。

专项施工技术方案和危险性较大分部分项工程安全专项施工方案应由技术负责人组织专项交底会，由项目技术负责人或技术方案师向建设单位、监理单位、项目经理部相关部门、分包单位相关负责人进行书面交底。

悬挑式钢平台的安全防范措施涉及方面较多，需要考生理解掌握。

4. 本题考查的是安全生产事故的调查与处理。安全生产事故的调查与处理属于考试重点，需要抓住以下关键点进行掌握：

（1）事故调查要求：特别重大事故由国务院或者国务院授权有关部门组织事故调查组进行调查；重大事故、较大事故、一般事故分别由事故发生地省级人民政府、设区的市级人民政府、县级人民政府负责调查。

（2）事故调查组组成：由有关人民政府、安全生产监督管理部门、负有安全生产监督管理职责的有关部门、监察机关、公安机关以及工会派人组成，并应当邀请人民检察院派人参加。也可聘请有关专家参与调查。

（3）事故处理：有关机关应当按照人民政府的批复，依照法律、行政法规规定的权限和程序，对事故发生单位和有关人员进行行政处罚，对负有事故责任的国家工作人员进行处分。事故发生单位应当按照负责事故调查的人民政府的批复，对本单位负有事故责任的人员进行处理。负有事故责任的人员涉嫌犯罪的，依法追究刑事责任。

【参考答案】

1. 事件1中，按照《危险性较大的分部分项工程安全管理办法》（建质［2009］87号）规定，本工程还应单独编制的专项施工方案包括：深基坑支护工程；降水工程；土方开挖工程；叠合楼板（预制钢筋混凝土楼梯）起重吊装工程；玻璃幕墙安装工程。

2. 事件2中，除违章作业外，针对操作行为检查的“三违”巡查还应包括：违章指挥、违反劳动纪律。

混凝土内支撑还可以采用的拆除方法有：机械拆除；爆破拆除；静力破碎。

3. 事件3中技术交底的不妥之处。

（1）不妥之处：施工人员进行技术交底。

正确做法：项目技术负责人或项目技术方案师进行技术交底。

（2）不妥之处：卸料平台三个侧边设置1200mm高的固定式安全防护栏杆。

正确做法：在卸料平台两侧设置固定式安全防护栏杆。

楼层卸料平台上安全防护与管理的具体措施：楼层卸料平台两侧设置固定式安全防护栏杆、平台口设置安全门（或活动防护栏杆）、料台上应标明限重（或容许荷载）、应配备专人监督、两侧栏杆自上而下挂安全网。

4. 事件4中，施工单位对事故责任人的处理做法不妥当。

理由：应由事故调查组提交对事故责任人的处理建议，由负责调查事故的人民政府做出批复，事故发生单位应当按照该批复，对本单位负有事故责任的人员进行处理。

事故调查组还应有监察机关、公安机关、工会和人民检察院派员参加，还可聘请有关专家参与调查。

实务操作和案例分析题六［2014年真题］

【背景资料】

某新建站房工程，建筑面积56500m^2，地下1层，地上3层，框架结构，建筑总高24m，总承包单位搭设了双排扣件式钢管脚手架（高度25m），在施工过程中有大量材料堆放在脚手架上面，结果发生了脚手架坍塌事故。造成了1人死亡，4人重伤，1人轻伤，直接经济损失600多万元。事故调查中发现下列事件：

事件1：经检查，本工程项目经理持有一级注册建造师证书和安全考核资格证书（B），电工、电气焊工、架子工持有特种作业操作资格证书。

事件2：项目部编制的重大危险源控制系统文件中，仅包含有重大危险源的辨识，重大危险源的管理，工厂选址和土地使用规划等内容，调查组要求补充完善。

事件3：双排脚手架连墙件被施工人员拆除了两处；双排脚手架同一区段，上下两层的脚手板上堆放的材料重量均超过3kN/m^2。项目部对双排脚手架在基础完成后、架体搭设前，搭设到设计高度后，每次大风、大雨后等情况下均进行了阶段检查和验收，并形成书面检查记录。

【问题】

1. 事件1中，施工企业还有哪些人员需要取得安全考核资格证书及其证书类别，与建筑起重作业相关的特种作业人员有哪些？

2. 事件2中，重大危险源控制系统还应有哪些组成部分？

3. 指出事件3中的不妥之处；脚手架还有哪些情况下也要进行阶段检查和验收？

4. 生产安全事故有哪几个等级？本事故属于哪个等级？

【解题方略】

1. 本题考查的是安全考核资格证书的类别及特种作业人员的配备。根据《住房和城乡建设部关于印发建筑施工企业主要负责人、项目负责人和专职安全生产管理人员安全生产管理规定实施意见的通知》（建质［2015］206号）的规定，建筑施工企业主要负责人的证书类别为A类，项目负责人的证书类别为B类，机械类、土建类、综合类专职安全生产管理人员的证书类别分别为C_1类、C_2类、C_3类。

塔吊的拆装作业人员：持有安全生产考核合格证书的项目负责人和安全负责人、机械管理人员；具有建筑施工特种作业操作资格证书的建筑起重机械安装拆卸工、起重司机、起重信号工、司索工等特殊作业操作人员。

2. 本题考查的是重大危险源控制系统的组成部分。重大危险源控制系统主要由七部分组成，考生应结合背景资料，排除所给内容，然后进行解答。

3. 本题考查的是脚手架搭设安全隐患防范。双排脚手架连墙件在施工过程中不能拆除。所以，双排脚手架连墙件被施工人员拆除了两处不妥。

根据《建筑施工扣件式钢管脚手架安全技术规范》JGJ 130—2011第4.2.3条的规定，当在双排脚手架上同时有2个及以上操作层作业时，在同一个跨距内各操作层的施工均布荷载标准值总和不得超过5.0kN/m^2。所以，双排脚手架同一区段，上下两层的脚手板上堆放的材料重量均超过3kN/m^{2}不妥。

脚手架的检查验收阶段，可巧记为3前5后，即：架体搭设前；作业层上施加荷载前；停用超过一个月，重新投入使用前。

脚手架基础完工后；每搭设完6～8m高度后；达到设计高度后；遇有六级及以上大风或大雨后；冻结地区解冻后。

4. 本题考查的是生产安全事故的等级划分及判定。生产安全事故按造成的人员伤亡或者直接经济损失，可分为特别重大事故、重大事故、较大事故、一般事故。

一般事故是指造成3人以下死亡，或者10人以下重伤，或者1000万元以下直接经济损失的事故。背景资料中给出的“脚手架坍塌事故造成1人死亡，4人重伤，1人轻伤，直接经济损失600多万元”。所以判定该事故属于一般事故。

【参考答案】

1. 事件1中，施工企业还有企业主要负责人和专职安全生产管理人员需要取得安全生产考核资格证书。企业主要负责人的证书类别为A类，专职安全生产管理人员的证书类别为C类。

与建筑起重作业相关的特种作业人员有：建筑起重机械安装拆卸工、起重司机、起重信号工、司索工等。

2. 事件2中，重大危险源控制系统的组成部分还应有：（1）重大危险源的评价；（2）重大危险源的安全报告；（3）事故应急救援预案；（4）重大危险源的监察。

3. 事件3中的不妥之处。

（1）不妥之处：双排脚手架连墙件被施工人员拆除了两处。

（2）不妥之处：双排脚手架同一区段，上下两层的脚手板上堆放的材料重量均超过3kN/m^2。

脚手架还应在下列阶段进行检查与验收：（1）每搭设完6～8m高度后；（2）作业层上施加荷载前；（3）冻结地区解冻后；（4）停用超过一个月。

4. 生产安全事故根据其造成的人员伤亡或者直接经济损失情况，可分为：特别重大事故、重大事故、较大事故、一般事故。

本事故属于一般事故。

实务操作和案例分析题七［2013年真题］

【背景资料】

某新建工程，建筑面积28000m^2，地下1层，地上6层，框架结构，建筑总高28.5m，建设单位与施工单位签订了施工合同，合同约定项目施工争创省级安全文明工地。施工过程中，发生了如下事件：

事件1：建设单位组织监理单位、施工单位对工程施工安全进行检查，检查内容包括：安全思想、安全责任、安全制度、安全措施。

事件2：施工单位编制的项目安全措施计划的内容包括有：管理目标、规章制度、应急准备与响应、教育培训。建筑施工安全检查组认为安全措施计划主要内容不全，要求补充。

事件3：施工现场入口仅设置了企业标志牌、工程概况牌，检查组认为制度牌设置不完整，要求补充。工人宿舍室内净高2.3m，封闭式窗户，每个房间住20名工人，建筑施工安全检查组认为不符合相关要求，对此下发了通知单。

事件4：建筑施工安全检查组按《建筑施工安全检查标准》JGJ 59对本次安全检查，汇总表得分68分。

【问题】

1. 事件1所述检查内容外，施工安全检查还应检查哪些内容？

2. 事件2中，项目安全措施计划中还应补充哪些内容？

3. 事件3中，施工现场入口还应设置哪些制度牌？现场工人宿舍应如何整改？

4. 事件4中，建筑施工安全检查评定结论有哪些等级？本次检查应评定为哪个等级？

【解题方略】

1. 本题考查的是建筑工程施工安全检查的内容。建筑工程施工安全检查主要是以查安全思想、查安全责任、查安全制度、查安全措施、查安全防护、查设备设施、查教育培训、查操作行为、查劳动防护用品使用和查伤亡事故处理等为主要内容。

2. 本题考查的是安全措施计划的内容。安全措施计划的内容包括：工程概况；管理目标；组织机构与职责权限；规章制度；风险分析与控制措施；安全专项施工方案；应急准备与响应；资源配置与费用投入计划；教育培训；检查评价、验证与持续改进。

3. 本题考查的是施工现场职业健康与环境保护。施工现场主要出入口应设置“五牌一图”，即工程概况牌、管理人员名单及监督电话牌、消防保卫牌、安全生产牌、文明施工和环境保护牌及施工现场总平面图。

对于施工现场宿舍管理，背景资料中的错误之处及改正：

（1）工人宿舍室内净高2.3m应为不得小于2.5m。

（2）设置封闭式窗户应为设置可开启式窗户。

（3）每个房间住20名工人应为每间宿舍居住人员不得超过16人。

4. 本题考查的是建筑施工安全检查评定。建筑施工安全检查评定等级划分为：优良、合格、不合格。

优良：分项检查评分表无零分，汇总表得分值应在80分及以上。

合格：分项检查评分表无零分，汇总表得分值应在80分以下，70分及以上。

不合格：（1）汇总表得分值不足70分；（2）有一分项检查评分表得零分。

【参考答案】

1. 建筑工程施工安全检查还应检查：安全防护、设备设施、教育培训、操作行为、劳动防护用品使用和伤亡事故处理等。

2. 安全措施计划中还应补充的内容：

（1）工程概况；

（2）组织机构与职责权限；

（3）风险分析与控制措施；

（4）安全专项施工方案；

（5）资源配置与费用投入计划；

（6）检查评价、验证与持续改进。

3. 施工现场入口还应设置的制度牌有：主要出入口明显处应设置工程概况牌，大门内应设置施工现场总平面图和安全生产、消防保卫、环境保护、文明施工和管理人员名单及监督电话牌等制度牌。

施工现场工人宿舍的整改：必须设置可开启式窗户；每间宿舍居住人员不得超过16人；宿舍内通道宽度不得小于0.9m，室内净高不得小于2.5m。

4. 建筑施工安全检查评定结论有优良、合格、不合格三个等级。

本次检查应评定为不合格。

实务操作和案例分析题八［2012年真题］

【背景资料】

某办公楼工程，建筑面积98000m^2，劲性钢骨混凝土框筒结构。地下3层，地上46层，建筑高度为203m。基础深度15m，桩基为人工挖孔桩，桩长18m。首层大堂高度为12m，跨度为24m。外墙为玻璃幕墙。吊装施工垂直运输采用内爬式起重机，单个构件吊装最大重量为12t。

合同履行过程中，发生了下列事件：

事件1：施工总承包单位编制了附着式整体提升脚手架等分项工程安全专项施工方案，经专家论证，施工单位技术负责人和总监理工程师签字后实施。

事件2：监理工程师对钢柱进行施工质量检查中，发现对接焊缝存在夹渣、形状缺陷等质量问题，向施工总承包单位提出了整改要求。

事件3：施工总承包单位在浇筑首层大堂顶板混凝土时，发生了模板支撑系统坍塌事故，造成5人死亡，7人受伤。事故发生后，施工总承包单位现场有关人员于2h后向本单位负责人进行了报告，施工总承包单位负责人接到报告后1h后向当地政府行政主管部门进行了报告。

事件4：由于工期较紧，施工总承包单位于晚上11h后安排了钢结构构件进场和焊接作业施工。附近居民以施工作业影响夜间休息为由进行了投诉。当地相关主管部门在查处时发现：施工总承包单位未办理夜间施工许可证；检测夜间施工场界噪声值达到60dB（A）。

【问题】

1. 依据背景资料指出需要进行专家论证的分部分项工程安全专项施工方案还有哪几项?

2. 事件2中，焊缝夹渣的原因可能有哪些？其处理方法是什么？

3. 事件3中，依据《生产安全事故报告和调查处理条例》（国务院令第493号），此次事故属于哪个等级？纠正事件3施工总承包单位报告事故的错误做法。报告事故时应报告哪些内容?

4. 事件4中施工总承包单位对所查处问题应采取的正确做法，并说明施工现场避免或减少光污染的防护措施。

【解题方略】

1. 本题考查的是超过一定规模的危险性较大的分部分项工程范围。对于超过一定规模的危险性较大的分部分项工程，施工单位应当组织专家对专项方案进行论证。超过一定规模的危险性较大的分部分项工程范围：

（1）深基坑工程

1）开挖深度超过5m（含5m）的基坑（槽）的土方开挖、支护、降水工程。

2）开挖深度虽未超过5m，但地质条件、周围环境和地下管线复杂，或影响毗邻建筑（构筑）物安全的基坑（槽）的土方开挖、支护、降水工程。

（2）模板工程及支撑体系

1）工具式模板工程：包括滑模、爬模、飞模工程。

2）混凝土模板支撑工程：搭设高度8m及以上；搭设跨度18m及以上，施工总荷载15kN/m^{2}及以上；集中线荷载20kN/m及以上。

3）承重支撑体系：用于钢结构安装等满堂支撑体系，承受单点集中荷载700kg以上。

（3）采用非常规起重设备、方法，且单件起吊重量在100kN及以上的起重吊装工程。

（4）提升高度150m及以上附着式整体和分片提升脚手架工程。

（5）拆除、爆破工程。

（6）施工高度50m及以上的建筑幕墙安装工程。

（7）开挖深度超过16m的人工挖孔桩工程。

2. 本题考查的是焊缝缺陷产生的原因及处理方法。焊缝缺陷通常分为裂纹、孔穴、固体夹杂（夹渣和夹钨）、未熔合、未焊透、形状缺陷6类。夹渣的产生主要与焊接材料、电流、速度及熔渣有关，可通过铲除夹渣处的焊缝金属，进行焊补处理。

3. 本题考查的是生产安全事故的判定与报告。较大事故是指造成3人以上10人以下死亡，或者10人以上50人以下重伤，或者1000万元以上5000万元以下直接经济损失的事故。背景资料中“模板支撑系统坍塌事故造成5人死亡，7人受伤”，故判定该事故属于较大事故。

事故报告的错误之处及改正如下：

（1）错误之处：事故发生后，施工总承包单位现场有关人员于2h后向本单位负责人进行了报告。

正确做法：事故发生后，事故现场有关人员应当立即向本单位负责人报告。

（2）错误之处：施工总承包单位负责人接到报告后1h后向当地政府行政主管部门进行了报告。

正确做法：单位负责人接到报告后，应当于1h内向事故发生地县级以上人民政府安全生产监督管理部门和负有安全生产监督管理职责的有关部门报告。

4. 本题考查的是施工现场环境保护要求。施工期间应制定降噪措施。确需夜间施工的，应办理夜间施工许可证明，并公告附近社区居民。在人口密集区进行较强噪声施工时，须严格控制作业时间，一般避开晚10时到次日早6时的作业。根据现行《建筑施工场界环境噪声排放标准》GB 12523—2011的规定，建筑施工过程中场界环境噪声排放限值见表4-3。

建筑施工场界环境噪声排放限值 **表4-3**

昼间［dB（A）］	夜间/［dB（A）］
70	55

施工现场应尽量避免或减少施工过程中的光污染。如夜间室外照明灯应加设灯罩，透光方向集中在施工范围。电焊作业采取遮挡措施，避免电焊弧光外泄。

【参考答案】

1. 需要进行专家论证的分部分项工程安全专项施工方案还有深基坑工程、模板工程、起重吊装工程、建筑幕墙安装工程、人工挖孔桩工程。

2. 事件2中，焊缝夹渣的原因可能有焊接材料质量不好、焊接电流太小、焊接速度太快、熔渣密度太大、阻碍熔渣上浮、多层焊时熔渣未清除干净等。其处理方法是铲除夹渣处的焊缝金属，然后焊补。

3. 事件3中，依据《生产安全事故报告和调查处理条例》（国务院令第493号），此次事故属于较大事故。

纠正事件3施工总承包单位报告事故的错误做法：事故发生后，事故现场有关人员应当立即向本单位负责人报告；单位负责人接到报告后，应当于1h内向事故发生地县级以上人民政府安全生产监督管理部门和负有安全生产监督管理职责的有关部门报告。情况紧急时，事故现场有关人员可以直接向事故发生地县级以上人民政府安全生产监督管理部门和负有安全生产监督管理职责的有关部门报告。

报告事故时应报告的内容：

（1）事故发生单位概况；

（2）事故发生的时间、地点以及事故现场情况；

（3）事故的简要经过；

（4）事故已经造成或者可能造成的伤亡人数（包括下落不明的人数）和初步估计的直接经济损失；

（5）已经采取的措施；

（6）其他应当报告的情况。

4. 事件4中施工总承包单位对所查处问题应采取的正确做法：

（1）施工总承包单位在施工期间应遵照《建筑施工场界环境噪声排放标准》GB 12523—2011制订降噪措施。确需夜间施工的，应办理夜间施工许可证明，并公告附近社区居民。

（2）钢结构构件进场和焊接作业的夜间施工场界噪声值控制在55dB（A）内。

（3）施工总承包单位于晚上10时后至次日早晨6时不允许安排施工。

施工现场避免或减少光污染的防护措施：夜间室外照明灯应加设灯罩，透光方向集中在施工范围。电焊作业采取遮挡措施，避免电焊弧光外泄。

实务操作和案例分析题九［2011年真题］

【背景资料】

某建筑工程，建筑面积35000m^2，地下2层，筏板基础；地上25层，钢筋混凝土剪力墙结构，室内隔墙采用加气混凝土砌块，建设单位依法选择了施工总承包单位，签订了施工总承包合同。合同约定：室内墙体等部分材料由建设单位采购；建设单位同意施工总承包单位将部分工程依法分包和管理。

合同履行过程中，发生了下列事件：

事件1：施工总承包单位项目经理安排项目技术负责人组织编制《项目管理实施规划》，并提出了编制工作程序和施工总平面图现场管理总体要求，施工总平面图现场管理总体要求包括“安全有序”“不损害公众利益”两项内容。

事件2：施工总承包单位编制了《项目安全管理实施计划》，内容包括：“项目安全管理目标”“项目安全管理机构和职责”“项目安全管理主要措施”三方面内容，并规定项目安全管理工作贯穿施工阶段。

事件3：施工总承包单位按照“分包单位必须具有营业许可证、必须经过建设单位同意”等分包单位选择原则，选择了裙房结构工程的分包单位。双方合同约定分包工程技术资料由分包单位整理、保管，并承担相关费用。分包单位以其签约得到建设单位批准为由，直接向建设单位申请支付分包工程款。

事件4：建设单位采购的一批墙体砌块经施工总承包单位进场检验发现，墙体砌块导热性能指标不符合设计文件要求。建设单位以指标值超差不大为由，书面指令施工总承包单位使用该批砌块，施工总承包单位执行了指令。监理单位对此事发出了整改通知，并报告了主管部门，地方行政主管部门依法查处了这一事件。

事件5：当地行政主管部门对施工总承包单位违反施工规范强制性条文的行为，在当地建筑市场诚信记录平台上进行了公布，公布期限为6个月。公布后，当地行政主管部门结合企业整改情况，将公布期限调整为4个月。住房和城乡建设部在全国进行公布，公布期限4个月。

【问题】

1. 事件1中，项目经理的做法有何不妥？项目管理实施规划编制工作程序包括哪些内容？施工总平面图现场管理总体要求还应包括哪些内容？

2. 事件2中，项目安全管理实施计划还应包括哪些内容？工程总承包项目安全管理工作应贯穿哪些阶段？

3. 指出事件3中施工总承包单位和分包单位做法的不妥之处，分别说明正确做法。

4. 依据《民用建筑节能管理规定》，当地行政主管部门就事件4，可以对建设、施工、监理单位给予怎样的处罚？

5. 事件5中，当地行政主管部门及住房和城乡建设部公布诚信行为记录的做法是否妥当？全国、省级不良诚信行为记录的公布期限各是多少？

【解题方略】

1. 本题考查的是项目管理规划的编制及施工平面图管理。项目管理规划包括项目管理规划大纲和项目管理实施规划。二者的编制要求应区别记忆：

（1）项目管理规划大纲

编制者：组织的管理层或组织委托的项目管理单位。

（2）项目管理实施规划

编制者：项目经理。

施工平面图现场管理的总体要求：满足施工需求、现场文明、安全有序、整洁卫生、不扰民、不损害公众利益、绿色环保。

2. 本题考查的是项目安全管理。项目安全管理计划内容包括：项目安全管理目标；项目安全管理组织机构和职责；项目安全危险源的辨识与控制技术，以及管理措施；对从事危险环境下作业人员的培训教育计划；对危险源及其风险规避的宣传与警示方式；项目安全管理的主要措施与要求。

项目安全管理必须贯穿于工程设计、采购、施工、试运行各阶段。

3. 本题考查的是分包管理。根据《建设工程质量管理条例》（国务院令第279号），出现下列行为之一的，属于违法分包行为：

（1）总承包单位将建设工程分包给不具备相应资质条件的单位的；

（2）建设工程总承包合同中未有约定，又未经建设单位认可，承包单位将其承包的部分建设工程交由其他单位完成的；

（3）施工总承包单位将建设工程主体结构的施工分包给其他单位的；

（4）分包单位将其承包的建设工程再分包的。

根据《建设工程施工专业分包合同（示范文本）》GF—2003—0213的规定，未经承包人允许，分包人不得以任何理由与发包人或工程师（监理人）发生直接工作联系，分包人不得直接致函发包人或工程师（监理人），也不得直接接受发包人或工程师（监理人）的指令。所以，分包单位不能直接向建设单位申请支付分包工程款。

实行施工总承包的，各专业承包单位应向施工总承包单位移交施工资料。然后由总承包单位向建设单位移交，最后由建设单位按国家有关法规和标准的规定向城建档案管理部门移交工程档案。

4. 本题考查的是违反民用建筑节能规定的法律责任。建设单位有下列行为之一的，由县级以上地方人民政府建设主管部门责令改正，处20万元以上50万元以下的罚款：

（1）明示或者暗示设计单位、施工单位违反民用建筑节能强制性标准进行设计、施工的；

（2）明示或者暗示施工单位使用不符合施工图设计文件要求的墙体材料、保温材料、门窗、采暖制冷系统和照明设备的；

（3）采购不符合施工图设计文件要求的墙体材料、保温材料、门窗、采暖制冷系统和照明设备的；

（4）使用列入禁止使用目录的技术、工艺、材料和设备的。

施工单位有下列行为之一的，由县级以上地方人民政府建设主管部门责令改正，处10万元以上20万元以下罚款；情节严重的责令停业整顿，降低资质等级或者吊销资质证书；造成损失的，依法承担赔偿责任：

（1）未对进入施工现场的墙体材料、保温材料、门窗、采暖制冷系统和照明设备进行查验的；

（2）使用不符合施工图设计文件要求的墙体材料、保温材料、门窗、采暖制冷系统和照明设备的；

（3）使用列入禁止使用目录的技术、工艺、材料和设备的。

5. 本题考查的是诚信行为记录的发布。诚信行为记录由各省、自治区、直辖市建设行政主管部门在当地建筑市场诚信信息平台上统一公布。不良行为记录信息的公布时间为行政处罚决定做出后7d内，公布期限一般为6个月至3年。

【参考答案】

1. 事件1中，项目经理安排项目技术负责人组织编制《项目管理实施规划》不妥。

项目管理实施规划编制工作程序包括的内容：（1）了解相关方的要求；（2）分析项目具体特点和环境条件；（3）熟悉相关的法规和文件；（4）组织编制；（5）履行报批手续。

施工总平面图现场管理总体要求还应包括的内容：文明施工、整洁卫生、不扰民、环境保护。

2. 事件2中，项目安全管理实施计划还应包括的内容：（1）项目安全危险源的辨识与控制技术和管理措施；（2）对从事危险环境下作业人员的培训教育计划；（3）对危险源及其风险规避的宣传与警示方式。

工程总承包项目安全管理工作应贯穿于工程设计、采购、施工、试运行各阶段。

3. 事件3中施工总承包单位和分包单位做法的不妥之处及正确做法如下：

（1）不妥之处：施工总承包单位选择分包单位原则不全面。

正确做法：分包单位选择原则：主体和基础工程必须自己组织施工；分包商必须具有营业许可证，其资质必须符合工程类别的要求；必须经过业主同意许可；禁止出现层层分包的现象。

（2）不妥之处：将裙房结构工程进行了分包。

正确做法：主体工程必须由施工总承包单位组织施工。

（3）不妥之处：分包工程技术资料由分包单位整理、保管。

正确做法：施工总承包单位将整理收集好的工程技术资料移交给建设单位，建设单位将整理、收集好的工程技术资料移交给城建档案部门，并办理相关手续。

（4）不妥之处：分包单位直接向建设单位申请支付分包工程款。

正确做法：分包单位应向施工总承包单位申请支付分包工程款。

4. 依据《民用建筑节能管理规定》，当地行政主管部门就事件4可以对建设单位给予的处罚：由县级以上地方人民政府建设主管部门责令改正，处20万元以上50万元以下的罚款。可以对施工单位给予的处罚：由县级以上地方人民政府建设主管部门责令改正，处10万元以上20万元以下罚款；情节严重的，责令停业整顿，降低资质等级或者吊销资质证书；造成损失的，依法承担赔偿责任。

不应对监理单位给予处罚。

5. 事件5中，当地行政主管部门及住房和城乡建设部公布诚信行为记录的做法不妥当。全国、省级不良诚信行为记录的公布期限是6个月至3年，最短不得少于3个月。

典型习题

实务操作和案例分析题一

【背景资料】

某住宅工程，建筑面积21600m^2，基坑开挖深度6.5m，地下二层，地上十二层，筏板基础，现浇钢筋混凝土框架结构。工程场地狭小，基坑上口北侧4m处有1栋六层砖混结构住宅楼，东侧2m处有一条埋深2m的热力管线。

工程由某总承包单位施工，基坑支护由专业分包单位承担。基坑支护施工前，专业分包单位编制了基坑支护专项施工方案，分包单位技术负责人审批签字后报总承包单位备案并直接上报监理单位审查；总监理工程师审核通过。随后分包单位组织了3名符合相关专业要求的专家及参建各方相关人员召开论证会，形成论证意见：“方案采用土钉喷护体系基本可行，需完善基坑监测方案……，修改完善后通过”。分包单位按论证意见进行修改后拟按此方案实施，但被建设单位技术负责人以不符合相关规定为由要求整改。

主体结构施工期间，施工单位安全主管部门进行施工升降机安全专项检查，对该项目升降机的限位装置、防护设施、安装、验收与使用等保证项目进行了全数检查，均符合要求。

施工过程中，建设单位要求施工单位在3层进行了样板间施工，并对样板间室内环境污染物浓度进行检测，检测结果合格；工程交付使用前对室内环境污染物浓度检测时，施工单位以样板间已检测合格为由将抽检房间数量减半，共抽检7间，经检测甲醛浓度超标；

施工单位查找原因并采取措施后对原检测的7间房间再次进行检测，检测结果合格，施工单位认为达标。监理单位提出不同意见，要求调整抽检的房间并增加抽检房间数量。

【问题】

1. 根据本工程周边环境现状，基坑工程周边环境必须监测哪些内容？

2. 本项目基坑支护专项施工方案编制到专家论证的过程有何不妥？并说明正确做法。

3. 施工升降机检查和评定的保证项目除背景资料中列出的项目外还有哪些？

4. 施工单位对室内环境污染物抽检房间数量减半的理由是否成立？并说明理由。请说明再次检测时对抽检房间的要求和数量。

【参考答案】

1. 周边环境监测的内容包括：坑外地形变形监测；邻近住宅楼沉降监测，邻近住宅楼倾斜（垂直度/位移/开裂）监测；地下热力管线沉降监测，管线位移（开裂）监测。

2. 不妥之一：基坑支护专项方案由专业分包单位上报监理单位审查；

正确做法：实施施工总承包的项目，专项施工方案由总承包单位上报监理单位审查。

不妥之二：监理单位对专业分包单位直接上报的专项施工方案进行审查；

正确做法：监理单位对专业分包单位直接上报的专项施工方案不予接收。

不妥之三：专业分包单位组织召开专家论证会；

正确做法：应由施工总承包单位组织召开专家论证会。

不妥之四：3名专家进行方案论证；

正确做法：根据相关规定，专家组成员应当由5名及以上符合相关专业要求的专家组成。

3. 保证项目还有：安全装置（设施）、附墙架（杆件/装置）、钢丝绳、滑轮、对重。

4. （1）施工单位的理由成立；

理由：根据规定，如果样板间检测结果合格，在工程竣工验收时抽检数量减半，但不得少于3间。

（2）抽检房间要求：包含同类型房间和原不合格房间；

抽检房间数量：增加1倍（加倍/14间）。

实务操作和案例分析题二

【背景资料】

某建设单位新建办公楼，与甲施工单位签订施工总承包合同。该工程门厅大堂内墙设计做法为干挂石材，多功能厅隔墙设计做法为石膏板骨架隔墙。

施工过程中发生了如下事件：

事件1：建设单位将该工程所有门窗单独发包，并与具备相应资质条件的乙施工单位签订门窗施工合同。

事件2：装饰装修施工时，甲施工单位组织大堂内墙与地面平行施工。监理工程师要求补充交叉作业专项安全措施。

事件3：施工单位上报了石膏板骨架隔墙施工方案。其中石膏板安装方法为“隔墙面板横向铺设，两侧对称、分层由下至上逐步安装；填充隔声防火材料随面层安装逐层跟进，直至全部封闭；石膏板用自攻螺钉固定，先固定板四边，后固定板中部，钉头略埋入板内，钉眼用石膏腻子抹平”。监理工程师审核认为施工方法存在错误，责令修改后重新报审。

事件4：工程完工后进行室内环境污染物浓度检测，结果不达标，经整改后再次检测达到相关要求。

【问题】

1. 事件1中，建设单位将门窗单独发包是否合理？说明理由。

2. 事件2中，交叉作业安全控制应注意哪些要点？

3. 事件3中，指出石膏板安装施工方法中的不妥之处，写出正确做法。

4. 事件4中，室内环境污染物浓度再次检测时，应如何取样？

【参考答案】

1. 事件1中，建设单位将门窗单独发包不合理。

理由：《建设工程质量管理条例》规定，发包人不应将应当由一个承包单位完成的建设工程分解成若干部分后分别发包给不同的承包单位。

2. 事件2中，交叉作业安全控制应注意的要点：

交叉作业人员不允许在同一垂直方向上操作，要做到上部与下部作业人员的位置错开，使下部作业人员的位置处在上部落物的可能坠落半径范围以外，当不能满足要求时，应设置安全隔离层进行防护。

3. 事件3中，石膏板安装施工方法中的不妥之处及正确做法如下：

（1）不妥之处：隔墙面板横向铺设。

正确做法：石膏板应竖向铺设。

（2）不妥之处：两侧对称、分层由下至上逐步安装。

正确做法：在一侧板安装好后，进行隔声、保温、防火材料的填充，再封闭另一侧板。

（3）不妥之处：石膏板用自攻螺钉先固定板四边，后固定板中部。

正确做法：安装石膏板时，应从板的中部开始向板的四边固定。

4. 事件4中，室内环境污染物浓度再次检测时，抽检数量应增加1倍，并应包含同类型房间及原不合格房间。

实务操作和案例分析题三

【背景资料】

某办公楼工程，钢筋混凝土框架结构，地下1层，地上8层，层高4.5m。工程桩采用泥浆护壁钻孔灌注桩，墙体采用普通混凝土小砌块，工程外脚手架采用双排落地扣件式钢管脚手架。位于办公楼顶层的会议室，其框架柱间距为8m×8m。项目部按照绿色施工要求，收集现场施工废水循环利用。

在施工过程中，发生了下列事件：

事件1：项目部完成灌注桩的泥浆循环清孔工作后，随即放置钢筋笼、下导管及桩身混凝土灌筑，混凝土浇筑至桩顶设计标高。

事件2：会议室顶板底模支撑拆除前，试验员从标准养护室取一组试件进行试验，试验强度达到设计强度的90%，项目部据此开始拆模。

事件3：因工期紧，砌块生产7d后运往工地进行砌筑，砌筑砂浆采用收集的循环水进行现场拌制。墙体一次砌筑至梁底以下200mm位置，留待14d后砌筑顶紧。监理工程师进行现场巡视后责令停工整改。

事件4：施工总承包单位对项目部进行专项安全检查时发现：（1）安全管理检查评分表内的保证项目仅对“安全生产责任制”“施工组织设计及专项施工方案”两项进行了检查；（2）外架立面剪刀撑间距12m，由底至顶连续设置；（3）电梯井口处设置活动的防护栅门，电梯井内每隔四层设置一道安全平网进行防护。检查组下达了整改通知单。

【问题】

1. 分别指出事件1中的不妥之处，并写出正确做法。

2. 事件2中，项目部的做法是否正确？说明理由。当设计无规定时，通常情况下模板拆除顺序的原则是什么？

3. 针对事件3中的不妥之处，分别写出相应的正确做法。

4. 事件4中，安全管理检查评分表的保证项目还应检查哪些？写出施工现场安全设置需整改项目的正确做法。

【参考答案】

1. 事件1中的不妥之处及正确做法：

（1）不妥之处：泥浆循环清孔工作后，随即沉放钢筋笼、下导管。

正确做法：沉放钢筋笼、下导管应在第2次循环清孔前完成。

（2）不妥之处：混凝土浇筑至桩顶设计标高。

正确做法：混凝土浇筑桩顶标高至少要比设计标高高出0.8～1.0m，确保桩头浮浆层凿除后桩基面达到设计强度。

2. 事件2中，项目部的做法不正确。

理由：试件不应该从标准实验室取，应该在同等条件下养护后测试，强度达到75%后才能拆模。

当设计无规定时，通常情况下模板拆除顺序的原则：后支的先拆、先支的后拆，先拆非承重模板、后拆承重模板，从上而下进行拆除。

3. 事件3中的不妥之处及正确做法：

（1）不妥之处：砌块生产7d后运往工地砌筑。

正确做法：施工采用的小砌块的产品龄期不应小于28d，待达到28d强度后，再进行砌筑。

（2）不妥之处：砌筑砂浆采用收集的循环水进行现场拌制。

正确做法：砌筑砂浆宜采用自来水或经处理后符合要求的循环水进行拌制。

（3）不妥之处：墙体一次砌筑至梁底以下200mm位置。

正确做法：因层高4.5m，砌体每日砌筑高度宜控制在1.4m或一步脚手架高度内。

4. 事件4中，安全管理检查评分表的保证项目还应检查：

（1）安全技术交底；

（2）安全检查；

（3）安全教育；

（4）应急救援。

施工现场安全设置需整改项目的正确做法：

（1）电梯井口除设置固定的栅门外，还应在电梯井内每隔两层（不大于10m）设一道安全平网进行防护。

（2）因层高大于24m，外架立面剪刀撑沿外侧立面整个长度和高度应连续设置。

实务操作和案例分析题四

【背景资料】

某办公楼工程，建筑面积24200m²，框架—剪力墙结构。地下1层，地上12层，首层高4.8m，标准层高3.6m。顶层房间为有保温层的轻钢龙骨纸面石膏板吊顶。工程结构施工采用外双排落地脚手架。工程于2013年6月15日开工，计划竣工日期为2015年5月1日。

施工过程中发生了如下事件：

事件1：2014年5月20日7时30分左右。因通道和楼层自然采光不足，瓦工王某不慎从9层未设门槛的管道井坠落至地下一层混凝土底板上，当场死亡。

事件2：顶层吊顶安装石膏板前，施工单位仅对吊顶内管道设备安装申报了隐蔽工程验收。监理工程师提出隐蔽工程申报验收有漏项，应补充验收申报项目。

【问题】

1. 本工程结构施工脚手架是否需要编制专项施工方案？说明理由。

2. 事件1中，从安全管理方面分析，导致这起事故发生的主要原因是什么？

3. 对落地的竖向洞口应采用哪些方式加以防护？

4. 吊顶隐蔽工程验收还应补充申报哪些验收项目？

【参考答案】

1. 本工程结构施工脚手架需要编制专项施工方案。

理由：脚手架高度超过24m及以上的落地式钢管脚手架就需要编制专项施工方案，本工程中脚手架高度已超过24m，因此必须编制专项施工方案。

2. 事件1中，从安全管理方面分析，导致这起事故发生的主要原因：

（1）楼层管道井竖向洞口无防护；

（2）楼层内在自然采光不足的情况下没有设置照明灯具；

（3）现场安全检查不到位，对事故隐患未能及时发现并整改；

（4）工人的安全教育不到位，安全意识淡薄。

3. 墙面等处的竖向洞口，凡落地的洞口应加装开关式、固定式或工具式防护门，门栅网格的间距不应大于15cm，也可采用防护栏杆，下设挡脚板。井口内每隔两层（不大于10m）设一道安全平网进行防护。

4. 吊顶隐蔽工程验收还应补充申报的验收项目：水管试压；风管的避光试验；木龙骨防火、防腐处理；预埋件或拉结筋；吊杆安装、龙骨安装；填充材料的设置等。

实务操作和案例分析题五

【背景资料】

某现浇钢筋混凝土框架—剪力墙结构办公楼工程，地下1层，地上16层，建筑面积18600m²，基坑开挖深度5.5m。该工程由某施工单位总承包，其中基坑支护工程由专业分包单位承担施工。

在基坑支护工程施工前，分包单位编制了基坑支护安全专项施工方案，经分包单位技术负责人审批后组织专家论证。监理机构认为专项施工方案及专家论证均不符合规定，不同意进行论证。

在二层的墙体模板拆除后，监理工程师巡视发现局部存在较严重蜂窝孔洞质量缺陷，指令按照《混凝土结构工程施工规范》GB 50666—2011的规定进行修整。

主体结构施工至十层时，项目部在例行安全检查中发现五层楼板有2处（一处为短边尺寸200mm的孔口，一处为尺寸1600mm×2600mm的洞口）安全防护措施不符合规定，责令现场立即整改。

结构封顶后，在总监理工程师组织参建方进行主体结构分部工程验收前，监理工程师审核发现施工单位提交的报验资料所涉及的分项不全，指令补充后重新报审。

【问题】

1. 按照《危险性较大的分部分项工程安全管理规定》（建办质［2018］31号）规定，指出本工程的基坑支护安全专项施工方案审批手续及专家论证组织中的错误之处，并分别写出正确做法。

2. 较严重蜂窝孔洞质量缺陷的修整过程应包括哪些主要工序？

3. 针对五层楼板检查所发现的孔口、洞口防护问题，分别写出正确的安全防护措施。

4. 本工程主体结构分部工程验收资料应包含哪些分项工程？

【参考答案】

1.（1）错误之处1：经分包单位技术负责人审批后组织专家论证；

正确做法：经分包单位技术负责人审批后还需要总包单位技术负责人审批。

（2）错误之处2：分包单位技术负责人组织专家论证；

正确做法：总包单位组织专家论证。

2. 较严重质量缺陷修整过程包括的工序如下：

（1）凿除胶结不牢固部分的混凝土至密实部位；

（2）接槎面处理；

（3）洒水湿润；

（4）涂抹混凝土界面剂；

（5）支设模板；

（6）采用比原混凝土强度等级高一级的细石（微膨胀）混凝土浇筑密实；

（7）养护不少于7天；

（8）拆模；

（9）凿除喇叭口混凝土并清理干净。

3.（1）短边尺寸200mm的孔口，必须用坚实的盖板盖严，盖板要有防止挪动移位的固定措施。

（2）尺寸1600mm×2600mm的洞口安全防护措施：四周必须设防护栏杆，洞口下张设安全平网防护。

4. 主体分部工程验收资料包括钢筋分项工程、模板分项工程、混凝土分项工程、现浇结构分项工程。

实务操作和案例分析题六

【背景资料】

某新建综合楼工程，现浇钢筋混凝土框架结构。地下1层，地上10层，建筑檐口高度

45m，某建筑工程公司中标后成立项目部进场组织施工。

在施工过程中，发生了下列事件：

事件1：根据施工组织设计的安排，施工高峰期现场同时使用机械设备达到8台，项目土建施工员仅编制了安全用电和电气防火措施报送给项目监理工程师。监理工程师认为存在多处不妥，要求整改。

事件2：施工过程中，项目部要求安全员对现场固定式塔式起重机的安全装置进行全面检查，但安全员仅对塔式起重机的力矩限制器、爬梯护圈、小车断绳保护装置、小车断轴保护装置进行了安全检查。

事件3：公司例行安全检查中，发现施工区域主出入通道口处多种类型的安全警示牌布置混乱，要求项目部按规定要求从左到右正确排列。

事件4：监理工程师现场巡视时，发现五层楼层通道口和楼层临边堆放有大量刚拆下的小型钢模板，堆放高度达到1.5m，要求项目部立即整改并加强现场施工管理。

事件5：公司按照《建筑施工安全检查标准》JGJ 59—2011对现场进行检查评分，汇总表总得分为85分，但施工机具分项检查评分表得0分。

【问题】

1. 事件1中，存在哪些不妥之处？并分别说明理由。

2. 事件2中，项目安全员还应对塔式起重机的哪些安全装置进行检查（至少列出四项）？

3. 事件3中，安全警示牌通常都有哪些类型？各种类型的安全警示牌按一排布置时，从左到右的正确排列顺序是什么？

4. 事件4中，楼层通道口和楼层临边堆放拆除的小型钢模板的要求有哪些？

5. 事件5中，按照《建筑施工安全检查标准》JGJ 59—2011，确定该次安全检查评定等级，并说明理由。

【参考答案】

1. 事件1中存在的不妥之处：

（1）不妥之处：施工高峰期现场同时使用机械设备达到8台，仅编制了安全用电和电气防火措施。

理由：施工现场临时用电设备在5台及以上或设备总容量在50kW及以上者，应编制临时用电组织设计。

（2）不妥之处：项目土建施工员编制。

理由：临时用电组织设计应由电气工程技术人员组织编制。

2. 事件2中，项目安全员还应对塔式起重机的以下安全装置进行检查：超重量限制器、回转限位器、超高限位器、变幅限位装置、吊钩保险（吊钩防脱装置）、卷筒保险、紧急断电开关。

3. 安全警示牌的类型：禁止标志、警告标志、指令标志和提示标志4大类型。

各种类型的安全警示牌按一排布置时，按警告、禁止、指令、提示类型的顺序，先左后右、先上后下进行排列。

4. 拆下的模板等堆放时，不能过于靠近楼层边沿，应与楼层边沿留出不小于1m的安全距离，码放高度也不宜超过1m。通道口严禁堆放任何拆下物件。

5. 事件5中，该次安全检查评定等级为不合格。

理由：安全检查评定等级不合格的条件有：汇总表得分值不足70分；有一分项检查评分表得零分。该次安全检查汇总表总得分为85分，但施工机具分项检查评分表得0分。故判定为不合格。

实务操作和案例分析题七

【背景资料】

某企业新建办公综合大楼，甲施工单位与建设单位根据《建设工程施工合同（示范文本）》GF—2017—0201签订了施工承包合同，其中甲施工单位选择乙施工单位分包基坑支护及土方开挖工程。

施工过程中发生了如下事件：

事件1：乙施工单位开挖土方时，因雨季下雨导致现场停工3d，在后续施工中，乙施工单位挖断了一处在建设单位提供的地下管线图中未标明的煤气管道，因抢修导致现场停工7d。为此，甲施工单位通过项目监理机构向建设单位提出工期延期10d和费用补偿2万元（合同约定，窝工综合补偿2000元/d）的要求。

事件2：为赶工期，甲施工单位调整了土方开挖方案，并按约定程序进行了报批。总监理工程师在现场发现乙施工单位未按调整后的土方开挖方案施工并造成围护结构变形超限，立即向甲施工单位签发“工程暂停令”，同时报告给建设单位。乙施工单位未执行指令仍继续施工，总监理工程师及时报告给有关主管部门。后因围护结构变形过大引发了基坑局部坍塌事故。

事件3：甲施工单位凭施工经验，未经安全验算就编制了高大模板工程专项施工方案，经项目经理签字后报总监理工程师审批的同时，就开始搭设高大模板。施工现场安全生产管理人员则由项目总工程师兼任。

事件4：甲施工单位为便于管理，将施工人员的集体宿舍安排在本工程尚未竣工验收的地下车库内。

【问题】

1. 指出事件1中挖断煤气管道事故的责任方，说明理由。项目监理机构批准的工程延期和费用补偿各为多少？说明理由。

2. 根据《建设工程安全生产管理条例》，分析事件2中甲、乙施工单位和监理单位对基坑局部坍塌事故应承担的责任，说明理由。

3. 指出事件3中甲施工单位的做法有哪些不妥，写出正确的做法。

4. 指出事件4中甲施工单位的做法是否妥当，说明理由。

【参考答案】

1.（1）事件1中挖断煤气管道事故的责任方为建设单位。

理由：开工前，建设单位应向施工单位提供完整的施工区域内的地下管线图，其中应包含煤气管道走向埋深位置图。

（2）项目监理机构批准的工程延期为7d。

理由：雨季下雨停工3d不予批准延期，只批准因抢修导致现场停工7d的工期延期。

（3）项目监理机构批准的费用补偿为14000元。

理由：费用补偿＝7×2000＝14000元。

2. 根据《建设工程安全生产管理条例》，分析事件2中甲、乙施工单位和监理单位对基坑局部坍塌事故应承担的责任及理由如下：

（1）甲施工单位和乙施工单位对事故承担连带责任，由乙施工单位承担主要责任。

理由：甲施工单位属于总承包单位，乙施工单位属于分包单位，他们对分包工程的安全生产承担连带责任；分包单位不服从管理导致的生产安全事故，由分包单位承担主要责任。

（2）监理单位不承担责任。

理由：监理单位在施工现场对乙施工单位未按调整后的土方开挖方案施工的行为及时向甲施工单位签发“工程暂停令”，同时报告了建设单位，已履行了职责。

3. 事件3中甲施工单位做法的不妥以及正确做法如下：

（1）不妥之处：甲施工单位凭施工经验，未经安全验算编制高大模板工程专项施工方案。

正确做法：对模板工程应编制专项施工方案，且有详细的安全验算书。

（2）不妥之处：专项施工方案仅经项目经理签字后报总监理工程师。

正确做法：专项施工方案经甲施工单位技术负责人审查签字后报总监理工程师审批。

（3）不妥之处：高大模板工程施工方案未经专家论证、评审。

正确做法：应由甲施工单位组织专家进行论证和评审。

（4）不妥之处：甲施工单位在专项施工方案报批的同时开始搭设高大模板。

正确做法：按照合同规定的管理程序，施工组织设计和专项施工方案应经总监理工程师签字后才可以实施。

（5）不妥之处：施工现场安全生产管理人员由项目总工程师兼任。

正确做法：应该由专职安全生产管理人员进行现场监督。

4. 事件4中甲施工单位的做法不妥。

理由：依据《建设工程安全生产管理条例》，施工单位不得在尚未竣工的建筑物内设置员工集体宿舍。

实务操作和案例分析题八

【背景资料】

某高校新建一栋办公楼和一栋实验楼，均为现浇钢筋混凝土框架结构。办公楼地下1层、地上11层，建筑檐高48m；实验楼6层，建筑檐高22m。建设单位与某施工总承包单位签订了施工总承包合同。合同约定：（1）电梯安装工程由建设单位指定分包；（2）保温工程保修期限为10年。

施工过程中，发生了下列事件：

事件1：总承包单位上报的施工组织设计中，办公楼采用1台塔式起重机；在七层楼面设置有自制卸料平台；外架采用悬挑脚手架，从地上2层开始分3次到顶。实验楼采用1台物料提升机；外架采用落地式钢管脚手架。监理工程师按照《危险性较大的分部分项工程安全管理规定》（建办质［2018］31号）的规定，要求总承包单位单独编制与之相关的专项施工方案并上报。

事件2：实验楼物料提升机安装总高度26m，采用1组缆风绳锚固。与各楼层连接处搭设卸料通道，与相应的楼层连通后，仅在通道两侧设置了临边安全防护设施，地面进料口处仅设置安全防护门，且在相应位置挂设了安全警示标志牌。监理工程师认为安全设施不齐全，要求整改。

事件3：办公楼电梯安装工程早于装饰装修工程施工完，提前由总监理工程师组织验收，总承包单位未参加。验收后电梯安装单位将电梯工程有关资料移交给建设单位。整体工程完成时，电梯安装单位已撤场，由建设单位组织，监理、设计、总承包单位参与进行了单位工程质量验收。

事件4：总承包单位在提交竣工验收报告的同时，还提交了《工程质量保修书》，其中保温工程保修期按《民用建筑节能条例》的规定承诺保修5年。建设单位以《工程质量保修书》不合格为由拒绝接收。

【问题】

1. 事件1中，总承包单位必须单独编制哪些专项施工方案？

2. 指出事件2中错误之处，并分别给出正确做法。

3. 指出事件3中错误之处，并分别给出正确做法。

4. 事件4中，总承包单位、建设单位做法是否合理？

【参考答案】

1. 事件1中，总承包单位必须单独编制专项施工方案的工程：土方开挖工程；塔式起重机的安装、拆卸；自制卸料平台工程；悬挑脚手架工程；物料提升机的安装、拆卸。

2. 事件2中错误之处及正确做法如下。

（1）错误之处：物料提升机安装总高度26m，采用1组缆风绳锚固。

正确做法：物料提升机采用不少于2组缆风绳锚固。

（2）错误之处：仅在通道两侧设置了临时安全防护设施。

正确做法：在卸料通道两侧应按临边防护规定设置防护栏杆及挡脚板；各层通道口处都应设置常闭型的防护门。

（3）错误之处：地面进料口处仅设置安全防护门。

正确做法：地面进料口处设置常闭型安全防护门，搭设双层防护棚，防护棚的尺寸应视架体的宽度和高度而定，防护棚两侧应封挂安全立网。

3. 事件3中错误之处及正确做法如下。

（1）错误之处：总承包单位未参加总监理工程师组织电梯安装工程验收。

正确做法：电梯安装工程属于分部工程，应由总监理工程师组织，施工单位（包括总承包和电梯安装分包单位）项目负责人和项目技术负责人等进行验收。

（2）错误之处：电梯安装单位将电梯工程有关资料移交给建设单位。

正确做法：电梯安装单位应将电梯工程有关资料移交给施工总承包单位，由施工总承包单位统一汇总后移交给建设单位，再由建设单位上交到城建档案馆。

（3）错误之处；由建设单位组织，监理、设计、总承包单位参与进行了单位工程质量验收。

正确做法：由建设单位（项目）负责人组织施工单位（含电梯安装分包单位）、设计单位、监理单位、勘察单位等项目负责人进行验收。

4. 事件4中总承包单位做法不合理。

理由：合同约定保温工程保修期10年，总承包单位在《工程质量保修书》中承诺保修期5年短于合同约定。

事件4中建设单位做法合理。

理由：工程质量保修期限不得低于法规规定的最低保修期限和合同约定的期限。《工程质量保修书》中承诺保修期5年短于合同约定，所以拒收是合理的。

实务操作和案例分析题九

【背景资料】

某框剪结构办公楼，建筑面积18420m^2，地下1层，地上10层，预制桩筏板基础。剪力墙混凝土设计强度为C40，地下防水设计采用卷材防水和混凝土自防水相结合的方案，地下室无后浇带，地下室隔墙采用砖砌体，基坑边坡按1∶1放坡。桩基础和卷材防水由总承包单位分别分包给A、B两家专业分包单位施工，主体结构由总承包单位自行施工，施工现场设有专职安全员1名。

施工过程中，发生了如下事件：

事件1：总监理工程师发现施工许可证未及时办理，下达停工通知，并报告建设行政主管部门。经行政主管部门查证情况属实，同时发现该工程不符合开工条件。经处理并办理施工许可证后工程继续施工。

事件2：地下室剪力墙部分标养试块经试压其强度等级为C35。后经对结构构件实体检测，并按现行标准规定进行混凝土强度推定评定为合格。

事件3：地基与基础分部工程完工并具备验收条件后，组织了该分部工程验收。

【问题】

1. 该项目设置专职安全员1名，是否符合要求？如果不符，按规定应至少设置几名？

2. 根据相关法律法规，事件1中建设行政主管部门有哪些处理措施？

3. 事件2中对结构构件实体检测的方法都有哪些？

4. 地基与基础分部工程验收应由什么人组织，哪些单位参加？该工程地基与基础分部工程验收包括哪几个分项工程？

【参考答案】

1. 该项目设置专职安全员1名不符合要求。按规定应至少设置2名。

2. 根据相关法律法规，事件1中建设行政主管部门的处理措施：未取得施工许可证擅自施工的，责令改正，要求建设单位立即补办取得施工许可证。对不符合开工条件的责令停止施工，可以处以罚款。

3. 事件2中对结构构件实体检测的方法有非破损实验（回弹法）、局部破损实验（钻芯法）。

4. 地基与基础分部工程验收应由总监理工程师（建设单位项目负责人）组织，建设单位、施工单位、监理单位、设计单位、勘察单位参加。

该工程地基与基础分部工程验收包括土方开挖、土方回填、桩基础、剪力墙、砖砌体、卷材防水等分项工程。

实务操作和案例分析题十

【背景资料】

某新建工业厂区，地处大山脚下，总建筑面积18000m^2，其中包含一幢六层办公楼工程，摩擦型预应力管桩，钢筋混凝土框架结构。

在施工过程中，发生了下列事件：

事件1：在预应力管桩锤击沉桩施工过程中，某一根管桩在桩端标高接近设计标高时难以下沉；此时，贯入度已达到设计要求，施工单位认为该桩承载力已经能够满足设计要求，提出终止沉桩。经组织勘察、设计、施工等各方参建人员和专家会商后同意终止沉桩，监理工程师签字认可。

事件2：连续几天的大雨引发山体滑坡，导致材料库房垮塌，造成1人当场死亡，7人重伤。施工单位负责人接到事故报告后，立即组织相关人员召开紧急会议，要求迅速查明事故原因和责任，严格按照“四不放过”原则处理；4h后向相关部门递交了1人死亡的事故报告，事故发生后第7天和第32天分别有1人在医院抢救无效死亡，其余5人康复出院。

事件3：办公楼一楼大厅支模高度为9m，施工单位编制了模架施工专项方案并经审批后，及时进行专项方案专家论证。论证会由总监理工程师组织，在行业协会专家库中抽出5名专家，其中1名专家是该工程设计单位的总工程师，建设单位没有参加论证会。

事件4：监理工程师对现场安全文明施工进行检查时，发现只有公司级、分公司级、项目级三级安全教育记录，开工前的安全技术交底记录中交底人为专职安全员。监理工程师要求整改。

【问题】

1. 事件1中，监理工程师同意终止沉桩是否正确？预应力管桩的沉桩方法通常有哪几种？

2. 事件2中，施工单位负责人报告事故的做法是否正确？应该补报死亡人数几人？事故处理的“四不放过”原则是什么？

3. 分别指出事件3中的错误做法，并说明理由。

4. 分别指出事件4中的错误做法，并指出正确做法。

【参考答案】

1. 事件1中，监理工程师同意终止沉桩正确。

预应力管桩的沉桩方法通常有锤击沉桩法、静力压桩法、振动法等。

2. 事件2中，施工单位负责人报告事故的做法不正确。

施工单位负责人接到报告后，应当于1h内向事故发生地县级以上人民政府建设主管部门和有关部门报告。事故报告后出现新情况，以及事故发生之日起30d内伤亡人数发生变化的，应当及时补报。故应补报1人。

“四不放过”原则：事故原因不清楚不放过，事故责任者和人员没有受到教育不放过，事故责任者没有处理不放过，没有制定纠正和预防措施不放过。

3. 事件3中的错误做法与理由如下。

（1）论证会由监理工程师组织错误。

理由：超过一定规模的危险性较大的分部分项工程，施工单位应当组织专家对专项方案进行论证。实行施工总承包的，由施工总承包单位组织专家论证会。

（2）五名专家之一为该工程设计单位总工程师错误。

理由：本项目参建各方的人员不得以专家身份参加专家论证会。

（3）建设单位没有参加论证会错误。

理由：参会人员应有建设单位项目负责人或技术负责人。

4. 事件4中的错误做法与正确做法。

（1）只有公司级、分公司级、项目级安全教育记录错误。

正确做法：施工企业安全生产教育培训一般包括对管理人员、特种作业人员和企业员工的安全教育。新员工上岗前要进行三级安全教育，包括公司级、项目级和班组级安全教育。

（2）安全技术交底记录中交底人为专职安全员错误。

正确做法：安全技术交底应由项目经理部的技术负责人交底。安全技术交底应由交底人、被交底人、专职安全员进行签字确认。

实务操作和案例分析题十一

【背景资料】

某企业新建办公楼工程，地下1层，地上16层，建筑高度55m，地下建筑面积3000m^2，总建筑面积21000m^2，现浇混凝土框架结构。1层大厅高12m，长32m，大厅处有3道后张预应力混凝土梁。合同约定："……工程开工时间为2016年7月1日，竣工日期为2017年10月31日。总工期488d；冬期停工35d，弱电、幕墙工程由专业分包单位施工……"。总包单位与幕墙单位签订了专业分包合同。

总承包单位在施工现场安装了一台塔吊用于垂直运输，在结构、外墙装修施工时，采用落地双排扣件式钢管脚手架。

结构施工阶段，施工单位相关部门对项目安全进行检查，发现外脚手架存在安全隐患，责令项目部立即整改。

大厅后张预应力混凝土梁浇筑完成25d后，生产经理凭经验判定混凝土强度已达到设计要求，随即安排作业人员拆除了梁底模板并准备进行预应力张拉。

外墙装饰完成后，施工单位安排工人拆除外脚手架。在拆除过程中，上部钢管意外坠落击中下部施工人员，造成1名工人死亡。

【问题】

1. 总包单位与专业分包单位签订分包合同过程中，应重点落实哪些安全管理方面的工作？

2. 项目部应在哪些阶段进行脚手架检查和验收？

3. 预应力混凝土梁底模拆除工作有哪些不妥之处？并说明理由。

4. 安全事故分几个等级？本次安全事故属于哪种安全事故？当交叉作业无法避开在同一垂直方向上操作时，应采取什么措施？

【参考答案】

1. 总包单位与专业分包单位签订分包合同过程中，应重点落实下列安全管理方面的工作：

（1）审核分包单位营业执照、企业资质等级证书、安全生产许可文件、类似工程业绩、专职管理人员和特种作业人员的资格。

（2）检查特种作业人员是否持有特种作业人员操作证，是否人证相符。

（3）应落实对分包单位安全教育、文明施工等方面的安全管理工作。

2. 项目部应在下列阶段进行脚手架检查和验收：

（1）基础完工后，架体搭设前；

（2）每搭设完6～8m高度后；

（3）作业层上施加荷载前；

（4）达到设计高度后；

（5）遇有六级及以上大风或大雨后；

（6）冻结地区解冻后；

（7）停用超过一个月的，在重新投入使用之前。

3. 预应力混凝土梁底模拆除工作的不妥之处及理由如下：

（1）不妥之处：生产经理凭经验判定混凝土强度已达到设计要求，随即安排作业人员拆除了梁底模板。

理由：混凝土强度应以同条件养护试块强度是否达标为准，而不能凭经验判定。

（2）不妥之处：生产经理未经申请即安排拆模。

理由：模板拆除之前必须先提交拆模申请，由技术负责人批准后才可拆模。

（3）不妥之处：生产经理拆除模板之后准备进行预应力张拉。

理由：预应力张拉应在模板拆除之前进行。

4. 安全事故分为4个等级。分别是一般事故、较大事故、重大事故和特别重大事故。

由于本次安全事故造成1人死亡，死亡人数小于3人，因此，本次安全事故属于一般事故。当交叉作业无法避开在同一垂直方向上操作时，应设置安全隔离层进行防护。

第五章　建筑工程施工成本管理

2011—2020年度实务操作和案例分析题考点分布

考点 \ 年份	2011年	2012年	2013年	2014年	2015年	2016年	2017年	2018年	2019年	2020年
施工成本计划的编制						●				
累计净现金流的计算						●				
合同收入的确定及资金供应条件						●				
工程量清单的编制						●	●			
工程量清单计价的应用		●								
建设工程造价的构成与计算				●						
安全文明施工费的构成及预支付				●						
工程款优先受偿				●						
施工成本的计算与成本管理工作	●									
施工成本分析										●
措施项目费、预付款的计算			●		●		●			
工程价款的计算		●	●							●
工程量清单计价管理的强制性规定								●		
成本系数和价值系数的考核								●		
工程预付款和进度款的计算									●	
设计变更、签证与索赔									●	

【专家指导】

成本管理的相关知识多与合同管理的相关知识进行综合性的考核。关于工程量清单，措施项目费、预付款以及工程价款的计算是考核的要点，也是高频考点，考生应注意掌握。

要点归纳

1. 工程量清单计价的特点**【重要考点】**

工程量清单计价具有的特点：强制性、统一性、完整性、规范性、竞争性、法定性。

2. 工程量清单计价的适用范围**【一般考点】**

全部使用国有资金投资或国有资金投资为主的建设工程施工发承包，必须采用工程量清单计价。非国有资金投资的建设工程，宜采用工程量清单计价。

3. 工程量清单构成与编制要求**【重要考点】**

（1）工程造价＝（分部分项工程费＋措施费＋其他项目费）×（1＋规费）×（1＋税率）

（2）招标工程量清单必须作为招标文件的组成部分，其准确性和完整性由招标人负责。分部分项工程量清单应载明项目编码、项目名称、项目特征、计量单位和工程量，并根据拟建工程的实际情况列项。

（3）采用工程量清单计价的工程，应在招标文件或合同中明确计价中的风险内容及其范围（幅度），不得采用无限风险、所有风险或类似语句规定计价中的风险内容及其范围（幅度）。该计价风险不包括：国家法律、法规、规章和政策变化；省级或行业建设主管部门发布的人工费调整；合同中已经约定的市场物价波动范围；不可抗力。

（4）投标人应按招标人提供的工程量清单填报价格。填写的项目编码、项目名称、项目特征、计量单位、工程量必须与招标人提供的一致。招标文件投标价由投标人依据国家或省级、行业建设主管部门颁发的计价规定，使用国家或省级、行业主管部门颁发的计价定额，也可以是企业定额，采用市场价格或当地工程造价机构发布的工程造价信息，自主确定投标价，但不得低于成本。

（5）措施费应根据招标文件中的措施费项目清单及投标时拟定的施工组织设计或施工方案自主确定，但是措施项目清单中的安全文明施工费应按照不低于国家或省级、行业建设主管部门规定标准的90%计价，不得作为竞争性费用。规费和税金应按国家或省级、行业建设主管部门的规定计算，不得作为竞争性费用。

4. 建设工程造价根据工程项目不同的建设阶段分类**【重要考点】**

建设工程造价根据工程项目不同的建设阶段分类（6类）：投资估算；概算造价；预算造价；合同价；结算价；决算价。

5. 按费用构成要素分类**【一般考点】**

建筑安装工程费按照费用构成要素分类（7类）：人工费、材料费、施工机具使用费、企业管理费、利润、规费、税金。

6. 按费用形成分类**【高频考点】**

建筑安装工程费按照费用形成分类（5类）：分部分项工程费、措施项目费、其他项目费、规费、税金。

7. 不得作为竞争性费用：安全文明施工费、规费、税金。

8. 承包人报价浮动率的计算**【重要考点】**

招标工程：

$$\text{承包人报价浮动率}L=(1-\text{中标价}/\text{招标控制价})\times100\%$$

非招标工程：

$$\text{承包人报价浮动率}L=(1-\text{报价值}/\text{施工图预算})\times100\%$$

9. 工程备料款数额的计算**【重要考点】**

$$\text{工程备料款数额}=\frac{\text{合同造价}\times\text{材料比重}(\%)}{\text{年度施工天数}}\times\text{材料储备天数}$$

10. 预付款起扣点的计算**【高频考点】**

起扣点=合同总价-(预付备料款/主要材料所占比重)

11. 工程竣工结算的调整方法**【一般考点】**

(1)工程造价指数调整法

这种方法是甲乙双方采取当时的预算(或签约合同价),待工程竣工时,根据合理的工期及当地工程造价管理部门所公布的该月度(或季度、年度)工程造价指数,对原承包合同的调整。

工程结算造价=工程合同价×(1+竣工时工程造价指数/签订合同时工程造价指数)

(2)实际价格法

人工费、材料费、机械费按照当地基建主管部门定期公布的信息价,并结合合同约定据实调整,俗称按实结算。

(3)调价系数法

指甲乙双方采用当时的预算价格承包,在竣工时根据当地工程造价管理部门规定的调价系数(以定额直接费、人工费或材料费为计算基础),对原工程造价,调整人工费、材料费、机械费费用上涨及工程变更等因素造成的价差。

(4)调值公式法

$$P=P_0(a_0+a_1A/A_0+a_2B/B_0+a_3C/C_0+a_4D/D_0)$$

式中 P——调值后的工程实际结算价款;

P_0——调值前工程合同价款;

a_0——固定费用(或因素),不调值部分比重;

a_1、a_2、a_3、a_4——代表有关费用在合同总价中所占的比例;

A、B、C、D——现行价格指数或价格;

A_0、B_0、C_0、D_0——基期价格指数或价格。

12. 施工成本的控制方法—挣值法**【重要考点】**

(1)三个基本参数

已完成工作预算成本($BCWP$)=已完成工程量×预算成本单价

计划完成工作预算成本($BCWS$)=计划工程量×预算成本单价

已完成工作实际成本($ACWP$)=已完成工作量×实际成本单价

(2)四个评价指标

成本偏差(CV)$=BCWP-ACWP$

当CV为负值时,表示项目运行超出预算成本;当CV为正值时,表示实际成本没有超出预算成本。

进度偏差(SV)$=BCWP-BCWS$

当SV为负值时,表示进度延误;当SV为正值时,表示进度提前。

成本绩效指数(CPI)$=BCWP/ACWP$

当$CPI<1$时,表示超支;当$CPI>1$时,表示节支。

进度绩效指数(SPI)$=BCWP/BCWS$

当$SPI<1$时,表示实际进度延误;当$SPI>1$时,表示实际进度提前。

13. 设计变更与签证**【高频考点】**

设计变更无论由哪方提出,均应由建设单位、设计单位、施工单位协商,经由设计部门确认后，发出相应图纸或说明，并办理签发手续后实施。设计变更应记录详细，简要说明变更产生的原因、背景、变更产生的时间，参与人、工程部位、提出单位都应记录。

由于业主或非施工单位的原因造成的停工、窝工，业主只负责停窝工人工费标准补偿，而不是按照当地造价部门颁布的工资标准补偿；机械停窝工费用也只按照租赁费或摊销费计算，而不是按机械台班费计算。

历 年 真 题

实务操作和案例分析题一［2020年真题］

【背景资料】

某酒店工程，建设单位编制的招标文件部分内容为“工程质量为合格；投标人为本省具有工程总承包一级资质及以上企业；招标有效期为2018年3月1日至2018年4月15日；采取工程量清单计价模式；投标保证金为500.00万元……”。建设行政主管部门认为招标文件中部分条款不当，后经建设单位修改后继续进行招投标工作，共有八家施工企业参加工程项目投标，建设单位对投标人提出的疑问分别以书面形式对应回复给投标人。2018年5月28日确定某企业以2.18亿元中标，其中土方挖运综合单价为25.00元/m^3，增值税及附加费为11.50%。双方签订了施工总承包合同，部分合同条款如下：工期自2018年7月1日起至2019年11月30日止；因建设单位责任引起的签证变更费用予以据实调整；工程质量标准为优良。工程量清单附表中约定，拆除工程为520.00元/m^3；零星用工为260.00元/工日……

基坑开挖时，承包人发现地下位于基底标高以上部位，埋有一条尺寸为25m×4m×4m（外围长×宽×高）、厚度均为400mm的废弃混凝土泄洪沟。建设单位、承包人、监理单位共同确认并进行了签证。

承包人对某月砌筑工程的目标成本与实际成本进行对比，结果见表5-1：

砌筑工程目标成本与实际成本对比表　　表5-1

项目	单位	目标成本	实际成本
砌筑量	千块	970.00	985.00
单价	元/千块	310.00	332.00
损耗率	%	1.5	2
成本	元	305210.50	333560.40

建设单位负责采购的部分装配式混凝土构件，提前一个月运抵施工场地，承包人会同监理单位清点验收后，承包人为了节约施工场地进行了集中堆放。由于叠合板堆放层数过多，致使下层部分构件产生裂缝。两个月后建设单位在承包人准备安装该批构件时知悉此事，遂要求承包人对构件进行检测并赔偿损坏构件的损失。承包人则称构件损坏是由于发包人提前运抵施工现场所致，不同意检测和承担损失，并要求建设单位增加支付两个月的构件保管费用。

施工招标时，工程量清单中C25钢筋综合单价为4443.84元/t，钢筋材料单价暂定为

2500.00元/t，数量为260.00t。结算时经双方核实实际用量为250.00t，经业主签字认可采购价格为3500.00元/t，钢筋损耗率为2%。承包人将钢筋综合单价的明细分别按照钢筋上涨幅度进行调整，调整后的钢筋综合单价为6221.38元/t。

【问题】

1. 指出招投标过程中有哪些不妥之处？并分别说明理由。

2. 承包人在基坑开挖过程中的签证费用是多少元？（保留小数点后两位）

3. 砌筑工程各因素对实际成本的影响各是多少元？（保留小数点后两位）

4. 承包人不同意建设单位要求的做法是否正确？并说明理由。承包人可获得多少个月的保管费？

5. 承包人调整C25钢筋工程量清单的综合单价是否正确？说明理由。并计算该清单项结算综合单价和结算价款各是多少元？（保留小数点后两位）

【解题方略】

1. 本题考核的是招标投标的相关要点。需要确认的是虽然该考点在建筑教材中没有对应考点，但其在建设工程法规及相关知识中有相应的考点，即不算超纲，是完全可以答对的。首先根据背景资料找出易错点，"本省""投标保证金500.00万元""投标有效期从4月15日到5月28日""以书面形式回复对应的投标人"，再根据对应的考点逐一分析即可。

2. 本题考核的是工程签证金额的计算。首先要计算出因为埋置的废弃泄洪沟而减少的土方挖运体积，再计算废沟混凝土拆除量。工程签证金额为：拆除混凝土总价－土方体积总价（泄洪沟所占总价）。

3. 本题考核的是成本分析的因素分析法。这种方法的本质是分析各种因素对成本差异的影响，采用连环替代法。该方法首先要排序，排序的原则是：先工程量，后价值量；先绝对数，后相对数，然后逐个用实际数替代目标数，相乘后，用所得结果减替代前的结果，差数就是该替代因素对成本差异的影响。

4. 本题考核的是施工现场材料保管的责任。回答本题要注意划分双方各自的责任。发包人提供的材料提前进场承包人应接收并妥善保管。因承包人保管不善造成的损失由承包人承担，但这并不影响向发包方索赔材料提前进场1个月的保管费。

5. 本题考核的是工程量清单的综合单价和结算价款的计算。首先要求出综合单价再乘以实际用量和增值税及附加费。

【参考答案】

1. 招投标工作中的不妥之处和理由分别如下：

不妥1：投标人为本省具有施工总承包一级资质的企业。

理由：不得排斥（或不合理条件限制）潜在投标人。

不妥2：投标保证金500万元。

理由：不超投标总价的2%。

不妥3：对投标人提出的疑问分别以书面形式对应回复给投标人。

理由：应以书面形式回复给所有（每个）的投标人。

不妥4：2018年5月28日确定中标单位。

理由：应在招标文件截止日起30天内确定中标单位。

（或：2018年4月15日起至2018年5月28日的期限超过了30天）

不妥5：工程质量标准为优良。

理由：与招标文件规定不相符（或不得签订背离合同实质性影响内容的其他协议）。

2.（1）因废弃泄洪沟减少土方挖运体积为：25×4×4＝400.00m³。

（2）废沟混凝土拆除量为：泄洪沟外围体积－空洞体积

400－3.2×3.2×25＝144.00m³

（3）工程签证金额为：拆除混凝土总价－土方体积总价（泄洪沟所占总价）

＝144×520×（1＋11.5%）－400×25×（1＋11.5%）＝72341.20元。

3. 以目标305210.50＝970×310×1.015为分析替代的基础。

（1）第一次替代砌筑量因素：

以985替代970，985×310×1.015＝309930.25元。

第二次代换以332代替310，985×332×1.015＝331925.30元。

第三次代换以1.02代替1.015，985×332×1.02＝333560.40元。

（2）计算差额：

第一次替代与目标数的差额为：309930.25－305210.50＝4719.75元，说明砌筑量增加使成本增加了4719.75元。

第二次替代与第一次替代的差额为：331925.30－309930.25＝21995.05元，单价上升使成本增加了21995.05元。

第三次替代与第二次替代的差额为：333560.40－331925.30＝1635.10元，说明损耗率提高使成本增加了1635.10元。

4.（1）承包人不同意进行检测和承担损失的做法不正确；

（2）理由：因为双方签订的合同措施费中包括了检验试验费（或承包人应进行检测）。由于施工单位责任，承包人保管不善导致的损失，应由承包人承担对应的损失。

（3）承包人可获得1个月的保管费。

5. 承包人调整的综合单价调整方法不正确。

钢材的差价应直接在该综合单价上增减材料价差调整。

不应当调整综合单价中的人工费、机械费、管理费和利润。

该清单项目结算综合单价：

4443.84＋（3500－2500）×（1＋2%）＝5463.84元。

结算价款为：5463.84×250×（1＋11.50%）＝1523045.40元。

实务操作和案例分析题二［2019年真题］

【背景资料】

某施工单位通过竞标承建一工程项目，甲乙双方通过协商，对工程合同协议书（编号HT-XY-201909001），以及专用合同条款（编号HT-ZY-201909001）和通用合同条款（编号HT-TY-201909001）修改意见达成一致，签订了施工合同。确认包括投标函、中标通知书等合同文件按照《建设工程施工合同（示范文本）》GF—2017—0201规定的优先顺序进行解释。

施工合同中包含有以下工程价款主要内容：

（1）工程中标价为5800万元，暂列金额为580万元，主要材料所占比重为60%；

（2）工程预付款为工程造价的20%；

（3）工程进度款逐月计算；

（4）工程质量保修金3%，在每月工程进度款中扣除，质保期满后返还。

工程1～5月份完成产值见表5-2。

工程1～5月份完成产值表 **表5-2**

月份	1	2	3	4	5
完成产值（万元）	180	500	750	1000	1400

项目部材料管理制度要求对物资采购合同的标的、价格、结算、特殊要求等条款加强重点管理。其中，对合同标的的管理要包括物资的名称、花色、技术标准、质量要求等内容。

项目部按照劳动力均衡使用、分析劳动需用总工日、确定人员数量和比例等劳动力计划编制要求，编制了劳动力需求计划。重点解决了因劳动力使用不均衡，给劳动力调配带来的困难，避免出现过多、过大的需求高峰等诸多问题。

建设单位对一关键线路上的工序内容提出修改，由设计单位发出设计变更通知，为此造成工程停工10天。施工单位对此提出索赔事项如下：

（1）按当地造价部门发布的工资标准计算停窝工人工费8.5万元；

（2）塔吊等机械停窝工台班费5.1万元；

（3）索赔工期10d。

【问题】

1. 指出合同签订中的不妥之处。写出背景资料中5个合同文件解释的优先顺序。

2. 计算工程的预付款、起扣点是多少？分别计算3、4、5月份应付进度款、累计支付进度款是多少？（计算精确到小数点后两位，单位：万元）

3. 物资采购合同重点管理的条款还有哪些？物资采购合同标的包括的主要内容还有哪些？

4. 施工劳动力计划编制要求还有哪些？劳动力使用不均衡时，还会出现哪些方面的问题？

5. 办理设计变更的步骤有哪些？施工单位的索赔事项是否成立？并说明理由。

【解题方略】

1. 本题考查的是专用合同条款及合同文件的优先解释顺序。

（1）专用合同条款的编号应与相应的通用合同条款的编号一致。

（2）合同当事人可以通过对专用合同条款的修改，满足具体建设工程的特殊要求，避免直接修改通用合同条款。

（3）除专用合同条款另有约定外，解释构成合同文件的优先顺序如下：

① 合同协议书；

② 中标通知书（如果有）；

③ 投标函及其附录（如果有）；

④ 专用合同条款及其附件；

⑤ 通用合同条款；

⑥ 技术标准和要求；

⑦ 图纸；

⑧ 已标价工程量清单或预算书；

⑨ 其他合同文件。

2. 本题考查的是工程预付款和工程进度款的计算。回答本题应熟练掌握工程预付款和起扣点的计算公式。工程预付款＝中标合同价×预付款比例＝（5800－580）×20%＝1044.00万元。起扣点＝合同总价－（预付备料款/主要材料所占比重）＝（5800－580）－1044/60%＝3480.00万元。由起扣点3480.00万元可知，大于该数值的月份方开始起扣。计算应付进度款、累计支付进度款考生不要忽略了扣除3%的工程质量保修金。

3. 本题考查的是物资合同管理的重点条款。物资合同管理的重点条款包括：标的、数量、包装、运输方式、价格、结算、违约责任和特殊条款。

物资采购合同的标的主要包括：购销物资的名称（注明牌号、商标）、品种、型号、规格、等级、花色、技术标准或质量要求等。

4. 本题考查的是劳动力计划的编制要求。劳动力使用不均衡，不仅会给劳动力调配带来困难，还会出现过多、过大的需求高峰，同时也增加了劳动力的管理成本，还会带来住宿、交通、饮食、工具等方面的问题。

5. 本题考查的是设计变更、签证与索赔。设计变更无论由哪方提出，均应由建设单位、设计单位、施工单位协商，经由设计部门确认后，发出相应图纸或说明，并办理签发手续后实施。三项索赔中，首先可以确定的是关键线路上的索赔工期10天是成立的，因其为业主（非承包方）原因造成的工期损失。由于业主或非施工单位的原因造成的停工、窝工，业主只负责停窝工人工费补偿标准，而不是当地造价部门颁布的工资标准；机械停窝工费用也只按照租赁费或摊销费计算，而不是机械台班费。

【参考答案】

1. 不妥之处1：专用条款与通用条款编号不一致。

不妥之处2：对通用条款进行修改。

构成合同文件的优先顺序如下：

合同协议书→中标通知书→投标函→专用合同条款→通用合同条款。

2.（1）预付款为：（5800－580）×20%＝1044.00万元。

起扣点为：（5800－580）－1044/60%＝3480.00万元。

（2）3月份应付进度款：750×（1－3%）＝727.50万元。

3月份累计应付进度款：（180＋500）×（1－3%）＋727.5＝1387.10万元。

4月份应付进度款：1000×（1－3%）＝970.00万元。

4月份累计应付进度款：1387.1＋970＝2357.10万元。

5月份完成产值1400万元，扣除质保金后1400×（1－3%）＝1358.00万元。

2357.1＋1358＝3715.10＞3480.00，故，应从5月起扣预付款。

则5月份应付进度款：1358－（3715.1－3480）×60%＝1216.94万元。

5月份累计应付进度款：2357.1＋1216.94＝3574.04万元。

3.（1）物资合同管理重点条款还有：数量、包装、运输方式、违约责任。

（2）标的内容还有：品种、型号、规格、等级。

4.（1）编制劳动力计划的要求还包括：准确计算工程量和施工期限（工期）。

（2）劳动力使用不均衡时，还会出现增加劳动力的管理成本、住宿、交通、饮食、工具等方面问题。

5.（1）设计变更的步骤：设计变更无论由哪方提出，均应由建设单位、设计单位、施工单位协商，经由设计部门确认后，发出相应图纸或说明，并办理签发手续后实施。

（2）索赔事项的判断及其理由：

① 按当地造价部门发布的工资标准计算停窝工人工费8.5万元索赔不成立。

理由：由于业主或非施工单位的原因造成的停工、窝工，业主只负责停窝工人工费补偿标准，而不是当地造价部门颁布的工资标准。

② 塔吊等机械停窝工台班费5.1万元不成立。

理由：由于业主或非施工单位的原因造成的停工、窝工，机械停窝工费用也只按照租赁费或摊销费计算，而不是机械台班费。

③ 索赔工期10d成立。

理由：业主（非施工单位）原因造成的停工，且为关键工作。

实务操作和案例分析题三［2016年真题］

【背景资料】

某新建住宅楼工程，建筑面积43200m^2，砖混结构，投资额25910万元。建设单位自行编制了招标工程量清单等招标文件，其中部分条款内容为：本工程实行施工总承包模式；承包范围为土建、水电安装、内外装修及室外道路和小区园林景观；施工质量标准为合格；工程款按每月完成工程量的80%支付，保修金为总价的5%，招标控制价为25000万元；工期自2013年7月1日起至2014年9月30日止，工期为15个月；园林景观由建设单位指定专业分包单位施工。

某施工总承包单位按市场价格计算为25200万元，为确保中标最终以23500万元作为投标价。经公开招投标，该总承包单位中标，双方签订了工程施工总承包合同A，并上报建设行政主管部门。建设单位因资金紧张，提出工程款支付比例修改为按每月完成工程量的70%支付，并提出今后在同等条件下该施工总承包单位可以优先中标的条件。施工总承包单位同意了建设单位这一要求，双方据此重新签订了施工总承包合同B，约定照此执行。

施工总承包单位组建了项目经理部，于2013年6月20日进场进行施工准备，进场7d内，建设单位组织设计、监理等单位共同完成了图纸会审工作，相关方提出并会签了相关意见，项目经理部进行了图纸交底工作。

2013年6月28日，施工总承包单位编制了项目管理实施规划，其中：项目成本目标为21620万元，项目现金流量见表5-3（单位：万元）。

项目现金流量表　　表5-3

名称 \ 工期（月）	1	2	3	4	5	6	7	8	9	10	……
月度完成工作量	450	1200	2600	2500	2400	2400	2500	2600	2700	2800	……
现金流入	315	840	1820	1750	1680	1680	1750	2210	2295	2380	……
现金流出	520	980	2200	2120	1500	1200	1400	1700	1500	2100	……
月净现金流量											……
累计净现金流量											……

截至2013年12月末，累计发生工程成本10395万元，处置废旧材料所得3.5万元，获

得贷款资金800万元，施工进度奖励146万元。

内装修施工前，项目经理部发现建设单位提供的工程量清单中未包括一层公共区域楼地面面层子目，铺贴面积1200m^2。因招标工程量清单中没有类似子目，于是项目经理部按照市场价格信息重新组价，综合单价1200元/m^2，经现场专业监理工程师审核后上报建设单位。

2014年9月30日工程通过竣工验收。建设单位按照相关规定，提交了工程竣工验收备案表、工程竣工验收报告、人防及消防单位出具的验收文件，并获得规划、环保等部门出具的认可文件，在当地建设行政主管部门完成了相关备案工作。

【问题】

1. 双方签订合同的行为是否违法？双方签订的哪份合同有效？施工单位遇到此类现象时，需要把握哪些关键点？

2. 工程图纸会审还应有哪些单位参加？项目经理部进行图纸交底工作的目的是什么？

3. 项目经理部制定项目成本计划的依据有哪些？施工至第几个月时项目累计现金流为正？该月的累计净现金流是多少万元？

4. 截至2013年12月末，本项目的合同完工进度是多少？建造合同收入是多少万元（保留小数点后两位）？资金供应需要考虑哪些条件？

5. 招标单位应对哪些招标工程量清单总体要求负责？除工程量清单漏项外，还有哪些情况允许调整招标工程量清单所列工程量？依据本合同原则计算一层公共区域楼地面面层的综合单价（单位：元/m^2）及总价（单位：万元，保留小数点后两位）分别是多少？

在本项目的竣工验收备案工作中，施工总承包单位还要向建设单位提交哪些文件？

【解题方略】

1. 本题考查的是施工合同管理。施工总承包合同A签订后，建设单位因资金紧张，提出工程款支付比例修改为按每月完成工程量的70%支付，并提出今后在同等条件下该施工总承包单位可以优先中标的条件。此做法违反了合同的实质性，属于违法行为。

施工单位遇到此类现象时，应明确与工程有关的质量、安全、造价、价款支付等实质性条款不能改变，并以招标书、投标文件为准。

2. 本题考查的是工程图纸会审与图纸交底。图纸会审由建设单位组织设计、监理、施工单位负责人及有关人员参加。

项目开工前，由建设单位组织设计、施工、监理单位进行设计交底，明确存在重大质量风险源的关键部位或工序，提出风险控制要求或工作建议，并对参建方的疑问进行解答、说明。

为保证工程质量的产出或形成过程能够达到预期的结果，在各项质量活动实施前，要根据质量管理计划进行行动方案的部署和交底；交底的目的在于使具体的作业者和管理者明确计划的意图和要求，掌握质量标准及其实现的程序与方法。在质量活动的实施过程中，则要求严格执行计划的行动方案，规范行为，把质量管理计划的各项规定和安排落实到具体的资源配置和作业技术活动中去。

3. 本题考查的是施工成本计划的编制依据及累计净现金流的计算。对于施工成本计划编制依据的考核，属于记忆性题型，并无难点。

根据下列公式求净现金流量：

$$净现金流量＝现金流入－现金流出$$

1月份的净现金流量＝315－520＝－205万元；累计净现金流量＝－205万元。

2月份的净现金流量＝840－980＝－140万元；累计净现金流量＝－205－140＝－345万元。

3月份的净现金流量＝1820－2200＝－380万元；累计净现金流量＝－345－380＝－725万元。

4月份的净现金流量＝1750－2120＝－370万元；累计净现金流量＝－725－370＝－1095万元。

5月份的净现金流量＝1680－1500＝180万元；累计净现金流量＝－1095＋180＝－915万元。

6月份的净现金流量＝1680－1200＝480万元；累计净现金流量＝－915＋480＝－435万元。

7月份的净现金流量＝1750－1400＝350万元；累计净现金流量＝－435＋350＝－85万元。

8月份的净现金流量＝2210－1700＝510万元；累计净现金流量＝－85＋510＝425万元。

9月份的净现金流量＝2295－1500＝795万元；累计净现金流量＝425＋795＝1220万元。

10月份的净现金流量＝2380－2100＝280万元；累计净现金流量＝1220＋280＝1500万元。

所以从8月份开始累计净现金流量为正，累计净现金流量值为425万元。

4. 本题考查的是合同收入的确定及资金供应条件。本题是一道综合性题型，需要考生结合建设工程经济和建设工程项目管理的相关内容进行解答。

建造（施工）合同完工进度可根据累计实际发生的合同成本占合同预计总成本的比例确定。即：

$$合同完工进度=\frac{累计实际发生的合同成本}{合同预计总成本\times 100\%}=10395/21620\times 100\%=48.08\%。$$

建造（施工）合同收入的确认分两种情况，一种是当期完成建造（施工）合同收入的确认，另一种是在资产负债表日建造（施工）合同收入的确认。

当期完成的建造（施工）合同收入应当按照实际合同总收入扣除以前会计期间累计已确认收入后的金额，确认为当期合同收入，即：

当期确认的合同收入＝实际合同总收入－以前会计期间累计已确认收入

当期不能完成的建造（施工）合同，在资产负债表日，应当按照合同总收入乘以完工进度扣除以前会计期间累计已确认收入后的金额，确认为当期合同收入。即：

当期确认的合同收入＝合同总收入×完工进度－以前会计期间累计已确认的收入

需要注意的是，公式中的完工进度是指累计完工进度。因此，建筑业企业在应用上述公式计算和确认当期合同收入时应区别以下四种情况进行处理：

（1）当年开工当年未完工的建造合同。在这种情况下，以前会计年度累计已确认的合同收入为零。

（2）以前年度开工本年未完工的建造合同。在这种情况下，企业可直接运用上述计算公式计量和确认当期合同收入。

（3）以前年度开工本年完工的建造合同。在这种情况下，当期计量确认的合同收入，等于合同总收入扣除以前会计年度累计已确认的合同收入后的余额。

（4）当年开工当年完工的建造合同。在这种情况下，当期计量和确认的合同收入，等于该项合同的总收入。

资金供应条件包括可能的资金总供应量、资金来源（自有资金和外来资金）以及资金供应的时间。在工程预算中应考虑加快工程进度所需要的资金，其中包括为实现进度目标将要采取的经济激励措施所需要的费用。

5. 本题考查的是工程量清单的编制、工程合同价款的调整、竣工验收备案提交的文件。招标工程量清单由具有编制能力的招标人或其委托具有相应资质的工程造价咨询人或招标代理人编制，其准确性和完整性由招标人负责。

引起工程合同价款的调整因素是多种多样的，考生应理解掌握。

承包人报价浮动率可按下列公式计算：

招标工程：

承包人报价浮动率＝（1－中标价／招标控制价）×100%

非招标工程：

承包人报价浮动率＝（1－报价值／施工图预算）×100%

房屋建筑工程竣工验收备案时应提交的文件有：工程竣工验收备案表；工程竣工验收报告；法律、行政法规规定应当由规划、环保等部门出具的认可文件或者准许使用文件；法律规定应当由公安消防部门出具的对大型人员密集场所和其他特殊建设工程验收合格的证明文件；由人防部门出具的验收文件；施工单位签署的工程质量保修书；法规、规章规定必须提供的其他文件。住宅工程还应提交《住宅质量保证书》和《住宅使用说明书》。

【参考答案】

1. 双方签订B合同的行为违法；双方签订的A合同有效。

施工单位遇到此类现象时，应把握关于工期、质量、造价的约定是否符合招标、中标文件的规定；还应把握对工程进度拨款和竣工结算程序是否与招标、中标文件相悖。

2.（1）参加工程图纸会审的单位还应有：勘察单位、总承包单位、专业分包单位。

（2）项目经理部进行图纸交底的目的为：通过理解设计文件意图，最终达到掌握设计文件对施工技术、施工质量、施工标准的要求。

3.（1）项目经理部制定项目成本计划的依据有：合同文件；项目管理实施规划；可行性研究报告和相关设计文件；市场价格信息；相关定额；类似项目的成本资料。

（2）施工至第8个月时项目累计现金流为正。

（3）该月的累计净现金流是425万元。

4.（1）截至2013年12月末，本项目的合同完工进度＝累计实际发生的合同成本／合同预计总成本×100%＝10395/21620×100%＝48.08%。

（2）合同收入＝合同完成进度×中标造价＝48.08%×23500＝11298.80万元。

建设合同收入＝合同收入＋施工进度奖励费用＝11298.80＋146＝11444.80万元。

（3）资金供应需要考虑的条件：可能的资金总供应量、资金来源（自有资金和外来资金）、资金供应的时间。

5.（1）招标单位应对招标工程量清单的准确性和完整性负责。

（2）除工程量清单漏项外，工程变更、工程量偏差、法律法规变化也会允许调整招标工程量清单所列工程量。

（3）承包人报价浮动率L＝（1－中标价／招标控制价）×100%＝（1－23500/25000）×100%＝6%。

所以，一层公共区域楼地面面层的综合单价＝1200×（1－L）＝1200×（1－6%）＝1128元/m^2。

一层公共区域楼地面面层的综合总价＝1200×1128÷10000＝135.36万元。

（4）在本项目竣工验收备案工作中，施工总承包单位还要向建设单位提交的文件有：

施工单位签署的工程质量保修书；法规、规章规定必须提供的其他文件。

住宅工程还应提交《住宅质量保证书》和《住宅使用说明书》。

实务操作和案例分析题四［2014年真题］

【背景资料】

某大型综合商场工程，建筑面积49500m²，地下1层，地上3层，现浇钢筋混凝土框架结构，建安投资为22000.00万元，采用工程量清单计价模式，报价执行《建设工程工程量清单计价规范》GB 50500—2013，工期自2013年8月1日至2014年3月31日，面向国内公开招标，有6家施工单位通过了资格预审进行投标。

从工程招投标至竣工决算的过程中，发生了下列事件：

事件1：市建委指定了专门的招标代理机构。在投标期限内，先后有A、B、C三家单位对招标文件提出了疑问，建设单位以一对一的形式书面进行了答复。经过评标委员会严格评审，最终确定E单位中标。双方签订了施工总承包合同（幕墙工程为专业分包）。

事件2：E单位的投标报价构成如下：分部分项工程费为16100.00万元，措施项目费为1800.00万元，安全文明施工费为322.00万元，其他项目费为1200.00万元，暂列金额为1000.00万元，管理费10%，利润5%，规费为1%，税金3.413%（所有取费基数均不含税）。

事件3：建设单位按照合同约定支付了工程预付款，但合同中未约定安全文明施工费预支付比例，双方协商按国家相关部门规定的最低预支付比例进行支付。

事件4：E施工单位对项目部安全管理工作进行检查，发现安全生产领导小组只有E单位项目经理、总工程师、专职安全管理人员。E施工单位要求项目部整改。

事件5：2014年3月30日工程竣工验收，5月1日双方完成竣工决算，双方书面签字确认于2014年5月20日前由建设单位支付未付工程款560万元（不含5%的保修金）给E施工单位。此后，E施工单位3次书面要求建设单位支付所欠款项，但是截至8月30日建设单位仍未支付560万元的工程款。随即E施工单位以行使工程款优先受偿权为由，向法院提起诉讼，要求建设单位支付欠款560万元，以及拖欠利息5.2万元、违约金10万元。

【问题】

1. 分别指出事件1中的不妥之处，并说明理由。

2. 列式计算事件2中E单位的中标造价是多少万元（保留两位小数）。根据工程项目不同建设阶段，建设工程造价可划分为哪几类？该中标造价属于其中的哪一类？

3. 事件3中，建设单位预支付的安全文明施工费最低是多少万元（保留两位小数）？并说明理由，安全文明施工费包括哪些费用？

4. 事件4中，项目安全生产领导小组还应有哪些人员（分单位列出）？

5. 事件5中，工程款优先受偿权自竣工之日起共计多少个月？E单位诉讼是否成立？其可以行使的工程款优先受偿权是多少万元？

【解题方略】

1. 本题考查的是建设工程招标投标的规定。招标人有权自行选择招标代理机构，委托其办理招标事宜。任何单位和个人不得以任何方式为招标人指定招标代理机构。所以背景资料中“市建委指定了专门的招标代理机构”是不妥当的。在投标期限内，投标者对招标文件提出的疑问，建设单位应以书面形式进行答复并通知到所有投标人。评标结束应该推荐中标候选人。评标委员会推荐的中标候选人应当限定在1～3人，并标明排列顺序。

2. 本题考查的是建设工程造价的构成与计算。建筑安装工程费按照费用形成由分部分项工程费、措施项目费、其他项目费、规费、税金组成。熟悉工程造价的构成是计算的基础。

3. 本题考查的是安全文明施工费的构成及预支付。

（1）构成：环境保护费、文明施工费、安全施工费、临时设施费。

（2）预支付：依据《建设工程工程量清单计价规范》GB 50500—2013，应预支付不低于当年施工进度计划的安全文明施工费总额的60%。依据《建筑工程安全防护、文明施工措施费用及使用管理规定》，建设单位与施工单位在施工合同中对安全防护、文明施工措施费用预付、支付计划未作约定或约定不明的，合同工期在一年以内的，建设单位预付安全防护、文明施工措施项目费用不得低于该费用总额的50%；合同工期在一年以上的（含一年），预付安全防护、文明施工措施费用不得低于该费用总额的30%，其余费用应当按照施工进度支付。本题中问的是最低，则考生应该进行综合考虑，且背景资料中已给出工期为1年内。

4. 本题考查的是项目安全生产领导小组的配备。项目承包单位、分包单位安全生产领导小组均应配备项目经理、技术负责人和专职安全生产管理人员。

5. 本题考查的是工程款优先受偿。2002年6月发布的《最高人民法院关于建设工程价款优先受偿权问题的批复》中规定：（1）人民法院在审理房地产纠纷案件和办理执行案件中，应当依照《合同法》第286条的规定，认定建筑工程的承包人的优先受偿权优于抵押权和其他债权。（2）消费者交付购买商品房的全部或者大部分款项后，承包人就该商品房享有的工程价款优先受偿权不得对抗买受人。（3）建筑工程价款包括承包人为建设工程应当支付的工作人员报酬、材料款等实际支出的费用，不包括承包人因发包人违约所造成的损失。（4）建设工程承包人行使优先权的期限为6个月，自建设工程竣工之日或者建设工程合同约定的竣工之日起计算。

【参考答案】

1. 事件1中的不妥之处及理由。

（1）不妥之处：市建委指定了专门的招标代理机构。

理由：任何单位和个人不得以任何方式为招标人指定招标代理机构。

（2）不妥之处：建设单位以一对一的形式书面答复了A、B、C三家单位对招标文件提出了疑问。

理由：建设单位的书面答复应通知到所有投标人。

（3）不妥之处：评标委员会确定E单位中标。

理由：评标委员会应该推荐中标候选人。

2. 事件2中E单位的中标造价＝（16100.00＋1800.00＋1200.00）×（1＋1%）×（1＋3.413%）＝19949.40万元。

根据工程项目不同的建设阶段，建设工程造价可以划分为：（1）投资估算；（2）概算造价；（3）预算造价；（4）合同价；（5）结算价；（6）决算价。

该中标造价属于合同价。

3. 事件3中，建设单位最低预支付的安全文明施工费＝322×50%＝161.00万元。

依据《建筑工程安全防护、文明施工措施费用及使用管理规定》，本工程工期在1年以内，最低预支付该项费用的50%。

安全文明施工费包括：环境保护费、文明施工费、安全施工费、临时设施费。

4. 事件4中，项目安全生产领导小组还应有：幕墙工程专业承包单位项目经理、技术负责人和专职安全生产管理人员；劳务分包单位项目经理、技术负责人和专职安全生产管理人员。

5. 事件5中，工程款优先受偿权自竣工之日起共计6个月。

E单位诉讼成立。

可以行使的优先受偿权为560万元。

实务操作和案例分析题五［2011年真题］

【背景资料】

某写字楼工程，建筑面积120000m²，地下2层，地上22层，钢筋混凝土框架—剪力墙结构，合同工期780d。某施工总承包单位按照建设单位提供的工程量清单及其他招标文件参加了该工程的投标，并以34263.29万元的报价中标。双方依据《建设工程施工合同（示范文本）》GF—2013—0201签订了工程施工总承包合同。

合同约定：本工程采用固定单价合同计价模式；当实际工程量增加或减少超过清单工程量的5%时，合同单价予以调整，调整系数为0.95或1.05；投标报价中的钢筋、土方的全费用综合单价分别为5800.00元/t、32.00元/m³。

合同履行过程中，发生了下列事件：

事件1：施工总承包单位任命李某为该工程的项目经理，并规定其有权决定授权范围内的项目资金投入和使用。

事件2：施工总承包单位项目部对合同造价进行了分析。各项费用为：直接费26168.22万元，管理费4710.28万元，利润1308.41万元，规费945.58万元，税金1130.80万元。

事件3：施工总承包单位项目部对清单工程量进行了复核。其中：钢筋实际工程量为9600.00t，钢筋清单工程量为10176.00t；土方实际工程量为30240.00m³，土方清单工程量为28000.00m³，施工总承包单位向建设单位提交了工程价款调整报告。

事件4：普通混凝土小型空心砌块墙体施工，项目部采用的施工工艺有：小砌块使用时充分浇水湿润；砌块底面朝上反砌于墙上；芯柱砌块砌筑完成后立即进行该芯柱混凝土浇灌工作；外墙转角处的临时间断处留直槎，砌成阴阳槎，并设拉结筋，监理工程师提出了整改要求。

事件5：建设单位在工程竣工验收后，向备案机关提交的工程竣工验收报告包括：工程报建日期、施工许可证号、施工图设计审查意见等内容和验收人员签署的竣工验收原始文件。备案机关要求补充。

【问题】

1. 根据《建设工程项目管理规范》GB/T 50326—2006，事件1中项目经理的权限还应有哪些？

2. 事件2中，按照“完全成本法”核算，施工总承包单位的成本是多少万元（保留两位小数）？项目部的成本管理应包括哪些方面内容？

3. 事件3中，施工总承包单位钢筋和土方工程价款是否可以调整？为什么？列表计算调整后的价款分别是多少万元？（保留两位小数）

4. 指出事件4中的不妥之处，分别说明正确做法。

5. 事件5中，建设单位还应补充哪些单位签署的质量合格文件？

【解题方略】

1. 本题考查的是项目经理的权限。本题是一道综合题型，主要考察考生的综合运用能力，本题的解答，需要考生运用“建设工程项目管理”的相关知识进行解答。对于项目经理管理权限的掌握，需要考生特别注意“参与”一词，解答时若无该词，则意义将被改为“全权负责”，是错误的。

该处需要注意的是《建设工程项目管理规范》GB/T 50326—2006已被《建设工程项目管理规范》GB/T 50326—2017所代替，考生应注意该处答案以新规范作为参考。

2. 本题考查的是施工成本的计算与成本管理工作。直接成本是指施工过程中耗费的构成工程实体的各项费用，这些费用可以直接计入成本核算之中，由人工费、材料费、机械费和措施费构成；间接成本是指非构成工程实体的各项费用，包括企业管理费和规费。直接成本与间接成本之和构成工程项目的全费用成本。

完全成本法是把企业生产经营发生的一切费用全部吸收到产品成本之中。

施工总承包单位的成本＝直接费＋管理费＋规费＝26168.22＋4710.28＋945.58＝31824.08万元。

项目经理部的成本管理包括：成本计划；成本控制；成本核算；成本分析；成本考核。

3. 本题考查的是合同价款调整。合同条款约定“当实际工程量增加或减少超过清单工程量的5%时，合同单价予以调整”，经计算钢筋和土方工程价款均可以调整。

调整后价款计算如下：

钢筋工程：9600×5800×（1＋5%）÷10000＝5846.40万元。

土方工程：［30240－28000×（1＋5%）］×32×0.95＋28000×（1＋5%）×32＝966336元＝96.63万元。

4. 本题考查的是砌体结构施工技术。普通混凝土小型空心砌块砌体，不需对小砌块浇水湿润；遇到干燥炎热天气时，应在砌筑前喷水湿润。所以“普通混凝土小型空心砌块使用时充分浇水湿润”不妥。

墙体转角处和纵横墙交接处应同时砌筑。临时间断处应砌成斜槎，斜槎水平投影长度不应小于斜槎高度。所以“外墙转角处的临时间断处留直槎”不妥。

芯柱砌块砌筑完成后不应立即进行混凝土浇灌工作，而应清除杂物，并待砌筑砂浆达到要求强度后才可进行。

5. 本题考查的是房屋建筑工程竣工验收备案时应提交的文件。类似补充题的考查，关键在于对知识点的熟悉掌握，同时注意与背景资料结合，避免内容重复。

【参考答案】

1. 项目管理机构负责人应具有下列权限：

（1）参与项目招标、投标和合同签订；

（2）参与组建项目管理机构；

（3）参与组织对项目各阶段的重大决策；

（4）主持项目管理机构工作；

（5）决定授权范围内的项目资源使用；

（6）在组织制度的框架下制定项目管理机构管理制度；

（7）参与选择并直接管理具有相应资质的分包人；

（8）参与选择大宗资源的供应单位；

（9）在授权范围内与项目相关方进行直接沟通；

（10）法定代表人和组织授予的其他权利。

2. 事件2中，按照“完全成本法”核算，施工总承包单位的成本＝26168.22＋4710.28＋945.58＝31824.08万元。

项目经理部的成本管理应包括成本计划、成本控制、成本核算、成本分析和成本考核。

3. 事件3中，施工总承包单位钢筋工程价款可以调整。

理由：（10176.00－9600.00）/10176.00＝5.66%＞5%，符合合同约定的调价条款。

施工总承包单位土方工程价款可以调整。理由：（30240.00－28000.00）/28000.00＝8%＞5%，符合合同约定的调价条款。

列表计算调整后的价款，见表5-4。

调整后的工程价款 **表5-4**

项目	钢筋工程	土方工程
清单工程量	10176.00t	28000.00m^3
实际工程量	9600.00t	30240.00m^3
不调价工程量	0	28000.00×（1+5%）=29400.00m^3
调价工程量	9600.00t	30240.00－29400.00=840.00m^3
工程价款	9600.00×5800.00×1.05÷10000=5846.40万元	29400.00×32.00+840.00×32.00×0.95=966336元=96.63万元

4. 事件4中的不妥之处及正确做法如下：

（1）不妥之处：小砌块使用时充分浇水湿润。

正确做法：普通混凝土小型空心砌块施工前一般不宜浇水。

（2）不妥之处：芯柱砌块砌筑完成后立即进行该芯柱混凝土浇灌工作。

正确做法：清除孔洞内的砂浆等杂物，并用水清洗；待砌筑砂浆大于1MPa时方可砌筑混凝土；在浇筑混凝土前，注入适量水泥砂浆。

（3）不妥之处：外墙转角处的临时间断处留直槎，砌成阴阳槎，并设拉结筋。

正确做法：小砌块砌体的临时间断处应砌成斜槎，斜槎水平投影长度不应小于斜槎高度。

5. 事件5中，建设单位还应补充的质量合格文件包括：勘察、设计、施工、工程监理等单位分别签署的质量合格文件；规划、环保等部门出具的认可文件或准许使用文件；公安消防部门出具的验收合格的证明文件；施工单位签署的质量保修书。

典型习题

实务操作和案例分析题一

【背景资料】

建设单位投资兴建写字楼工程，地下1层，地上5层，建筑面积为6000 m^2，总投资额4200.00万元。建设单位编制的招标文件部分内容有：质量标准为合格；工期自2018年5

月1日起至2019年9月30日止；采用工程量清单计价模式；项目开工日前7天内支付工程预付款，工程款预付比例为10%。

经公开招投标，在7家项目施工单位里选定A施工单位中标，B施工单位因为在填报工程量清单价格（投标文件组成部分）时，所填报的工程量与建设单位提供的工程量不一致以及其他原因导致未中标。A施工单位经合约、法务等部门认真审核相关条款，并上报相关领导同意后，与建设单位签订了工程施工总承包合同，签约合同价部分明细有：分部分项工程费为2118.50万元，脚手架费用为49.00万元，措施项目费92.16万元，其他项目费110.00万元，总包管理费30.00万元，暂列金额80.00万元，规费及税金266.88万元。

建设单位于2018年4月26日支付了工程预付款，A施工单位收到工程预付款后，用部分工程预付款购买了用于本工程所需的塔吊、轿车、模板，支付其他工程拖欠劳务费、其他工程的材料欠款。

在地下室施工过程中，突遇百年不遇特大暴雨。A施工单位在雨后立即组织工程抢险抢修，抽排基坑内雨水、污水，发生费用8.00万元；检修受损水电线路，发生费用1.00万元；抢修工程项目红线外受损的施工便道，以保证工程各类物资、机械进场的需要，发生费用7.00万元。A施工单位及时将上述抢险抢修费用以签证方式上报建设单位。建设单位审核后的意见是：上述抢险抢修工作内容均属于A施工单位已经计取的措施费范围，不同意另行支付上述三项费用。

【问题】

1. B施工单位在填报工程量清单价格时，除工程量外还有哪些内容必须与建设单位提供的内容一致？

2. 除合约、法务部门外，A施工单位审核合同条款时还需要哪些部门参加？

3. A施工单位的签约合同价、工程预付款分别是多少万元（保留小数点后两位）？指出A施工单位使用工程预付款的不妥之处，工程预付款的正确使用用途还有哪些？

4. 分别说明建设单位对A施工单位上报的三项签证费用的审核意见是否正确，并说明理由。

【参考答案】

1. 除工程量外，必须与建设单位提供的内容一致的还有：工程量清单的项目编码、项目名称、项目特征、计量单位。

2. 除合约、法务部门外，还需要：工程、技术、质量、资金、财务、劳务、物资部门参加。

3.（1）签约合同价＝分部分项工程费＋措施项目费＋其他项目费＋规费＋税金

＝2118.50＋92.16＋110.00＋266.88＝2587.54万元。

（2）预付款＝（合同造价－暂列金额）×预付款比例

＝（2587.54－80.00）×10%＝250.75万元。

（3）不妥之处：用部分工程预付款购买了轿车、支付其他工程拖欠劳务费、其他工程的材料欠款。

正确做法：预付款不得用于与本合同工程无关的事项，具有专款专用的性质。

（4）工程预付款的正确使用用途：用于承包人为合同所约定的工程施工购置材料、工程设备、购置或租赁施工设备、修建临时设施以及组织施工队伍进场等所用的费用。

4.（1）抽排基坑内雨水、污水，发生费用8.00万元，审核意见不正确。

理由：施工排水属于措施费中的临时设施费，百年不遇特大暴雨属于不可抗力，因此该费用并没有包含在措施费中。

（2）检修受损水电线路，发生费用1.00万元，审核意见正确。

理由：百年不遇特大暴雨属于不可抗力，不可抗力导致的水电工程检修费由施工单位自行承担。

（3）抢修工程项目红线外受损的施工便道，以保证工程各类物资进场的需要，发生的费用7.00万元，审核意见不正确。

理由：项目红线外受损的修补费用应该由建设单位负责。

实务操作和案例分析题二

【背景资料】

沿海地区某群体住宅工程，包含整体地下室、8栋住宅楼、1栋物业配套楼以及小区公共区域园林绿化等，业态丰富、体量较大，工期暂定3.5年。招标文件约定：采用工程量清单计价模式，要求投标单位充分考虑风险，特别是通用措施费用项目均应以有竞争力的报价投标，最终按固定总价签订施工合同。

招标过程中，投标单位针对招标文件不妥之处向建设单位申请答疑，建设单位修订招标文件后履行完招标流程，最终确定施工单位A中标，并参照《建设工程施工合同（示范文本）》GF—2017—0201与A单位签订施工承包合同。

施工合同中允许总承包单位自行合法分包，A单位将物业配套楼整体分包给B单位，公共区域园林绿化分包给C单位（该单位未在施工现场设立项目管理机构，委托劳务队伍进行施工），自行施工的8栋住宅楼的主体结构工程劳务（含钢筋、混凝土主材与模架等周转材料）分包给D单位，上述单位均具备相应施工资质。地方建设行政主管部门在例行检查时提出不符合《建筑工程施工转包违法分包等违法行为认定查处管理办法》（建市〔2014〕118号）相关规定要求整改。

在施工过程中，当地遭遇罕见强台风，导致项目发生如下情况：① 整体中断施工24天；② 施工人员大量窝工，发生窝工费用88.4万元；③ 工程清理及修复发生费用30.7万元；④ 为提高后续抗台风能力，部分设计进行变更，经估算涉及费用22.5万元，该变更不影响总工期。A单位针对上述情况均按合规程序向建设单位提出索赔，建设单位认为上述事项全部由罕见强台风导致，非建设单位过错，应属于总价合同模式下施工单位应承担的风险，均不予同意。

【问题】

1. 指出本工程招标文件中不妥之处，并写出相应正确做法。

2. 根据工程量清单计价原则，通用措施费用项目有哪些（至少列出6项）?

3. 根据《建筑工程施工转包违法分包等违法行为认定查处管理办法》（建市〔2014〕118号），上述分包行为中哪些属于违法行为？并说明相应理由。

4. 针对A单位提出的四项索赔，分别判断是否成立。

【参考答案】

1. 本工程招标文件中不妥之处和相应正确做法分别如下：

不妥之一：通用措施费用项目均应以有竞争力的报价投标；

正确做法：通用措施费用项目中的安全文明施工费不得作为竞争性费用。

不妥之二：最终按固定总价签订施工合同；

正确做法：实行工程量清单计价的工程，应采用单价合同。

2. 通用措施费用项目通常有：安全/文明施工费，夜间施工费，二次搬（转）运费，冬/雨期施工费，大型机械设备进出场/安拆费，施工排水费，施工降水费，地上、地下设施/建筑物临时保护（成品保护）设施费，已完工程/设备保护费。

3. 上述分包行为中的违法行为和相应理由分别如下：

违法行为一：A单位将物业配套楼整体分包给B单位；

理由：主体结构施工不能进行分包。

违法行为二：C单位未在施工现场设立项目管理机构；

理由：专业承包单位未在施工现场设立项目管理机构，未进行组织管理的属转包行为（或应在施工现场设立项目管理机构/不能以包代管）。

违法行为三：自行施工部分的主体结构工程劳务（含钢筋、混凝土主材与模架等周转材料）分包给D单位；

理由：施工总承包单位将建筑材料、构配件及工程设备的采购由其他单位或个人实施的行为属转包行为（或劳务可分包、主材不可分包）。

4.（1）24天工期索赔：成立；

（2）88.4万元费用索赔：不成立；

（3）30.7万元费用索赔：成立；

（4）22.5万元费用索赔：成立。

实务操作和案例分析题三

【背景资料】

某商业用房工程，建筑面积15000m^2，地下1层，地上4层，施工单位与建设单位签订了工程施工合同。合同约定：工程工期自2012年2月1日至2012年12月31日；工程承包范围为图纸所示的全部土建、安装工程。合同造价中含安全防护费、文明施工费120万元。

合同履行过程中，发生了如下事件：

事件1：2012年5月12日，工程所在地区发生了7.5级强烈地震，造成施工现场部分围墙倒塌，损失6万元；地下1层填充墙部分损毁，损失10万元；停工及修复共30d。施工单位就上述损失及工期延误向建设单位提出了索赔。

事件2：用于基础底板的钢筋进场时，钢材供应商提供了出厂检验报告和合格证，施工单位只进行了钢筋规格、外观检查等现场质量验证工作后，即准备用于工程。监理工程师下达了停工令。

事件3：截至2012年8月15日，建设单位累计预付安全防护费、文明施工费共计50万元。

事件4：工程竣工结算造价为5670万元，其中工程款为5510万元，利息为70万元，建设单位违约金90万元。工程竣工5个月后，建设单位仍没有按合同约定支付剩余款项，欠款总额为1670万元（含上述利息和建设单位违约金），随后施工单位依法行使了工程款优先受偿权。

事件5：工程竣工后，项目经理按“制造成本法”核算了项目施工总成本，其构成如下：直接工程费为4309.20万元，措施费为440.80万元，规费为11.02万元，企业管理费为332.17万元（其中施工单位总部企业管理费为220.40万元）。

【问题】

1. 事件1中，施工单位的索赔是否成立？分别说明理由。

2. 事件2中，施工单位对进场的钢筋还应做哪些现场质量验证工作？

3. 事件3中，建设单位预付的安全防护费、文明施工费的金额是否合理？说明理由。

4. 事件4中，施工单位行使工程款优先受偿权可获得多少工程款？行使工程款优先受偿权的起止时间是如何规定的？

5. 按“制造成本法”列式计算施工直接成本、间接成本和项目施工总成本。

【参考答案】

1. 事件1中，施工单位的索赔是否成立的判断及理由如下：

（1）围墙倒塌损失6万元的索赔不成立。

理由：现场围墙属于临时设施，不构成工程本身。

（2）地下1层填充墙部分损毁损失10万元的索赔成立。

理由：不可抗力发生后，工程本身的损失由建设单位承担。

（3）停工及修复30d的索赔成立。

理由：不可抗力发生后，工期顺延。

2. 事件2中，施工单位对进场的钢筋还应做的质量验证工作有：必须是由国家批准的生产厂家生产的，具有资质证明；验证品种、数量、检验状态和使用部位；按每一批量不超过60t进行取样送检，检测物理机械性能（有时还需做化学性能分析），包括屈服强度、抗拉强度、伸长率和冷弯。

3. 事件3中，建设单位预付的安全防护费、文明施工费的金额不合理。

理由：当合同有规定时，按合同规定比例预付；当合同无规定时，应按已完工程进度款比例或已完工程时间进度比例随当期进度款一起支付。本工程已完工程时间进度为6.5个月，占合同时间比例为59.1%，至少安全防护费、文明施工费累计支付＝120×59.1%＝70.92万元。

4.（1）事件4中，施工单位行使工程款优先受偿权可获得工程款＝1670－70－90＝1510万元。

（2）建设工程承包人行使优先权的期限为6个月，自建设工程竣工之日或工程合同约定的竣工之日起计算。

5.（1）施工直接成本＝直接工程费＋措施费＝4309.20＋440.80＝4750.00万元。

（2）施工间接成本＝规费＋现场管理费＝11.02＋332.17－220.40＝122.79万元。

（3）项目施工总成本＝直接成本＋间接成本＝4750.00＋122.79＝4872.79万元。

实务操作和案例分析题四

【背景资料】

某公司中标一栋24层住宅楼，甲乙双方根据《建设工程施工合同（示范文本）》GF—2017—0201签订施工承包合同。项目实施过程中发生如下事件：

事件1：公司委派另一处于后期收尾阶段项目的项目经理兼任该项目的项目经理。由于项目经理较忙，责成项目总工程师组织编制该项目的项目管理实施规划。项目总工程师认为该项目施工组织设计编制详细、完善，满足指导现场施工的要求，可以直接用施工组织设计代替项目管理实施规划，不需要再单独编制。

事件2：开工后不久，由于建设单位需求调整，造成工程设计重大修改，施工单位及时对原施工组织设计进行修改和补充，并重新报审后按此组织施工。

事件3：施工过程中，总监理工程师要求对已隐蔽的某部位重新剥离检查，施工单位认为已通过隐蔽验收，不同意再次检查。经建设单位协调后剥离检查，发现施工质量存在问题。施工单位予以修复，并向建设单位提出因此次剥离检查及修复所导致的工期索赔和费用索赔。

事件4：本工程合同价款为3540万元，施工承包合同中约定可针对人工费、材料费价格变化对竣工结算价进行调整。可调整各部分费用占总价款的百分比，基准期、竣工当期价格指数见表5-5。

价格指数表 表5-5

可调整项目	人工	材料一	材料二	材料三	材料四
费用比重（%）	20	12	8	21	14
基期价格指数	100	120	115	108	115
当期价格指数	105	127	105	120	129

【问题】

1. 指出事件1中不妥之处，并分别说明理由。

2. 除事件2中设计重大修改外，还有哪些情况也会引起施工组织设计需要修改或补充（至少列出三项）？

3. 事件3中，施工单位不同意剥离检查是否合理？为什么？分别判断施工单位提出的工期索赔和费用索赔是否成立？并分别说明理由。

4. 列式计算人工费、材料费调整后的竣工结算价款是多少万元（保留两位小数）？

【参考答案】

1. 事件1中的不妥之处及理由。

（1）不妥之处：公司委派另一处于后期收尾阶段项目的项目经理兼任该项目的项目经理。

理由：项目经理不应同时承担两个或两个以上未完项目领导岗位的工作。

（2）不妥之处：责成项目总工程师组织编制该项目的项目管理实施规划。

理由：项目管理实施规划应由项目经理组织编制。

（3）不妥之处：直接用施工组织设计代替项目管理实施规划，不需要再单独编制。

理由：本项目24层为中型项目，大中型项目应单独编制项目管理实施规划。

2. 除事件2中设计重大修改外，会引起施工组织设计修改或补充的情况还有：

（1）有关法律、法规、规范和标准实施、修订和废止；

（2）主要施工方法有重大调整；

（3）主要施工资源配置有重大调整；

（4）施工环境有重大改变。

3. 事件3中，施工单位不同意剥离检查不合理。

理由：覆盖工程隐蔽部位后，监理人对质量有疑问的，可要求承包人对已覆盖的部位进行钻孔探测或揭开重新检验，承包人应遵照执行。

施工单位提出的工期索赔和费用索赔都不成立。

理由：经检验证明工程质量符合合同要求的，由建设单位承担由此增加的费用和（或）工期延误，并支付施工单位合理利润；经检验证明工程质量不符合合同要求的，由此增加的费用和（或）工期延误由施工单位承担。

4.

人工费、材料费调整后的竣工结算价款＝3540×（0.25＋0.20×105/100＋0.12×127/120＋0.08×105/115＋0.21×120/108＋0.14×129/115）＝3718.49万元。

实务操作和案例分析题五

【背景资料】

某建设单位投资新建办公楼，建筑面积7500m^2，钢筋混凝土框架结构，地上8层。招标文件规定：本工程实行设计、采购、施工的总承包交钥匙方式，土建、水电、通风空调、内外装饰、消防、园林景观等工程全部由中标单位负责组织施工。经公开招标投标，A施工总承包单位中标。双方签订的工程总承包合同中约定：合同工期为10个月，质量目标为合格。

在合同履行过程中，发生了下列事件：

事件1：A施工总承包单位中标后，按照“设计、采购、施工”的总承包方式开展相关工作。

事件2：A施工总承包单位在项目管理过程中，与F劳务公司进行了主体结构劳务分包洽谈，约定将模板和脚手架费用计入承包总价，并签订了劳务分包合同。经建设单位同意，A施工总承包单位将玻璃幕墙工程分包给B专业分包单位施工。A施工总承包单位自行将通风空调工程分包给C专业分包单位施工。C专业分包单位按照分包工程合同总价收取8%的管理费后分包给D专业分包单位。

事件3：A施工总承包单位对工程中标造价进行分析，费用情况如下：分部分项工程费4800万元，措施项目费576万元，暂列金额222万元，风险费260万元，规费64万元，税金218万元。

事件4：A施工总承包单位按照风险管理要求，重点对某风险点的施工方案、工程机械等方面制定了专项策划，明确了分工、责任人及应对措施等管控流程。

【问题】

1. 事件1中，A施工总承包单位应对工程的哪些管理目标全面负责？除交钥匙方式外，工程总承包方式还有哪些？

2. 事件2中，哪些分包行为属于违法分包，并分别说明理由。

3. 事件3中，A施工总承包单位的中标造价是多少万元？措施项目费通常包括哪些费用？

4. 事件4中，A施工总承包单位进行的风险管理属于施工风险的哪个类型？施工风险管理过程包括哪些方面？

【参考答案】

1. 事件1中，A施工单位采用“设计、采购、施工”总承包方式，该方式是指工程总承包企业按照合同约定，承担工程项目的设计、采购、施工、试运行服务等工作，并对承包工程的质量、安全、工期、造价全面负责。

工程总承包方式除了交钥匙方式外，还有设计—施工总承包（D–B）、设计—采购总承包（E–P）、采购—施工总承包（P–C）等方式。

2. 事件2中的违法分包行为：

违法分包行为一：A施工总承包单位将模板和脚手架分包给劳务单位。

理由：总承包单位只能将劳务作业分包给劳务单位（即不得将模板、脚手架等周转材料分包给劳务单位）。

违法分包行为二：A施工总承包单位自行将通风空调工程分包给C专业分包单位施工。

理由：施工合同中没有约定，又未经建设单位认可，施工单位将其承包的部分工程交由其他单位施工属于违法分包。

违法分包行为三：C专业分包单位按照分包工程合同总价收取8%的管理费后分包给D专业分包单位。

理由：专业分包单位将其承包的专业工程中非劳务作业部分再分包的属于违法分包。

3. 中标造价＝分部分项工程费＋措施项目费＋暂列金额＋风险费＋规费＋税金＝4800＋576＋222＋260＋64＋218＝6140万元。

措施项目费通常包括：安全文明施工费（含环境保护费、文明施工费、安全施工费、临时设施费）、夜间施工增加费、二次搬运费、冬雨季施工增加费、已完工程及设备保护费、工程定位复测费、特殊地区施工增加费、大型机械设备进出场及安拆费、脚手架工程费、模板费用。

4. 事件4中，A施工总承包单位进行的风险管理属于施工风险中的技术风险。

施工风险管理过程应包括项目实施全过程的风险识别、风险评估、风险应对和风险监控。

实务操作和案例分析题六

【背景资料】

某施工单位在中标某高档办公楼工程后，与建设单位按照《建设工程施工合同（示范文本）》GF—2017—0201签订了施工总承包合同。合同中约定总承包单位将装饰装修、幕墙等分部分项工程进行专业分包。

施工过程中，监理单位下发针对专业分包工程范围内墙面装饰装修做法的设计变更指令。在变更指令下发后的第10天，专业分包单位向监理工程师提出该项变更的估价申请。监理工程师审核时发现计算有误，要求施工单位修改。于变更指令下发后的第17天，监理工程师再次收到变更估价申请，经审核无误后提交建设单位，但一直未收到建设单位的审批意见。次月底，施工单位在上报已完工程进度款支付时，包含了经监理工程师审核、已完成的该项变更所对应的费用，建设单位以未审批同意为由予以扣除，并提出变更设计增加款项只能在竣工结算前最后一期的进度款中支付。

该工程完工后，建设单位指令施工单位组织相关人员进行竣工预验收，并要求总监理工程师在预验收通过后立即组织参建各方相关人员进行竣工验收。建设行政主管部门提出验收组织安排有误，责令建设单位予以更正。

在总承包施工合同中约定“当工程量偏差超出5%时，该项增加部分或剩余部分的综合单价按5%进行浮动”。施工单位编制竣工结算时发现工程量清单中两个清单项的工程数量增减幅度超出5%，其相应工程数量、单价等数据详见表5–6：

表5-6

清单项	清单工程量	实际工程量	清单综合单价	浮动系数
清单项A	$5080m^3$	$5594m^3$	452元/m^3	5%
清单项B	$8918m^2$	$8205m^2$	140元/m^2	5%

竣工验收通过后，总承包单位、专业分包单位分别将各自施工范围的工程资料移交到监理机构，监理机构整理后将施工资料与工程监理资料一并向当地城建档案管理部门移交，被城建档案管理部门以资料移交程序错误为由予以拒绝。

【问题】

1. 在墙面装饰装修做法的设计变更估价申请报送及进度款支付过程中都存在哪些错误之处？并分别写出正确做法。

2. 针对建设行政主管部门责令改正的验收组织错误，本工程的竣工预验收应由谁来组织？施工单位哪些人必须参加？本工程的竣工验收应由谁进行组织？

3. 分别计算清单项A、清单项B的结算总价（单位：元）。

4. 分别指出总承包单位、专业分包单位、监理单位的工程资料正确的移交程序。

【参考答案】

1.（1）错误之处1：专业分包单位直接向监理工程师提出申请。

正确做法：专业分包单应向总包单位提出，由总包单位向监理工程师提出申请。

（2）错误之处2：建设单位以未审批为理由予以扣除该项变更的费用。

正确做法：发包人在承包人提交变更估价申请后14天内予以审批，逾期未审批的视为认可承包人提交的变更估价申请。建设单位应该认同该项变更费用，不应扣除。

（3）错误之处3：变更设计增加款项只能在竣工结算前最后一期的进度款中支付。

正确做法：因变更引起的价格调整应计入最近一期的进度款中支付。

2. 本工程的竣工预验收应由总监理工程师组织；施工单位必须参加的人员：施工总包单位的项目负责人和项目技术负责人，以及分包单位的项目负责人和项目技术负责人。本工程的竣工验收应由建设单位项目负责人组织。

3.（1）（5594－5080）÷5080＝10%＞5%

清单A结算的清单费用：

5080×（1＋5%）×452＋[5594－5080×（1＋5%）]×452×（1－5%）＝2522612元。

（2）（8918-8205）÷8918＝8%＞5%

清单B结算的清单费用：8205×140×（1＋5%）＝1206135元。

4. 总包单位、专业分包单位、监理单位的工程资料的正确移交程序如下：

（1）专业分包单位工程资料移交到总包单位。

（2）总承包单位将工程资料（含专业分包单位的资料）移交到建设单位。

（3）监理机构整理后的工程监理资料移交给建设单位，建设单位再移交给当地城建档案管理部门。

实务操作和案例分析题七

【背景资料】

某建设单位投资兴建一大型商场，地下2层，地上9层，钢筋混凝土框架结构，建筑面积为71500m²，经过公开招标，某施工单位中标，中标造价25025.00万元。双方按照《建设工程施工合同（示范文本）》GF—2017—0201签订了施工总承包合同。合同中约定工程预付款比例为10%，并从未完施工工程尚需的主要材料款相当于工程预付款时起扣，主要材料所占比重按60%计。

在合同履行过程中，发生了下列事件：

事件1：施工总承包单位为加快施工进度，土方采用机械一次开挖至设计标高；租赁了30辆特种渣土运输汽车外运土方，在城市道路路面遗撒了大量渣土；用于垫层的2∶8灰土提前2d搅拌好备用。

事件2：中标造价费用组成为：人工费3000万元，材料费17505万元，机械费995万元，管理费450万元，措施费用760万元，利润940万元，规费525万元，税金850万元。施工总承包单位据此进行了项目施工成本核算等工作。

事件3：在基坑施工过程中，发现古化石，造成停工2个月。施工总承包单位提出了索赔报告，索赔工期2个月，索赔费用34.55万元。索赔费用经项目监理机构核实：人工窝工费18万元，机械租赁费用3万元，管理费2万元，保函手续费0.1万元，资金利息0.3万元，利润0.69万元，专业分包停工损失费9万元，规费0.47万元，税金0.99万元。经审查，建设单位同意延长工期2个月；除同意支付人员窝工费、机械租赁费外，不同意支付其他索赔费用。

【问题】

1. 分别列式计算本工程项目预付款和预付款的起扣点是多少万元（保留两位小数）？

2. 分别指出事件1中施工单位做法的错误之处，并说明正确做法。

3. 事件2中，除了施工成本核算、施工成本预测属于成本管理任务外，成本管理任务还包括哪些工作？分别列式计算本工程项目的直接成本和间接成本各是多少万元？

4. 列式计算事件3中建设单位应该支付的索赔费用是多少万元（保留两位小数）。

【参考答案】

1. 本工程项目预付款＝25025.00×10%＝2502.50万元

预付款的起扣点＝25025.00－2502.50/60%＝20854.17万元

2. 事件1中施工单位做法的错误之处与正确做法。

（1）土方采用机械一次开挖至设计标高错误。

正确做法：机械挖土时，如深度在5m以内，能够保证基坑安全的前提条件下，可一次开挖，在接近设计坑底高程或边坡边界时应预留20～30cm厚的土层，用人工开挖和修坡，边挖边修坡，保证高程符合设计要求。

（2）在城市道路路面遗撒了大量渣土错误。

正确做法：运送渣土的汽车应有遮盖措施，防止沿途遗撒。

（3）用于垫层的2∶8灰土提前2d搅拌好备用错误。

正确做法：2∶8灰土应随拌随用。

3. 事件2中，除了施工成本核算、施工成本预测属于成本管理任务外，成本管理任务还包括施工成本计划、施工成本控制、施工成本分析、施工成本考核。

直接成本：3000＋17505＋995＋760＝22260.00万元

间接成本：450＋525＝975.00万元

4. 建设单位应该支付的索赔费用＝人工窝工费＋机械租赁费用＋管理费＋保函手续费＋资金利息，专业分包停工损失费＝18＋3＋2＋0.1＋0.3＋9＝32.40万元。

实务操作和案例分析题八

【背景资料】

某建设单位投资兴建住宅楼，建筑面积14000m^2，钢筋混凝土框架结构，地下1层，地上7层，土方开挖范围内有局部滞水层。经公开招投标，某施工总承包单位中标，双方根据《建设工程施工合同（示范文本）》GF—2017—0201签订施工承包合同。合同工期为10个月，质量目标为合格。

在合同履行过程中，发生了下列事件：

事件1：施工单位对中标的工程造价进行了分析，费用构成情况是：人工费390万元，材料费2100万元，机械费210万元，管理费150万元，措施项目费160万元，安全文明施工费45万元，暂列金额55万元，利润120万元，规费90万元，增值税率为9%（所有取费基数均不含税）。

事件2：施工单位进场后，及时按照安全管理要求在施工现场设置了相应的安全警示牌。

事件3：由于工程地质条件复杂，距基坑边5m处为居民住宅区，因此施工单位在土方开挖过程中，安排专人随时观测周围的环境变化。

事件4：施工单位按照成本管理工作要求，有条不紊的开展成本计划、成本控制、成本核算等一系列管理工作。

【问题】

1. 事件1中，除税金外还有哪些费用在投标时不得作为竞争性费用？并计算施工单位的工程的直接成本、间接成本、中标造价各是多少万元（保留两位小数）？

2. 事件2中，施工现场安全警示牌的设置应遵循哪些原则？

3. 事件3中，施工单位在土方开挖过程中还应注意检查哪些情况？

4. 事件4中，施工单位还应进行哪些成本管理工作？成本核算应坚持的“三同步”原则是什么？

【参考答案】

1. 事件1中，除税金外还有规费、安全文明施工费、暂列金额在投标时不得作为竞争性费用。

直接成本＝人工费＋材料费＋机械费＋措施项目费＝390＋2100＋210＋160＝2860.00万元。

间接成本＝企业管理费＋规费＝150＋90＝240.00万元。

中标造价＝（390＋2100＋210＋150＋160＋55＋90＋120）×（1＋9%）＝3569.75万元。

2. 施工现场安全警示牌的设置应遵循“标准、安全、醒目、便利、协调、合理”的原则。

3. 事件3中，施工单位在土方开挖过程中还应注意检查：平面位置、高程、边坡坡度、基坑变形、排水和降低地下水位情况。

4. 事件4中，施工单位还应进行的成本管理工作包括：成本分析、成本考核。

成本核算应坚持形象进度、产值统计、成本归集的三同步原则。

实务操作和案例分析题九

【背景资料】

某办公楼工程，项目业主与施工单位于2018年12月按《建设工程施工合同（示范文本）》GF—2017—0201签订了施工合同，合同工期为11个月，2019年1月1日开工。合同约定的部分工作的工程量清单见表5-7，工程进度款按月结算，并按项目所在地工程造价指数进行调整（此外没有其他调价条款）。

工程量清单（部分）表　　表5-7

序号	工作名称	估算工程量（m^3）	全费用综合单价（元/m^3）
1	A	800	500
2	B	1200	1200
3	C	1800	1000
4	D	600	1100
5	E	800	1200

施工单位编制的施工进度时标网络计划，如图5-1所示。该项目的各项工作均按最早开始时间安排，且各项工作均按匀速施工。2019年1～5月工程造价指数见表5-8。

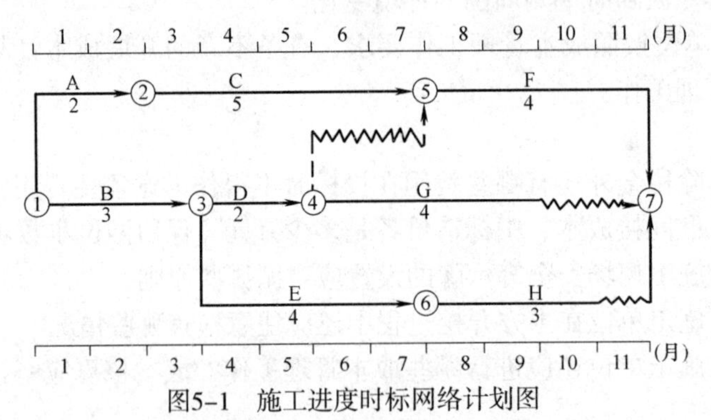

图5-1　施工进度时标网络计划图

2019年1～5月工程造价指数　　表5-8

月份	1	2	3	4	5
工程造价指数	1.00	1.05	1.15	1.10	1.20

工程施工过程中，发生如下事件：

事件1：A工作因设计变更，增加工程量，经工程师确认的实际完成工程量为840m^3，工作持续时间未变。

事件2：B工作施工时遇到不可预见的异常恶劣气候，造成施工单位的施工机械损坏，修理费用2万元；施工人员窝工损失0.8万元，其他损失费用忽略不计，工作时间延长1

个月。

事件3：C工作施工时发现地下文物，导致C工作的工作时间延长1个月，施工单位自有设备闲置180个台班（台班单价为300元/台班，台班折旧费为100元/台班）。施工单位对文物现场进行保护，产生费用0.5万元。

【问题】

1. 分析上述事件发生后C、D、E工作的实际进度对总工期的影响，并说明理由。

2. 施工单位是否可以就事件2、3提出费用索赔？如果不可以索赔，说明理由。如果可以索赔，说明理由并计算可索赔多少费用。

3. 截止到第5个月末，施工单位可以得到的工程款合计为多少万元？

【参考答案】

1. 上述事件发生后，C、D、E工作的实际进度对总工期影响的判断及理由如下：

（1）C工作的实际进度使总工期拖后1个月。

理由：C工作为关键工作，其工作时间延长1个月会使总工期拖后1个月。

（2）D工作的实际进度不影响总工期。

理由：D工作为非关键工作，有2个月的总时差，即使工作时间拖后1个月也不会影响总工期。

（3）E工作的实际进度不影响总工期。

理由：E工作为非关键工作，有1个月的总时差，即使工作时间拖后1个月也不会影响总工期。

2. 施工单位就事件2、3提出费用索赔的判断及理由如下：

（1）施工单位不可以就事件2提出费用索赔。

理由：《建设工程施工合同（示范文本）》GF—2017—0201中承包商可引用的索赔条款，遇到不可预见的异常恶劣气候只可以索赔工期。

（2）施工单位可以就事件3提出费用索赔。

理由：《建设工程施工合同（示范文本）》GF—2017—0201中承包商可引用的索赔条款，由于工作施工时发现地下障碍和文物而采取的保护措施既可以索赔工期，也可以索赔费用。

索赔费用＝180×100＋5000元＝23000元。

3. 第1个月施工单位得到的工程款＝（840÷2×500＋1200÷4×1200）×1.00＝570000元。

第2个月施工单位得到的工程款＝（840÷2×500＋1200÷4×1200）×1.05＝598500元。

第3个月施工单位得到的工程款＝（1800÷6×1000＋1200÷4×1200）×1.15＝759000元。

第4个月施工单位得到的工程款＝（1800÷6×1000＋1200÷4×1200）×1.10＝726000元。

第5个月施工单位得到的工程款＝（1800÷6×1000＋600÷2×1100＋800÷4×1200）×1.20＝1044000元。

截止到第5个月末，施工单位可以得到的工程款合计＝570000＋598500＋759000＋726000＋1044000＋23000＝3720500元＝372.05万元。

实务操作和案例分析题十

【背景资料】

某公司中标某工程，根据《建设工程施工合同（示范文本）》GF—2017—0201与建设单位签订总承包施工合同。按公司成本管理规定，首先进行该项目成本预测（其中：人工费287.4万元，材料费504.5万元，机械使用费155.3万元，施工措施费104.2万元，施工管理费46.2万元，税金30.6万元），然后将成本预测结果下达给项目经理进行具体施工成本管理。

总承包施工合同是以工程量清单为基础的固定单价合同。合同约定当A分项工程、B分项工程实际工程量与清单工程量差异幅度在±5%以内的按清单价结算，超出幅度大于5%时按清单价的0.9倍结算，减少幅度大于5%时按清单价的1.1倍结算。清单价及工程量见表5-9。

清单价及工程量 **表5-9**

分项工程	A	B
清单价（元/m^3）	42	560
清单工程量（m^3）	5400	6200
实际工程量（m^3）	5800	5870

总承包施工合同中还约定C分项工程为甲方指定专业分包项目。C分项工程施工过程中发生了如下事件：

事件1：由于建设单位原因，导致C分项工程停工7d。专业分包单位就停工造成的损失向总承包单位提出索赔。总承包单位认为是由于建设单位原因造成的损失，专业分包单位应直接向建设单位提出索赔。

事件2：甲方指定专业分包单位现场管理混乱、安全管理薄弱，建设单位责令总承包单位加强管理并提出整改。总承包单位认为C分项工程施工安全管理属专业分包单位责任，非总承包单位责任范围。

事件3：C分项工程施工完毕并通过验收，专业分包单位向建设单位上报C分项工程施工档案，建设单位通知总承包单位接收。总承包单位认为C分项工程属甲方指定专业分包项目，其工程档案应直接上报建设单位。

【问题】

1. 根据成本预测资料，计算该项目的直接成本（保留一位小数）。

2. 根据背景资料，项目经理部的具体施工成本管理任务还应包括哪些？

3. A分项工程、B分项工程单价是否存在调整？分别列式计算A分项工程、B分项工程结算的工程价款（单位：元）。

4. 指出事件1、2、3中总承包单位说法中的不妥之处，并分别说明理由或指出正确做法。

【参考答案】

1. 直接成本＝人工费＋材料费＋机械费＋措施费＝287.4+504.5+155.3+104.2=1051.4万元。

2. 根据背景资料，项目经理部的具体施工成本管理任务还应包括：施工成本计划、施工成本控制、施工成本核算、施工成本分析和施工成本考核。

3. A分项工程：[(5800−5400)/5400]×100%=7.4%>5%，因此：A分项工程需调整。

B分项工程：[(5870−6200)/6200]×100%=−5.3%<−5%，因此：B分项工程需调整。

A分项工程结算的工程价款：5400×(1+5%)×42+[5800−5400×(1+5%)]×42×

0.9＝243054元。

B分项工程结算的工程价款：5870×560×1.1＝3615920元。

4. 总承包单位说法中的不妥之处及正确做法如下：

事件1中不妥之处：总承包单位认为专业分包单位应直接向建设单位提出索赔。

正确做法：专业分包单位就停工造成的损失向总承包单位提出索赔申请，总承包单位再向建设单位提出索赔申请。

事件2中不妥之处：总承包单位认为C分包工程安全管理属专业分包的责任，非总承包单位责任范围。

正确做法：总承包单位为施工现场安全管理的总负责人，应对专业分包单位的安全管理承担连带责任。

事件3中不妥之处：总承包单位认为分包单位应把工程档案直接交给建设单位。

正确做法：总承包单位接收分包单位的工程档案，并统一上报建设单位。

实务操作和案例分析题十一

【背景资料】

某建筑工程施工进度计划网络图如图5–2所示。

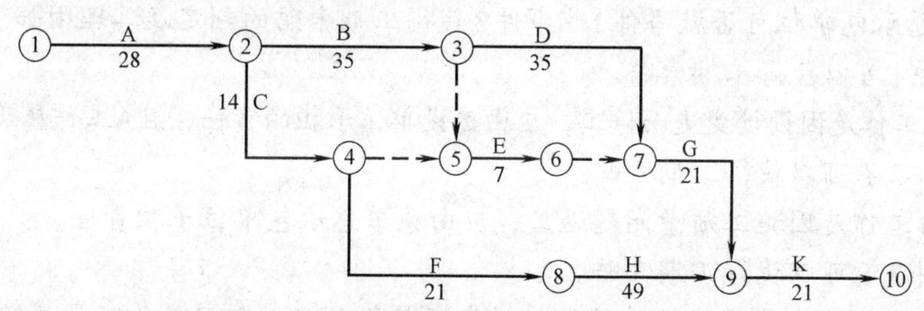

图5–2　施工进度计划网络图（时间单位：d）

施工中发生了以下事件：

事件1：A工作因设计变更停工10d。

事件2：B工作因施工质量问题返工，延长工期7d。

事件3：E工作因建设单位供料延期，推迟3d施工。

事件4：在设备管道安装气焊作业时，火星溅落到正在施工的地下室设备用房聚氨酯防水涂膜层上，引起火灾。

在施工进展到第120d后，施工项目部对第110d前的部分工作进行了统计检查。统计数据见表5–10。

统计数据表　　表5-10

工作代号	计划完成工作预算成本 *BCWS*（万元）	已完成工作量（%）	实际发生成本 *ACWP*（万元）	挣得值 *BCWP*（万元）
1	540	100	580	
2	820	70	600	
3	1620	80	840	

续表

工作代号	计划完成工作预算成本 *BCWS*（万元）	已完成工作量（%）	实际发生成本 *ACWP*（万元）	挣得值 *BCWP*（万元）
4	490	100	490	
5	240	0	0	
合计				

【问题】

1. 本工程计划总工期和实际总工期各为多少天？

2. 施工总承包单位可否就事件1～事件3获得工期索赔？分别说明理由。

3. 施工现场焊、割作业的防火要求有哪些？

4. 计算截止到第110d的合计*BCWP*值。

5. 计算第110d的成本偏差*CV*值，并做*CV*值结论分析。

6. 计算第110d的进度偏差*SV*值，并做*SV*值结论分析。

【参考答案】

1. 本工程计划总工期＝28＋35＋35＋21＋21＝140d，实际总工期＝140＋10＋7＝157d。

2. 施工总承包单位可否就事件1～事件3获得工期索赔的判定及其理由如下：

（1）事件1可以获得工期索赔。

理由：A工作是因设计变更而停工，应由建设单位承担的责任，且A工作属于关键工作。

（2）事件2不可以获得工期索赔。

理由：B工作是因施工质量问题返工，应由施工总承包单位承担责任。

（3）事件3不可以获得工期索赔。

理由：E工作虽然是因建设单位供料延期而推迟施工，但E工作不是关键工作，且推迟3d未超过其总时差，不影响工期。

3. 施工现场焊、割作业的防火要求：

（1）焊工必须持证上岗，无证者不准进行焊、割作业。

（2）属一、二、三级动火范围的焊、割作业，未经办理动火审批手续，不准进行焊割。

（3）焊工不了解焊、割现场的周围情况，不得进行焊、割。

（4）焊工不了解焊件内部是否有易燃、易爆物时，不得进行焊、割。

（5）各种装过可燃气体、易燃液体和有毒物质的容器，未经彻底清洗，或未排除危险之前，不准进行焊、割。

（6）用可燃材料保温层、冷却层、隔声、隔热设备的部位，或火星能飞溅到的地方，在未采取切实可靠的安全措施之前，不准焊、割。

（7）有压力或密闭的管道、容器，不准焊、割。

（8）焊、割部位附近有易燃易爆物品，在未作清理或未采取有效的安全防护措施前，不准焊、割。

（9）附近有与明火作业相抵触的工种在作业时，不准焊、割。

（10）与外单位相连的部位，在没有弄清有无险情，或明知存在危险而未采取有效的措施之前，不准焊、割。

4. 计算截止到第110d的合计*BCWP*值，见表5-11。

第110天的合计*BCWP*值计算表 **表5-11**

工作代号	计划完成工作预算成本 *BCWS*（万元）	已完成工作量（%）	实际发生成本 *ACWP*（万元）	挣得值 *BCWP*（万元）
1	540	100	580	540
2	820	70	600	574
3	1620	80	840	1296
4	490	100	490	490
5	240	0	0	0
合计	3710	—	2510	2900

截止到第110天的合计*BCWP*值为2900万元。

5. 第110天的成本偏差*CV*=*BCWP*−*ACWP*=2900−2510=390万元。

*CV*值结论分析：由于成本偏差为正，说明成本节约390万元。

6. 第110天的进度偏差*SV*=*BCWP*−*BCWS*=2900−3710=−810万元。

*SV*值结论分析：由于进度偏差为负，说明进度延误了，落后810万元。

实务操作和案例分析题十二

【背景资料】

某开发商投资兴建办公楼工程，建筑面积9600m^2，地下1层，地上8层，现浇钢筋混凝土框架结构。经公开招投标，某施工单位中标。中标清单部分费用分别是：分部分项工程费3793万元，措施项目费547万元，脚手架费为336万元，暂列金额100万元，其他项目费200万元，规费及税金264万元。双方签订了工程施工承包合同。

施工单位为了保证项目履约，进场施工后立即着手编制项目管理规划大纲，实施项目管理实施规划。制定了项目部内部薪酬计酬办法，并与项目部签订项目目标管理责任书。

项目部为了完成项目目标责任书的目标成本，采用技术与商务相结合的办法，分别制定了A、B、C三种施工方案：A施工方案成本为4400万元，功能系数为0.34；B施工方案成本为4300万元，功能系数为0.32；C施工方案成本为4200万元，功能系数为0.34。项目部通过开展价值工程工作，确定最终施工方案，并进一步对施工组织设计等进行优化，制定了项目部责任成本，摘录数据见表5–12。

项目部责任成本相关费用 **表5-12**

相关费用	金额（万元）
人工费	477
材料费	2585
机械费	278
措施费	220
企业管理费	280

续表

相关费用	金额（万元）
利润	…
规费	80
税金	…

施工单位为了落实用工管理，对项目部劳务人员实名制管理进行检查。发现项目部在施工现场配备了专职劳务管理人员，登记了劳务人员基本身份信息，存有考勤、工资结算及支付记录。施工单位认为项目部劳务实名制管理工作仍不完善，责令项目部进行整改。

【问题】

1. 施工单位签约合同价是多少万元？建筑工程造价有哪些特点？

2. 列式计算项目部三种施工方案的成本系数、价值系数（保留小数点后3位），并确定最终采用哪种方案。

3. 计算本项目的直接成本、间接成本各是多少万元？在成本核算工作中要做到哪“三同步”？

4. 项目部在劳务人员实名制管理工作中还应该完善哪些工作？

【参考答案】

1. 施工单位签约合同价为：3793＋547＋200＋264＝4804万元。

建筑工程造价的特点有：大额性、个别性和差异性、动态性、层次性。

2. 项目部三种施工方案的成本系数计算如下：

A的成本系数＝4400/（4400＋4300＋4200）＝0.341。

B的成本系数＝4300/（4400＋4300＋4200）＝0.333。

C的成本系数＝4200/（4400＋4300＋4200）＝0.326。

项目部三种施工方案的价值系数计算如下：

A的价值系数＝0.34/0.341＝0.997。

B的价值系数＝0.32/0.333＝0.961。

C的价值系数＝0.34/0.326＝1.043。

项目部最终应采用C方案。

3. 本项目的直接成本为：477＋2585＋278＋220＝3560万元。

本项目间接成本为：280＋80＝360万元。

成本核算工作中的“三同步”指的是形象进度、产值统计、成本归集三同步。

4. 项目部在劳务人员实名制管理工作中还应该完善下列工作：

（1）登记劳务人员的技能情况、工作简历、教育状况等；

（2）对施工人员的诚信信息进行动态监管；

（3）做好劳务纠纷处理。

实务操作和案例分析题十三

【背景资料】

某房地产开发公司与某施工单位签订了份价款为1000万元的建筑工程施工合同，合同工期为7个月。

工程价款约定如下：

（1）工程预付款为合同价的10%；

（2）工程预付款扣回的时间及比例：自工程款（不含工程预付款）支付至合同价款的60%后，开始从当月的工程款中扣回工程预付款，分两个月均匀扣回；

（3）工程质量保修金为工程结算总价的5%，竣工结算时一次性扣留；

（4）工程款按月支付，工程款达到合同总造价的90%则停止支付，余款待工程结算完成并扣除保修金后一次性支付。

每月完成的工作量见表5-13。

每月完成的工作量表 **表5-13**

月份	3	4	5	6	7	8	9
实际完成工作量（万元）	80	160	170	180	160	130	120

工程施工过程中，双方签字认可因钢材涨价增补价差5万元，因施工单位保管不力罚款1万元。

【问题】

1. 列式计算本工程预付款及其起扣点分别是多少万元？工程预付款从几月份开始起扣？

2. 7、8月份开发公司应支付工程款多少万元？截至8月末累计支付工程款多少万元？

3. 工程竣工验收合格后双方办理了工程结算。工程竣工结算之前累计支付工程款是多少万元？本工程竣工结算是多少万元？本工程保修金是多少万元？（保留小数点后两位）

4. 根据规定，工程竣工结算方式分别有哪几种类型？本工程竣工结算属于哪种类型？

【参考答案】

1. 本工程预付款＝1000×10%＝100万元。

起扣点＝1000×60%＝600万元。

由于3～6月的累计工程款为：80＋160＋170＋180＝590万元＜起扣点600万元，因此工程预付款从7月份开始起扣。

2. 7月份扣回的预付款＝100×50%＝50万元。

7月份开发公司应支付工程款＝160－50＝110万元。

8月份开发公司应支付工程款＝130－50＝80万元。

截至8月末累计支付工程款＝590＋110＋80＝780万元。

3. 工程竣工结算之前累计支付工程款＝1000×90%＝900万元。

本工程竣工结算＝1000＋5－1＝1004万元。

本工程保修金＝1004×5%＝50.20万元。

4. 根据规定，工程竣工结算方式分别包括单位工程竣工结算、单项工程竣工结算和建设项目竣工总结算。本工程竣工结算属于单位工程竣工结算。

第六章　建筑工程施工合同管理

2011—2020年度实务操作和案例分析题考点分布

考点＼年份	2011年	2012年	2013年	2014年	2015年	2016年	2017年	2018年	2019年	2020年
工期、费用索赔	●	●	●		●	●		●	●	
专业分包与劳务分包	●		●							
违法分包的判定	●	●								
施工合同管理		●				●	●		●	
工程图纸会审与图纸交底						●				
合同价款的调整	●		●			●				
建设工程招标投标的规定			●	●						●
可调总价合同							●			
索赔资料							●			
总包合同实施管理的原则								●		
签约合同价								●		
物资合同管理的重点条款									●	

【专家指导】

在合同管理一章中，虽然所占篇幅不大，但是考核的要点较为集中。关于工期、费用索赔的知识是高频考点，分包、施工合同管理及合同价款的调整也都是考核的要点，考生应进行熟练掌握。关于本章，考生应注意结合公共科目的相关知识进行复习。

要 点 归 纳

1.《建设工程施工合同（示范文本）》的组成**【一般考点】**

《合同协议书》《通用条款》《专用条款》。

2. 合同文件的优先解释顺序**【重要考点】**

除专用合同条款另有约定外，解释构成合同文件的优先顺序如下：

（1）合同协议书；

（2）中标通知书（如果有）；

（3）投标函及其附录（如果有）；

（4）专用合同条款及其附件；

（5）通用合同条款；

（6）技术标准和要求；

（7）图纸；

（8）已标价工程量清单或预算书；

（9）其他合同文件。

3. 总包合同管理的原则**【重要考点】**

总包合同管理的原则包括：

（1）依法履约原则；

（2）诚实信用原则；

（3）全面履行原则；

（4）协调合作原则；

（5）维护权益原则；

（6）动态管理原则。

4. 项目合同管理**【重要考点】**

（1）项目的合同管理应遵循的程序：合同评审；合同订立；合同实施计划；合同实施控制；合同管理总结。

（2）合同评审应包括的内容：合法性、合规性评审；合理性、可行性评审；合同严密性、完整性评审；与产品或过程有关要求的评审；合同风险评估。

5. 合同价款的约定方式**【一般考点】**

合同价款的约定方式：固定单价合同、可调单价合同、固定总价合同、可调总价合同、成本加酬金合同。

6. 分包合同管理**【重要考点】**

在总承包商的统一管理、协调下，分包商仅完成总承包商指定的专业分包工程，向承包商负责，与业主无合同关系。总承包商仍向业主担负全部工程责任，负责工程的管理和所属各分包商工作之间的协调，以及各分包商之间合同责任界限的划分，同时承担协调失误造成损失的责任，向业主承担工程风险。分包商向总承包商承担责任。

在投标书中，总承包商必须附上拟定的分包商的名单，供业主审查。如果在工程施工中重新委托分包商，必须经过工程师（或业主代表）的批准。

当业主指定分包商时，承包商应对分包商的资质及能力进行预审（必要时考查落实）和确认。当认为不符合要求时，应尽快报告业主并提出建议。否则，承包商应承担相应的连带责任。

7. 违法分包行为**【高频考点】**

（1）施工单位将工程分包给个人的。

（2）施工单位将工程分包给不具备相应资质或安全生产许可的单位的。

（3）施工合同中没有约定，又未经建设单位认可，施工单位将其承包的部分工程交由其他单位施工的。

（4）施工总承包单位将房屋建筑工程的主体结构的施工分包给其他单位的，钢结构工程除外。

（5）专业分包单位将其承包的专业工程中非劳务作业部分再分包的。

（6）劳务分包单位将其承包的劳务再分包的。

8. 物资采购合同【**重要考点**】

物资采购合同通常情况要加强重点管理的条款有：标的、数量、包装、运输方式、价格、结算、违约责任、特殊条款。

供应合同的标的主要包括：购销物资的名称（注明牌号、商标）、品种、型号、规格、等级、花色、技术标准或质量要求等。

9. 设备供应合同签订时应注意的问题【**一般考点**】

设备供应合同签订时应注意的问题包括：设备价格；设备数量；技术标准；现场服务；验收和保修。

在签订合同时确定价格有困难的产品，可由供需双方协商暂定价格，并在合同中注明"按供需双方最后商定的价格（或物价部门批准的价格）结算，多退少补"。

需方应在项目成套设备安装后才能验收。对某些必须安装运转后才能发现内在质量缺陷的设备，除另有规定或当事人另行商定提出异议的期限外，一般可在运转之日起6个月内提出异议。成套设备是否保修、保修期限、费用负担者都应在合同中明确规定，不管设备制造企业是谁，都应由设备供应方负责。

10. 合同价款的调整【**重要考点**】

引起工程合同价款的调整因素是多种多样的，调整因素基本如下：

（1）法律法规变化；

（2）工程设计变更；

（3）项目特征描述不符；

（4）工程量清单缺项；

（5）工程量偏差；

（6）物价变化；

（7）暂估价；

（8）计日工；

（9）现场签证；

（10）不可抗力；

（11）提前竣工（赶工补偿）；

（12）误期赔偿；

（13）施工索赔；

（14）暂列金额；

（15）发承包双方约定的其他调整事项。

11. 物价变化【**重要考点**】

在合同中约定可调人工、承包人自行购买的材料、工程设备价格变化的范围或幅度，物价变化在约定范围或幅度之内时不调整，超出约定范围或幅度之外时按实调整。但是由于发生合同工程工期延误的，应按照下列规定确定合同履行期用于调整的价格或单价：

（1）因发包人原因导致工期延误的，则计划进度日期后续工程的价格或单价，采用计划进度日期与实际进度日期两者的较高者；

（2）因承包人原因导致工期延误的，则计划进度日期后续工程的价格或单价，采用计划进度日期与实际进度日期两者的较低者。

发包人应在收到承包人书面报告后的3个工作日内核实，并确认用于合同工程后，对承包人采购材料和工程设备的数量和新单价予以确定；发包人对此未确定也未提出修改意见的，视为承包人提交的书面报告已被发包人认可，作为调整合同价款的依据。承包人未经发包人确定即自行采购材料和工程设备，再向发包人提出调整合同价款的，如发包人不同意，则合同价款不予调整。

12. 不可抗力**【重要考点】**

因不可抗力事件导致的费用，发、承包双方应按以下原则分别承担并调整工程价款：

（1）工程本身的损害、因工程损害导致第三方人员伤亡和财产损失以及运至施工场地用于施工的材料和待安装的设备的损害，由发包人承担；

（2）发包人、承包人人员伤亡由其所在单位负责，并承担相应费用；

（3）承包人的施工机械设备损坏及停工损失，由承包人承担；

（4）停工期间，承包人应发包人要求留在施工场地的必要的管理人员及保卫人员的费用由发包人承担；

（5）工程所需清理、修复费用，由发包人承担。

13. 索赔的分类**【高频考点】**

（1）按照干扰事件的性质，索赔可以分为：工期拖延索赔；不可预见的外部障碍或条件索赔；工程变更索赔；工程终止索赔；其他索赔。

（2）按索赔要求，索赔可分为：工期索赔；费用索赔；利润索赔。

（3）索赔的起因：业主违约；合同错误；合同变更；工程环境变化；不可抗力因素。

历 年 真 题

实务操作和案例分析题一［2018年真题］

【背景资料】

某开发商拟建一城市综合体项目，预计总投资十五亿元。发包方式采用施工总承包，施工单位承担部分垫资，按月度实际完成工作量的75%支付工程款，工程质量为合格，保修金为3%，合同总工期为32个月。

某总包单位对该开发商社会信誉，偿债备付率、利息备付率等偿债能力及其他情况进行了尽职调查。中标后，双方依据《建设工程工程量清单计价规范》GB 50500—2013，对工程量清单编制方法等强制性规定进行了确认，对工程造价进行了全面审核。最终确定有关费用如下：分部分项工程费82000.00万元，措施费20500.00万元，其他项目费12800.00万元，暂列金额8200.00万元，规费2470.00万元，税金3750.00万元。双方依据《建设工程施工合同（示范文本）》GF—2017—0201签订了工程施工总承包合同。

项目部对基坑围护提出了三个方案：A方案成本为8750.00万元，功能系数为0.33；B方案成本为8640.00万元，功能系数为0.35；C方案成本为8525.00万元，功能系数为0.32。最终运用价值工程方法确定了实施方案。

竣工结算时，总包单位提出索赔事项如下：

（1）特大暴雨造成停工7d，开发商要求总包单位安排20人留守现场照管工地，发生费用5.60万元。

（2）本工程设计采用了某种新材料，总包单位为此支付给检测单位检验试验费4.60万元，要求开发商承担。

（3）工程主体完工3个月后总包单位为配合开发商自行发包的燃气等专业工程施工，脚手架留置比计划延长2个月拆除。为此要求开发商支付2个月脚手架租赁费68.00万元。

（4）总包单位要求开发商按照银行同期同类贷款利率，支付垫资利息1142.00万元。

【问题】

1. 偿债能力评价还包括哪些指标？

2. 对总包合同实施管理的原则有哪些？

3. 计算本工程签约合同价（单位万元，保留2位小数）。双方在工程量清单计价管理中应遵守的强制性规定还有哪些？

4. 列式计算三个基坑围护方案的成本系数、价值系数（保留小数点后3位），并确定选择哪个方案。

5. 总包单位提出的索赔是否成立？并说明理由。

【解题方略】

1. 本题考查的是偿债能力评价指标。偿债能力评价指标为工程经济中涉及的知识点，考生应该能够灵活运用。

2. 本题考查的是总包合同实施管理的原则。该考点是需要考生记忆的内容，应注意掌握。

3. 本题考查的是签约合同价与工程量清单计价管理的强制性规定。关于工程量清单计价管理的强制性规定需要考生对《建设工程工程量清单计价规范》的内容熟练的掌握，亦可结合教材中的内容进行作答。

4. 本题考查的是成本系数和价值系数。本题虽为计算题，但是难度系数并不大，首先分别求出A、B、C三个方案的成本系数，再通过成本系数求出A、B、C三个方案的价值系数进行对比即可。

5. 本题考查的是费用的索赔。因不可抗力导致的停工期间，承包人应发包人要求留在施工场地的必要的管理人员及保卫人员的费用由发包人承担。检验试验费不包括新结构、新材料的试验费，对构件做破坏性试验及其他特殊要求检验试验的费用和建设单位委托检测机构进行检测的费用，对此类检测发生的费用，由建设单位在工程建设其他费用中列支。当事人对垫资和垫资利息有约定，承包人请求按照约定返还垫资及其利息的，应予支持，但是约定的利息计算标准高于中国人民银行发布的同期间类贷款利率的部分除外。当事人对垫资没有约定的，按照工程欠款处理。当事人对垫资利息没有约定，承包人请求支付利息的，不予支持。

【参考答案】

1. 偿债能力评价还包括：（偿债备付率、利息备付率）借款偿还期、资产负债率、流动比率、速动比率。

2. 对总包合同实施管理的原则有：（1）依法履约原则；（2）诚实信用原则；（3）全面履行原则；（4）协调合作原则；（5）维护权益原则；（6）动态管理原则。

3. （1）工程签约合同价=分部分项工程费+措施费+其他项目费+规费+税金

=82000+20500+12800+2470+3750=121520.00万元。

（2）工程量清单计价管理中应遵守的强制性规定还有：

工程量清单的计价方式、使用范围、竞争费用、风险处理、工程量计算规则等。

4. A方案成本系数=8750/（8750+8640+8525）=0.338；

B方案成本系数=8640/（8750+8640+8525）=0.333；

C方案成本系数=8525/（8750+8640+8525）=0.329；

A方案价值系数=0.33/0.338=0.976；

B方案价值系数=0.35/0.333=1.051；

C方案价值系数=0.32/0.329=0.973；确定选择B方案。

5.（1）成立。

理由：特大暴雨属于不可抗力，不可抗力下开发商要求总包单位留守现场照管工地费用由建设单位（开发商）承担。

（2）成立。

理由：设计采用新材料的检测单位检验试验费由建设单位在工程建设其他费用中列支，不在建安费内。

（3）成立。

理由：总包单位为配合开发商自行发包的燃气等专业工程施工的脚手架费用，属于配合费用，不在总包管理费中。

（4）不成立。

理由：当事人对垫资和垫资利息有约定，承包人请求按照约定返还垫资及其利息的，应予支持，但是约定的利息计算标准高于中国人民银行发布的同期间类贷款利率的部分除外。当事人对垫资利息没有约定，承包人请求支付利息的，不予支持。

实务操作和案例分析题二［2017年真题］

【背景资料】

某建设单位投资兴建一办公楼，投资概算25000.00万元，建筑面积21000m²；钢筋混凝土框架－剪力墙结构，地下2层，层高4.5m，地上18层，层高3.6m；采取工程总承包交钥匙方式对外公开招标，招标范围为工程开工至交付使用全过程。经公开招投标，A工程总承包单位中标。A单位对工程施工等工程内容进行了招标。

B施工单位中标了本工程施工标段，中标价为18060万元。部分费用如下：安全文明施工费340万元，其中按照施工计划2014年度安全文明施工费为226万元；夜间施工增加费22万元；特殊地区施工增加费36万元；大型机械进出场及安拆费86万元；脚手架费220万元；模板费用105万元；施工总包管理费54万元；暂列金额300万元。

B施工单位中标后第8天，双方签订了项目工程施工承包合同，规定了双方的权利、义务和责任。部分条款如下：工程质量为合格；除钢材及混凝土材料价格浮动超出±10%（含10%）、工程设计变更允许调整以外，其他一律不允许调整；工程预付款比例为10%；合同工期为485日历天，于2014年2月1日起至2015年5月31日止。

B施工单位根据工程特点、工作量和施工方法等影响劳动效率因素，计划主体结构施工工期为120天，预计总用工为5.76万个工日，每天安排2个班次，每个班次工作时间为7个小时。

A工程总承包单位审查结算资料时，发现B施工单位提供的部分索赔资料不完整，如：原图纸设计室外回填土为2：8灰土，实际施工时变更为级配砂石，B施工单位仅仅提供了一份设计变更单，要求B施工单位补充相关资料。

【问题】

1. 除设计阶段、施工阶段以外，工程总承包项目管理的基本程序还有哪些？

2. A工程总承包单位与B施工单位签订的施工承包合同属于哪类合同？列式计算措施项目费、预付款各为多少万元？

3. 与B施工单位签订的工程施工承包合同中，A工程总承包单位应承担哪些主要义务？

4. 计算主体施工阶段需要多少名劳动力？编制劳动力需求计划时，确定劳动效率通常还应考虑哪些因素？

5. A工程总承包单位的费用变更控制程序有哪些？B施工单位还需补充哪些索赔资料？

【解题方略】

1. 本题考查的是工程总承包项目管理。

工程总承包项目管理的主要内容应包括：任命项目经理，组建项目部，进行项目策划并编制项目计划；实施设计管理，采购管理，施工管理，试运行管理；进行项目范围管理，进度管理，费用管理，设备材料管理，资金管理，质量管理，安全、职业健康和环境管理，人力资源管理，风险管理，沟通与信息管理，合同管理，现场管理，项目收尾等。项目部应严格执行项目管理程序，并使每一管理过程都体现计划、实施、检查、处理（PDCA）的持续改进过程。

2. 本题考查的是施工合同管理。结合背景资料联系工程实际进行解答。

3. 本题考查的是施工中总承包单位应承担的义务。依据《中华人民共和国建筑法》（中华人民共和国主席令第46号）、《建设工程质量管理条例》（国务院令第279号）和《建筑业企业资质管理规定》中的具体规定进行解答。

4. 本题考查的是劳动力管理。

劳动效率代表社会平均先进水平的劳动效率。实际应用时，必须考虑到具体情况，如环境、气候、地形、地质、工程特点、实施方案的特点、现场平面布置、劳动组合、施工机具等，进行合理调整。

劳动力投入量的计算：

$$劳动力投入量=\frac{劳动力投入总工时}{班次/日\times工时/班次\times活动持续时间}=\frac{工时消耗量\times工程量/单位工程量}{班次/日\times工时/班次\times活动持续时间}$$

5. 本题考查的是费用变更控制程序。

项目费用管理应建立并执行费用变更控制程序，包括变更申请、变更批准、变更实施和变更费用控制。只有经过规定程序批准后，变更才能在项目中实施。

【参考答案】

1. 工程总承包管理的基本程序还有：项目启动、项目初始阶段、采购阶段、试运行阶段、合同收尾阶段、项目管理收尾阶段。

2. 签订的合同属于可调价总价合同。

措施项目费＝340＋22＋36＋86＋220＋105＝809万元

工程预付款＝（18060－300）×10%＝1776万元

3. A工程总承包单位承担的主要义务有：不得违法分包、提供必要条件、及时检查隐蔽工程、及时验收工程、支付工程款。

4. 需要的劳动力＝（5.76×8）×10000÷（2×7×120）＝274人

确定劳动效率通常考虑的因素还有：工期计划的合理性、施工当地的环境、气候、地形、地质、现场平面布置、劳动组合、施工机具。

5. A工程总承包单位费用变更控制程序有：变更申请、变更批准、变更实施、变更费用控制。

B单位还需补充：重新编制的施工方案、现场施工记录、施工日志、相关部位的照片或录像、验收资料、检测报告、采购合同、材料进场记录、材料使用记录、工程会计核算记录。

实务操作和案例分析题三［2013年真题］

【背景资料】

某新建图书馆工程，采用公开招标的方式，确定某施工单位中标。双方按《建设工程施工合同（示范文本）》GF—2013—0201签订了施工总承包合同。合同约定总造价14250万元，预付备料款2800万元，每月底按月支付施工进度款。竣工结算时，结算价款按调值公式法进行调整。在招标和施工过程中，发生了如下事件：

事件1：建设单位自行组织招标。招标文件规定：合格投标人为本省企业；自招标文件发出之日起15d后投标截止；招标人对投标人提出的疑问分别以书面形式回复给相应提出疑问的投标人。建设行政主管部门评审招标文件时，认为个别条款不符合相关规定，要求整改后再进行招标。

事件2：合同约定主要材料按占总造价比重55%计，预付备料款在起扣点之后的5次月度支付中扣回。

事件3：基坑施工时正值雨期，连续降雨导致停工6d，造成人员窝工损失2.2万元。一周后出现罕见特大暴雨，造成停工2d，人员窝工损失1.4万元。针对上述情况，施工单位分别向监理单位上报了这4项索赔申请。

事件4：某分项工程由于设计变更导致该分项工程量变化幅度达20%，合同专用条款未对变更价款进行约定。施工单位按变更指令施工，在施工结束后的下一个月上报支付申请的同时，还上报了该设计变更的变更价款申请，监理工程师不批准变更价款。

事件5：种植屋面隐蔽工程通过监理工程师验收后开始覆土施工，建设单位对隐蔽工程质量提出异议，要求复验，施工单位不予同意。经总监理工程师协调后三方现场复验，经检验质量满足要求。施工单位要求补偿由此增加的费用，建设单位予以拒绝。

事件6：合同中约定，根据人工费和4项主要材料的价格指数对总造价按调值公式法进行调整。各调值因素的比重、基准和现行价格指数，见表6-1。

各调值因素的比重、基准和现行价格指数表　　表6-1

可调项目	人工费	材料Ⅰ	材料Ⅱ	材料Ⅲ	材料Ⅳ
因素比重	0.15	0.30	0.12	0.15	0.08
基期价格指数	0.99	1.01	0.99	0.96	0.78
现行价格指数	1.12	1.16	0.85	0.80	1.05

【问题】

1. 事件1中，指出招标文件规定的不妥之处，并分别写出理由。

2. 事件2中，列式计算预付备料款的起扣点是多少万元（精确到小数点后两位）？

3. 事件3中，分别判断4项索赔是否成立？并写出相应的理由。

4. 事件4中，监理工程师不批准变更价款申请是否合理？并说明理由。合同中未约定变更价款的情况下，变更价款应如何处理？

5. 事件5中，施工单位、建设单位做法是否正确？并分别说明理由。

6. 事件6中，列式计算经调整后的实际计算价款应为多少万元（精确到小数点后两位）？

【解题方略】

1. 本题考查的是建设工程施工招标投标的规定。招标人不得以不合理的条件限制或者排斥潜在投标人，不得对潜在投标人实行歧视待遇。所以招标文件规定合格投标人为本省企业不妥。

依法必须进行招标的项目，自招标文件开始发出之日起至投标人提交投标文件截止之日止，最短不得少于20d。此处应注意时间这个关键点。

对于投标人提出的疑问，招标人应该以书面形式回复，并通知所有投标人。

2. 本题考查的是预付备料款起扣点的计算。解答本题的关键是掌握起扣点的计算公式，即：

起扣点＝合同总价－（预付备料款/主要材料所占比重）

然后根据公式代入相关数值进行解答即可。

3. 本题考查的是施工索赔。基坑施工时正值雨期，出现连续降雨情况应是一个有经验的承包商应该能够预测到的风险，应该由承包商承担。所以停工6d，人员窝工损失2.2万元的索赔不成立。

由于不可抗力影响承包人履行合同约定的义务，已经引起或将引起工期延误的，应当顺延工期，由此导致承包人停工的费用损失由发包人和承包人合理分担，停工期间必须支付的工人工资由发包人承担。所以罕见特大暴雨，造成停工2d，人员窝工损失1.4万元的索赔成立。

4. 本题考查的是合同价款变更。关于变更价款需要考生抓住提出时间（14d内）和变更条件（工程量变化幅度超过15%）这两个关键点。

5. 本题考查的是隐蔽工程重新检查的规定。根据《建设工程施工合同（示范文本）》GF—2017—0201的规定，承包人覆盖工程隐蔽部位后，发包人或监理人对质量有疑问的，可要求承包人对已覆盖的部位进行钻孔探测或揭开重新检查，承包人应遵照执行，并在检查后重新覆盖恢复原状。经检查证明工程质量符合合同要求的，由发包人承担由此增加的费用和（或）延误的工期，并支付承包人合理的利润；经检查证明工程质量不符合合同要求的，由此增加的费用和（或）延误的工期由承包人承担。

6. 本题考查的是实际结算价款的计算。实际结算价款用调值公式法，按下式计算：

$$P=P_0(a_0+a_1A/A_0+a_2B/B_0+a_3C/C_0+a_4D/D_0)$$

式中 P——工程实际结算价款；

P_0——调值前工程合同价款；

a_0——不调值部分比重；

a_1、a_2、a_3、a_4——调值因素比重；

A、B、C、D——现行价格指数或价格；

A_0、B_0、C_0、D_0——基期价格指数或价格。

【参考答案】

1. 事件1中，招标文件中规定的不妥之处及理由。

（1）不妥之处：合格投标人为本省企业不妥。

理由：招标人不得以不合理的条件限制或排斥潜在投标人。

（2）不妥之处：自招标文件发出之日起15d后投标截止不妥。

理由：自招标文件开始发出之日起至投标人提交投标文件截止之日止，最短不得少于20d。

（3）不妥之处：招标人对投标人提出的疑问分别以书面形式回复给相应的提出疑问的投标人不妥。

理由：对于投标人提出的疑问，招标人应该以书面形式回复，并发送给所有购买招标文件的投标人。

2. 预付备料款的起扣点＝14250－2800/55%＝9159.09万元。

3. 事件3中，4项索赔是否成立的判断及相应的理由。

（1）连续降雨造成停工6d的工期索赔不成立。

理由：因为施工正值雨期，是一个有经验的承包商应该能够预测到的风险，应该由承包商承担。

（2）连续降雨造成人员窝工损失2.2万元的费用索赔不成立。

理由：因为施工正值雨期，是一个有经验的承包商应该能够预测到的风险，应该由承包商承担。

（3）罕见特大暴雨造成停工2d的工期索赔成立。

理由：罕见特大暴雨属于不可抗力，工期可以顺延。

（4）罕见特大暴雨造成人员窝工损失1.4万元的费用索赔不成立。

理由：罕见特大暴雨属于不可抗力，由不可抗力造成的工程停工损失，应由承包人承担。

4. 事件4中，监理工程师不批准变更价款申请是合理的。

理由：工程变更发生追加合同价款的，应该在14d内提出。承包人在双方确定变更后14d内不向工程师提出变更工程价款报告时，视为该项变更不涉及合同价款的变更。

根据《建设工程施工合同（示范文本）》GF—2017—0201的规定，变更导致实际完成的变更工程量与已标价工程量清单或预算书中列明的该项目工程量的变化幅度超过15%的，或已标价工程量清单（或预算书）中无相同项目及类似项目单价的，按照合理的成本与利润构成原则，由合同当事人进行商定，或者总监理工程师按照合同约定审慎做出公正的确定。任何合同一方当事人对总监理工程师的确定有异议时，按照合同约定的争议解决条款执行。

5. 事件5中，施工单位、建设单位做法是否正确的判断及理由。

（1）建设单位要求复验的做法正确，施工单位不予同意的做法不正确。

理由：《建设工程施工合同（示范文本）》GF—2017—0201规定：无论建设单位代表是否参加验收，当其提出对已经验收的隐蔽工程重新检验的要求时，施工单位应按要求进行剥露，并在检验后重新隐蔽或修复后隐蔽。

（2）施工单位要求补偿增加的费用的做法正确，建设单位予以拒绝的做法不正确。

理由：《建设工程施工合同（示范文本）》GF—2017—0201规定：经现场复验后检验质量满足要求，复验增加的费用由建设单位承担。

6. 事件6中，经调整后的实际计算价款＝14250×（0.20+0.15×1.12/0.99+0.30×1.16/1.01＋0.12×0.85/0.99＋0.15×0.80/0.96＋0.08×1.05/0.78）＝14962.13万元。

实务操作和案例分析题四［2012年真题］

【背景资料】

某酒店工程，建筑面积28700m^2，地下1层，地上15层，现浇混凝土框架结构。建设单位依法进行招标，投标报价执行《建设工程工程量清单计价规范》GB 50500—2008。共有甲、乙、丙等8家单位参加了工程投标。经过公开开标、评标，最终确定甲施工单位中标。建设单位与甲施工单位按照《建设工程施工合同（示范文本）》GF—1999—0201签订了施工总承包合同。

合同部分条款约定如下：

（1）本工程合同工期549d；

（2）本工程采用综合单价计价模式；

（3）包括安全文明施工费的措施费包干使用；

（4）因建设单位责任引起的工程实体设计变更发生的费用予以调整；

（5）工程预付款比例为10%。

工程投标及施工过程中，发生了下列事件：

事件1：在投标过程中，乙施工单位在自行投标总价基础上下浮5%进行报价。评标小组经过认真核算，认为乙施工单位报价中的实际费用不符合《建设工程工程量清单计价规范》中不可作为竞争性费用条款的规定给予废标处理。

事件2：甲施工单位投标报价书情况是：土石方工程量650m^3，定额单价人工费为8.40元/m^3、材料费为12.00元/m^3、机械费1.60元/m^3。分部分项工程量清单合价为8200万元，措施费项目清单合价为360万元，暂列金额为50万元，其他项目清单合价为120万元，总包服务费30万元，企业管理费为15%，利润为5%，规费为225.68万元，增值税率为11%（所有取费基数均不含税）。

事件3：甲施工单位与建设单位签订施工总承包合同后，按照《建设工程项目管理规范》GB/T 50326—2006进行了合同管理工作。

事件4：甲施工单位加强对劳务分包单位的日常管理，坚持开展劳务实名制管理工作。

事件5：施工单位随时将建筑垃圾、废弃包装、生活垃圾等常见固体废物按相关规定进行了处理。

事件6：在基坑施工中，由于正值雨期，施工现场的排水费用比中标价中的费用超出3万元。甲施工单位及时向建设单位提出了签证要求，建设单位不予支持。对此，甲施工单位向建设单位提交了索赔报告。

【问题】

1. 事件1中，评标小组的做法是否正确？并指出不可作为竞争性费用项目分别是什么？

2. 事件2中，甲施工单位所报的土石方分项工程综合单价是多少元/m^3？中标造价是多少万元？工程预付款金额是多少万元？（均需列式计算，答案保留小数点后两位）

3. 事件3中，甲施工单位合同管理工作中，应执行哪些程序？

4. 事件4中，按照劳务实名制管理要求，在劳务分包单位进场时，甲施工单位应要求劳务分包单位提交哪些资料进行备案？

5. 事件5中，施工产生的固体废物的主要处理方法有哪些？

6. 事件6中，甲施工单位的索赔是否成立？在建设工程施工过程中，施工索赔的起因有哪些？

【解题方略】

1. 本题考查的是工程量清单计价的应用。招标控制价在招标时公布，不应上调或下浮，招标人应将招标控制价及有关资料报送工程所在地工程造价管理机构备查。措施项目清单中的安全文明施工费应按照国家或省级、行业建设主管部门的规定计价，不得作为竞争性费用。规费和税金应按国家或省级、行业建设主管部门的规定计算，不得作为竞争性费用。《建设工程工程量清单计价规范》GB 50500—2008已被《建设工程工程量清单计价规范》GB 50500—2013替代。

2. 本题考查的是工程价款的计算。综合单价是投标人对照工程量清单中分部分项的项目特征进行分析，结合投标人自身的实力，包括技术、人、财、物资源的能力，制定全部分部分项工程的综合单价。综合单价包括人工费、材料费、机械费、管理费和利润。

土石方分项工程综合单价＝人工费＋材料费＋机械费＋企业管理费＋利润＝（8.40＋12.00+1.60）×（1+15%）×（1+5%）＝26.57元/m^3。

建筑安装工程费按照费用形成由分部分项工程费、措施项目费、其他项目费、规费、税金组成。中标造价＝分部分项工程费＋措施项目费＋其他项目费＋规费＋税金＝（8200＋360＋120＋225.68）×（1＋11%）＝9885.30万元。不加暂列金额50万元是因为暂列金额属于其他项目，包括在120万元之中。

由于背景资料中给出“合同部分条款约定：工程预付款比例为10%”，工程预付款金额＝［中标造价－暂列金额×（1+11%）］×10%=［9885.30—50×（1+11%）］×10%=982.98万元。

3. 本题考查的是承包人的合同管理程序。承包人的合同管理应遵循的程序：合同评审→合同订立→合同实施计划→合同实施控制→合同管理总结。《建设工程项目管理规范》GB/T 50326—2006已被《建设工程项目管理规范》GB/T 50326—2017替代。

4. 本题考查的是劳务实名制管理要求。劳务分包单位的劳务员在进场施工前，应将进场施工人员花名册、身份证、劳动合同文本、岗位技能证书复印件及时报送总承包商备案。

5. 本题考查的是固体废物的处理方法。本题应结合“建设工程项目管理”的相关内容进行解答。固体废物处理的基本思想是：采取资源化、减量化和无害化的处理，对固体废物产生的全过程进行控制。可采用回收利用、减量化处理、焚烧、稳定和固化、填埋等处理方法。

6. 本题考查的是施工索赔。在基坑施工中正值雨期，是一个有经验的承包商可以预见的事情，由此发生排水费用，已经包括在合同价款中的冬雨期施工措施费中。所以索赔不成立。

索赔可能由以下一个或几个方面的原因引起：

（1）合同对方违约，不履行或未能正确履行合同义务与责任；

（2）合同错误，如合同条文不全、错误、矛盾等，设计图纸、技术规范错误等；

（3）合同变更；

（4）工程环境变化，包括法律、物价和自然条件的变化等；

（5）不可抗力因素，如恶劣气候条件、地震、洪水、战争状态等。

《建设工程施工合同（示范文本）》GF—1999—0201已被《建设工程施工合同（示范文本）》GF—2017—0201替代。

【参考答案】

1. 事件1中，评标小组的做法正确。

不可作为竞争性费用的项目分别是安全文明施工费、规费和税金。

2. 土石方分项工程综合单价＝（8.40＋12.00＋1.60）×（1＋15%）×（1＋5%）＝26.57元/m^3。

中标造价＝（8200＋360＋120＋225.68）×（1＋11%）＝9885.30万元。

工程预付款金额＝［9885.3－50×（1＋11%）］×10%＝982.98万元。

3. 事件3中，甲施工单位合同管理工作中，应执行的程序：合同评审；合同订立；合同实施计划；合同实施控制；合同管理总结。

4. 事件4中，按照劳务实名制管理要求，在劳务分包单位进场时，甲施工单位应要求劳务分包单位提交的备案资料有进场施工人员花名册、身份证、劳动合同文本、岗位技能证书复印件。

5. 事件5中，施工产生的固体废物的主要处理方法：回收利用、减量化处理、焚烧、稳定和固化、填埋。

6. 事件6中，甲施工单位的索赔不成立。

在建设工程施工过程中，施工索赔的起因：合同对方违约；合同错误；合同变更；工程环境变化；不可抗力因素。

实务操作和案例分析题五［2011年真题］

【背景资料】

某办公楼工程，建筑面积18500m^2，现浇钢筋混凝土框架结构，筏板基础。该工程位于市中心，场地狭小，开挖土方需外运至指定地点。建设单位通过公开招标方式选定了施工总承包单位和监理单位，并按规定签订了施工总承包合同和监理委托合同，施工总承包单位进场后按合同要求提交了总进度计划，如图6-1所示（时间单位：月），并经过监理工程师审查和确认。

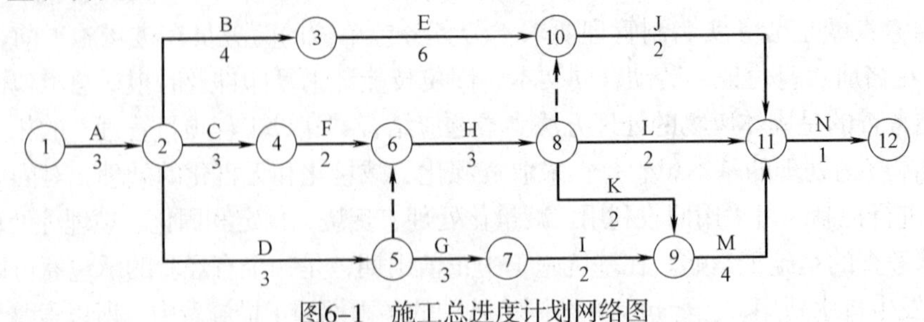

图6-1　施工总进度计划网络图

合同履行过程中，发生了下列事件：

事件1：施工总承包依据基础形式、工程规模、现场和机具设备条件以及土方机械的特点，选择了挖土机、推土机、自卸汽车等土方施工机械，编制了土方施工方案。

事件2：基础工程施工完成后，在施工总承包单位自检合格、总监理工程师签署“质量控制资料符合要求”的审查意见基础上，施工总承包单位项目经理组织施工单位质量部门负责人、监理工程师进行了分部工程验收。

事件3：当施工进行到第5个月时，因建设单位设计变更导致工作B延期2个月，造成施工总承包单位施工机械停工损失费13000元和施工机械操作人员窝工费2000元，施工总承包单位提出一项工期索赔和两项费用索赔。

【问题】

1. 施工总承包单位提交的施工总进度计划的工期是多少个月？指出该工程总进度计划的关键线路（以节点编号表示）。

2. 事件1中，施工总承包单位选择土方施工机械的依据还应有哪些？

3. 根据《建筑工程施工质量验收统一标准》GB 50300—2001，事件2中，施工总承包单位项目经理组织基础工程验收是否妥当？说明理由。本工程地基基础分部工程验收还应包括哪些人员？

4. 事件3中，施工总承包单位的3项索赔是否成立？并分别说明理由。

【解题方略】

1. 本题考查的是双代号网络计划时间参数的计算。关键线路即为总持续时间最长的线路，故解答本题第2小问的关键是找出总持续时间最长的线路。

网络计划的计算工期等于以网络计划终点节点为完成节点的工作的最早完成时间的最大值，故总工期T_C=18个月。

2. 本题考查的是土方施工机械的选择依据。土方机械化开挖应根据基础形式、工程规模、开挖深度、地质、地下水情况、土方量、运距、现场和机具设备条件、工期要求以及土方机械的特点等合理选择挖土机械，以充分发挥机械效率，节省机械费用，加速施工进度。

3. 本题考查的是地基与基础工程验收组织及验收人员。

（1）验收组织者：建设单位项目负责人或总监理工程师。

（2）验收人员：总监理工程师（建设单位项目负责人），勘察、设计、施工单位项目负责人，施工单位项目技术、质量负责人，以及施工单位技术、质量部门负责人。

《建筑工程施工质量验收统一标准》GB 50300—2001已被《建筑工程施工质量验收统一标准》GB 50300—2013替代。

4. 本题考查的是施工索赔。因工程变更（含设计变更、发包人提出的工程变更、监理工程师提出的工程变更，以及承包人提出并经监理工程师批准的变更）造成的时间、费用损失，承包商可以提出索赔。由于施工机械操作人员窝工费已包括在施工机械停工损失费中，不可重复索赔。所以，只索赔施工机械停工损失费13000元。

工期索赔的判定，主要看该工作拖延时间是否超过其总时差，若超过则影响总工期。

【参考答案】

1. 施工总承包单位提交的施工总进度计划的工期是18个月。该工程总进度计划的关键线路为①→②→④→⑥→⑧→⑨→⑪→⑫。

2. 事件1中，施工总承包单位选择土方施工机械的依据还应有：开挖深度、地质、地下水情况、土方量、运距、工期要求。

3. 根据《建筑工程施工质量验收统一标准》GB 50300—2001，事件2中，施工总承包单位项目经理组织基础分部工程验收不妥当。

理由：应由建设单位项目负责人或总监理工程师组织基础分部工程验收。

本工程地基基础分部工程验收还应包括的人员：总监理工程师；建设单位项目负责人；设计单位项目负责人；勘察单位项目负责人；施工单位技术、质量部门负责人等。

4. 事件3中，施工总承包单位的3项索赔是否成立的判断理由如下：

（1）施工机械停工损失费13000元的索赔成立。

理由：由设计变更引起的，应由建设单位承担责任。

（2）施工机械操作人员窝工费2000元的索赔不成立。

理由：施工机械操作人员窝工费已包括在施工机械停工损失费中，不可重复索赔。

（3）延期2个月的工期索赔不成立。

理由：工作B不是关键工作，有2个月的总时差，延长2个月不会影响总工期。

典型习题

实务操作和案例分析题一

【背景资料】

某省重点工程项目计划于2013年12月28日开工，由于工程复杂、技术难度高，一般施工队伍难以胜任，业主自行决定采取邀请招标的方式，并于2013年9月8日向通过资格预审的A、B、C、D、E五家施工承包企业发出了投标邀请书。该五家企业均接受了邀请，并于规定时间9月20—22日购买了招标文件。招标文件中规定：10月18日下午4时是招标文件规定的投标截止时间，11月10日发出中标通知书。

在投标截止时间之前，A、B、D、E四家企业提交了投标文件，但C企业于10月18日下午5时才送达，原因是中途堵车。10月21日下午由当地招投标监督管理办公室主持进行了公开开标。

评标委员会成员共有7人组成，其中当地招投标监督管理办公室1人、公证处1人、招标人1人、技术经济方面专家4人。评标时发现E企业投标文件虽无法定代表人签字和委托人授权书，但投标文件均已有项目经理签字并加盖了单位公章。评标委员会于10月28日提出了书面评标报告。B、A企业分列综合得分第一、第二名。由于B企业投标报价高于A企业，11月10日招标人向A企业发出了中标通知书，并于12月12日签订了书面合同。

【问题】

1. 业主自行决定采取邀请招标方式的做法是否妥当？请说明理由。

2. C企业和E企业投标文件是否有效？请分别说明理由。

3. 请指出开标工作的不妥之处，并说明理由。

4. 请指出评标委员会成员组成的不妥之处，并说明理由。

5. 招标人确定A企业为中标人是否违规？请说明理由。

6. 合同签订的日期是否违规？请说明理由。

【参考答案】

1. 根据《招标投标法》的规定，省、自治区、直辖市人民政府确定的地方重点项目中不适宜公开招标的项目，要经过省、自治区、直辖市人民政府批准，方可进行邀请招标。因此，本案例中业主自行对省重点工程项目决定采取邀请招标的做法是不妥的。

2. 根据《招标投标法》的规定，在招标文件要求提交投标文件的截止时间后送达的投标文件，招标人应当拒收。本案例中C企业的投标文件送达时间迟于投标截止时间，因此该投标文件应被拒收。

根据《招标投标法》和国家计委、建设部等《评标委员会和评标方法暂行规定》，投标文件若没有法定代表人签字和加盖公章，则属于重大偏差。本案例中E企业投标文件没有法定代表人签字，项目经理也未获得委托人授权书，无权代表本企业投标签字，尽管有单位公章，仍属存在重大偏差，应作废标处理。

3. 开标工作的不妥之处如下。

（1）根据《招标投标法》的规定，开标应当在投标文件确定的提交投标文件截止时间公开进行，本案例招标文件规定的投标截止时间是10月18日下午4时，但迟至10月21日下午才开标，为不妥之处；

（2）根据《招标投标法》的规定，开标应由招标人主持，本案例由属于行政监督部门的当地招投标监督管理办公室主持，为不妥之处。

4. 评标委员会成员组成的不妥之处如下。

根据《招标投标法》和国家计委、建设部等《评标委员会和评标方法暂行规定》，评标委员会由招标人或其委托的招标代理机构熟悉相关业务的代表，以及有关技术、经济方面的专家组成，并规定项目主管部门或者行政监督部门的人员不得担任评标委员会委员。

一般而言，公证处人员不熟悉工程项目的相关业务，当地招投标监督管理办公室属于行政监督部门，显然招投标监督管理办公室人员和公证处人员担任评标委员会成员是不妥的。《招标投标法》还规定评标委员会技术、经济等方面的专家不得少于成员总数的2/3。本案例技术、经济等方面的专家比例为4/7，低于规定的比例要求。

5. 根据《招标投标法》的规定，能够最大限度地满足招标文件中规定的各综合评价标准的中标人的投标应当中标。因此，中标人应当是综合评分最高或投标价最低投标人。本案例中B企业综合评分是第一名应当中标，以B企业投标报价高于A企业为由，A企业中标是违规的。

6. 根据《招标投标法》的规定，招标人和中标人应当自中标通知书发出之日起30d内，按照招标文件和中标人的投标文件订立书面合同，本案例于11月10日发出中标通知书，迟至12月12日才签订书面合同，两者的时间间隔已超过30d，违反了《招标投标法》的相关规定。

实务操作和案例分析题二

【背景资料】

某市属投资公司投资的大型会展中心项目，基础底面标高−15.8m，首层建筑面积9800m^2，项目总投资2.5亿元人民币，其中企业自筹资金2亿元人民币，财政拨款5000万元人民币。施工总承包招标时，招标文件中给定土方、降水和护坡工程暂估价为1800万元人民币，消防系统工程暂估价为1200万元人民币。招标文件规定，该两项以暂估价形式包括在施工总承包范围的专业工程由总承包人以招标方式选择分包人。甲公司依法成为中标人，并按招标文件和其投标文件与招标人签订了施工总承包合同。甲公司是一家有数十年历史的大型国有施工企业，设有专门的招标采购部门。总承包合同签订后，甲公司自行组织土方、降水和护坡工程以及消防工程的施工招标。招标文件均规定接受联合体投标，投标保证金金额为20万元人民币，其他规定如下：

土方、降水和护坡工程（标包1）：投标人应具备土石方工程专业承包一级资质和地基与基础工程专业承包一级资质。

消防系统工程（标包2）：某控制元件金额不大，但技术参数非常复杂且难以描述，设计单位直接以某产品型号作为技术要求，允许投标人提交备选方案。

在招标过程中，出现了以下情况。

标包1中，某投标人系由A公司和B公司组成的联合体。A公司具有土石方工程专业承包一级资质和地基与基础工程专业承包二级资质，B公司具有土石方工程专业承包一级资质和地基与基础工程专业承包一级资质。

标包2中，某投标人系由C公司与D公司组成的联合体。双方按照联合体协议约定分别提交了60%、40%的投标保证金。在开标时，主持开标的人员发现，E公司的投标函及附录中，提供了两套方案及报价，其中一套为德国产品，另一套为美国产品，且美国产品的方案写明“备选方案”。

【问题】

1. 标包1和标包2是否属于依法必须进行招标的项目？甲公司是否可以自行组织招标？分别简要说明理由。

2. 如项目的招标组织形式被项目审批部门核准为委托招标，甲公司是否可以自行组织招标？简要说明理由。

3. 由A公司和B公司组成的联合体能否承担标包1的施工？简要说明理由。

4. 标包2招标文件对控制元件的技术要求是否妥当？简要说明理由。

5. 标包2中由C公司与D公司按比例提交投标保证金的方式是否可行？简要说明理由。

6. 评标时如何处理E公司的主选方案和备选方案？如果E公司未标明“备选方案”，评标时应当如何处理？

【参考答案】

1.（1）标包1和标包2是依法必须进行招标的项目。

理由：施工单项合同价超过200万元人民币以上的，必须进行招标。

（2）甲公司不可以自行组织招标。

理由：招标人是依法提出招标项目和依法进行招标的法人或其他组织。

2. 如项目的招标组织形式被项目审批部门核准为委托招标，甲公司不可以自行组织招标。

理由：不具备招标代理资格。

3. 由A公司和B公司组成的联合体不能承担标包1的施工。

理由：联合体的资质为土石方工程专业承包一级资质和地基与基础工程专业承包二级资质，不符合招标文件的规定。

4. 标包2招标文件对控制元件的技术要求不妥当。

理由：不能指定具体产品。

5. 标包2中由C公司与D公司按比例提交投标保证金的方式可行。

理由：投标保证金的提交可以由联合体共同提交，也可以由联合体的牵头人提交。投标保证金对联合体所有成员均具有法律约束力。

6. 评标时首先对E公司的主选方案评议，E公司作为中标候选人后才对其所递交的备选投标方案予以考虑。

如果E公司未标明“备选方案”，评标时按废标处理。

实务操作和案例分析题三

【背景资料】

某开发商投资新建一住宅小区工程，包括住宅楼5幢、会所1幢以及小区市政管网和道路设施，总建筑面积24000m^2。经公开招标投标，某施工总承包单位中标，双方依据《建设工程施工合同（示范文本）》GF—2017—0201签订了施工总承包合同。

施工总承包合同中约定的部分条款如下：（1）合同造价3600万元，除设计变更、钢筋与水泥价格变动，及承包合同范围外的工作内容据实调整外，其他费用均不调整；（2）合同工期306d，从2018年3月1日起至2018年12月31日止。工期奖罚标准为2万元/d。

在合同履行过程中，发生了下列事件：

事件1：因钢筋价格上涨较大，建设单位与施工总承包单位签订了《关于钢筋价格调整的补充协议》，协议价款为60万元。

事件2：施工总承包单位进场后，建设单位将水电安装及住宅楼塑钢窗指定分包给A专业公司，并指定采用某品牌塑钢窗。A专业公司为保证工期，又将塑钢窗分包给B公司施工。

事件3：2018年3月22日，施工总承包单位在基础底板施工期间，因连续降雨发生了排水费用6万元，2018年4月5日，某批次国产钢筋常规检测合格，建设单位以保证工程质量为由，要求施工总承包单位还需对该批次钢筋进行化学成分分析，施工总承包单位委托具备资质的检测单位进行了检测，化学成分检测费用8万元，检测结果合格。针对上述问题，施工总承包单位按索赔程序和时限要求，分别提出6万元排水费用、8万元检测费用的索赔。

事件4：工程竣工验收后，施工总承包单位于2018年12月28日向建设单位提交了竣工验收报告，建设单位于2019年1月5日确认验收通过，并开始办理工程结算。

【问题】

1.《建设工程施工合同（示范文本）》GF—2017—0201由哪些部分组成？并说明事件1中《关于钢筋价格调整的补充协议》归属于合同的哪个部分？

2. 指出事件2中发包行为的错误之处？并分别说明理由。

3. 分别指出事件3中，施工总承包单位的两项索赔是否成立？并说明理由。

4. 指出本工程的竣工验收日期是哪一天，工程结算总价是多少万元？根据《建设工程价款结算暂行办法》（财建［2004］369号）的规定，分别说明会所结算、住宅小区结算属于哪种结算方式？

【参考答案】

1.《建设工程施工合同（示范文本）》GF—2017—0201由“协议书”“通用条款”“专用条款”三部分组成。

事件1中《关于钢筋价格调整的补充协议》是洽商文件，归属于合同的“协议书”部分。

2. 事件2中发包行为的错误之处及理由如下。

（1）错误之处：建设单位将水电安装及住宅楼塑钢窗指定分包给A专业公司。

理由：发包人不得将应当由一个承包人完成的建设工程肢解成若干部分发包给几个承包人。

（2）错误之处：建设单位指定采用某品牌塑钢窗。

理由：根据《建筑法》规定，按照合同约定，建筑材料、建筑构配件和设备由工程承包单位采购，发包单位不得指定承包单位购入用于工程的建筑材料、建筑构配件和设备或者指定生产厂、供应商。

（3）错误之处：A专业公司又将塑钢窗分包给B公司施工。

理由：根据《建筑法》规定，禁止分包单位将其承包的工程再分包。

3. 事件3中，排水费用6万元的索赔不成立。

理由：连续降雨相当于季节性连续下雨，属于一个有经验的承包商可以预见的事情，由此发生排水费用，已经包括在合同价款中的冬雨期施工措施费中。

事件3中，检测费用8万元的索赔成立。

理由：检验试验费是指施工企业按照有关标准规定，对建筑以及材料、构件和建筑安装物进行一般鉴定、检查所发生的费用。不包括新结构、新材料的试验费，对构件做破坏性试验及其他特殊要求检验试验的费用和建设单位委托检测机构进行检测的费用。

4. 本工程的竣工验收日期是2018年12月28日。

工程结算总价包括：（1）合同造价：3600万元；（2）钢筋涨价费：60万元；（3）索赔费用：8万元；（4）工期提前3d，奖励：3×2=6万元。工程结算总价=3600+60+8+6=3674万元。

根据《建设工程价款结算暂行办法》（财建［2004］369号）规定，会所结算属于单位工程竣工结算；住宅小区结算属于单项工程结算。

实务操作和案例分析题四

【背景资料】

某住宅楼工程，地下1层，地上20层，建筑面积24200m^2。通过招投标程序，某施工单位（总承包方）与某房地产开发公司（发包方）按照《建设工程施工合同（示范文本）》GF—2017—0201签订了施工合同。合同总价款5244万元，采用固定总价一次性包死，合同工期400d。

施工中发生了以下事件：

事件1：发包方未与总承包方协商便发出书面通知，要求本工程必须提前60d竣工。

事件2：总承包方与没有劳务施工作业资质的包工头签订了主体结构施工的劳务合同。总承包方按月足额向包工头支付了劳务费。但包工头却拖欠作业班组2个月的工资。作业班组因此直接向总承包方讨薪，并导致全面停工2d。

事件3：发包方指令将住宅楼南面外露阳台全部封闭，并及时办理了合法变更手续，总承包方施工3个月后工程竣工。总承包方在工程竣工结算时追加阳台封闭的设计变更增加费用43万元，发包方以固定总价包死为由拒绝签认。

事件4：在工程即将竣工前，当地遭遇了龙卷风袭击，本工程外窗玻璃部分破碎，现场临时装配式活动板房损坏。总承包方报送了玻璃实际修复费用51840元，临时设施及停窝工损失费178000元的索赔资料，但发包方拒绝签认。

【问题】

1. 事件1中，发包方以通知书形式要求提前工期是否合法？说明理由。

2. 事件2中，作业班组直接向总承包方讨薪是否合法？说明理由。

3. 事件3中，发包方拒绝签认设计变更增加费是否违约？说明理由。

4. 事件4中，总承包方提出的各项请求是否符合约定？分别说明理由。

【参考答案】

1. 事件1中，发包方以通知书形式要求提前工期不合法。

理由：施工单位（总承包方）与房地产开发公司（发包方）已签订合同，合同当事人欲变更合同须征得对方当事人的同意，发包方不得任意压缩合同约定的合理工期。

2. 事件2中，作业班组直接向总承包方讨薪合法。

理由：总承包方与没有劳务施工作业资质的包工头签订的合同属于无效合同。

3. 事件3中，发包方拒绝签认设计变更增加费不违约。

理由：根据《通用合同条款》的规定，总承包方在确认设计变更后14d内不提出设计变更增加款项的，视为该项设计变更不涉及合同价款变更。总承包方是在设计变更施工3个月后才提出设计变更报价，已超过合同约定的期限。因此，发包方有权拒绝签认。

4. 事件4中，总承包方提出的各项请求是否符合约定以及理由：

（1）玻璃实际修复费用的索赔请求符合约定。

理由：不可抗力发生后，工程本身的损害所造成的经济损失由发包方承担。

（2）临时设施损失费的索赔请求不符合约定。

理由：不可抗力发生后，工程所需的清理、修复费用由发包人承担。

（3）停窝工损失费的索赔请求不符合约定。

理由：不可抗力发生后，停工损失由承包人承担。

实务操作和案例分析题五

【背景资料】

某政府机关在城市繁华地段建一幢办公楼。在施工招标文件的附件中要求投标人具有垫资能力，并写明：投标人承诺垫资每增加500万元的，评标增加1分。某施工总承包单位中标后，因设计发生重大变化，需要重新办理审批手续。为了不影响按期开工，建设单位要求施工总承包单位按照设计单位修改后的草图先行开工。施工中发生了以下事件：

事件1：施工总承包单位的项目经理在开工后又担任了另一个工程的项目经理，于是项目经理委托执行经理代替其负责本工程的日常管理工作，建设单位对此提出异议。

事件2：施工总承包单位以包工包料的形式将全部结构工程分包给劳务公司。

事件3：在底板结构混凝土浇筑过程中，为了不影响工期，施工总承包单位在连夜施工的同时，向当地行政主管部门报送了夜间施工许可申请，并对附近居民进行公告。

事件4：为便于底板混凝土浇筑施工，基坑四周未设临边防护；由于现场架设灯具照明不够，工人从配电箱中接出220V电源，使用行灯照明进行施工。

为了分解垫资压力，施工总承包单位与劳务公司的分包合同中写明：建设单位向总包单位支付工程款后，总包单位才向分包单位付款，分包单位不得以此要求总包单位承担逾期付款的违约责任。

为了强化分包单位的质量安全责任，总分包双方还在补充协议中约定，分包单位出现质量安全问题，总包单位不承担任何法律责任，全部由分包单位自己承担。

【问题】

1. 建设单位招标文件是否妥当？说明理由。

2. 施工总承包单位开工是否妥当？说明理由。

3. 事件1～事件3中，施工总承包单位的做法是否妥当？说明理由。

4. 指出事件4中的错误，写出正确做法。

5. 分包合同条款能否规避施工总承包单位的付款责任？说明理由。

6. 补充协议的约定是否合法？说明理由。

【参考答案】

1. 建设单位的招标文件不妥当。

理由：不能把承诺垫资作为评标的加分条件。

2. 施工总承包单位开工不妥当。

理由：《建设工程质量管理条例》规定，施工图设计文件未经审查批准的，不得使用。建设单位要求施工总承包单位按照设计单位修改后的草图先行开工是违反《建设工程质量管理条例》的规定。

3. 事件1～事件3中，施工总承包单位的做法是否妥当的判断及理由如下：

（1）事件1中，施工总承包单位的做法不妥当。

理由：不应该同时担任两个项目的项目经理。

（2）事件2中，施工总承包单位的做法不妥当。

理由：《建筑法》规定，建筑工程的主体结构的施工必须由总承包单位自行完成，而本事件中总承包单位以包工包料的形式将全部结构工程分包给劳务公司，这不符合规定，况且还分包给不具有相应资质条件的分包单位。

（3）事件3中，施工总承包单位的做法不妥当。

理由：在城市市区范围内从事建筑工程施工，如需夜间施工的，在办理了夜间施工许可证明后，才可以进行夜间施工，并公告附近社区居民。

4. 事件4中的错误及其正确做法如下：

（1）错误：底板混凝土浇筑施工时，基坑四周未设临边防护。

正确做法：应设置防护栏杆、挡脚板并封挂立网进行封闭。

（2）错误：工人从配电箱中接出220V电源，使用行灯照明进行施工。

正确做法：使用行灯照明时，电压不得超过36V。

5. 分包合同条款不能规避施工总承包单位的付款责任。

理由：因为分包合同是由总承包单位与分包单位签订的，不涉及建设单位，总承包单位不能因建设单位未付工程款为由拒付分包单位的工程款。

6. 补充协议的约定不合法，属于无效条款。

理由：建设工程实行施工总承包的，总承包单位应当对全部建设工程质量负责，总承包单位与分包单位对分包工程的质量承担连带责任；由总承包单位对施工现场的安全负总责，总承包单位与分包单位对分包工程的安全生产承担连带责任。

实务操作和案例分析题六

【背景资料】

某工程项目通过公开招标的方式确定了3个不同性质的施工单位承担该项工程全部施工任务，建设单位分别与A公司签订了土建施工合同，与B公司签订了设备安装合同，与C公司签订了电梯安装合同。三个合同协议中都对建设单位提出了一个相同的条款，即"建设单位应协调现场其他施工单位，为三家公司创造可利用条件"。合同执行过程中，发生如下事件：

事件1：A公司在签订合同后因自身资金周转困难，随后和承包商D公司签订了分包合同，在分包合同中约定承包商D按照建设单位（业主）与承包商A约定的合同金额的10%向承包商A支付管理费，一切责任由承包商D承担。

事件2：由于A公司在现场施工时间拖延5d，造成B公司的开工时间相应推迟了5d，B公司向A公司提出了索赔。

事件3：顶层结构楼板吊装后，A公司立刻拆除塔式起重机，改用卷扬机运材料作层面及装饰。C公司原计划由建设单位协调使用塔式起重机将电梯设备吊上9层楼顶的设想落空后，提出用A公司的卷扬机运送，A公司提出卷扬机吨位不足，不能运送。最后，C公司只好为机房设备的吊装重新设计方案。C公司就新方案的实施引起的费用增加和工期延误向建设单位提出索赔。

【问题】

1. 事件1中A公司的做法是否符合国家有关法律规定？其行为属于什么行为？

2. 事件2中B公司向A公司提出索赔是否正确？如不正确，说明正确的做法。

3. 事件3中C公司向建设单位提出的索赔是否合理？理由是什么？

4. 根据《建设工程质量管理条例》的规定，工程承发包过程中的违法分包行为有哪些？

【参考答案】

1. A公司的做法不符合国家有关法律的规定。

A公司的行为属于非法转包行为，这是《招标投标法》中禁止的行为。

2. 事件2中B公司向A公司提出的索赔不正确。

正确做法：B公司就因A公司的拖延造成其开工推迟的工期和费用损失，向建设单位提出索赔。

3. 事件3中C公司向建设单位提出的索赔是合理的。

理由：在施工合同中约定，建设单位应协调现场其他施工单位为承包单位创造可利用条件。

4. 根据《建设工程质量管理条例》的规定，违法分包行为主要有：

（1）总承包单位将建设工程分包给不具备相应资质条件的单位的。

（2）建设工程总承包中未有约定，又未经建设单位认可，承包单位将其承包的部分建设工程交由其他单位完成的。

（3）施工总承包单位将建设工程主体结构的施工分包给其他单位的。

（4）分包单位将其承包的建设工程再分包的。

实务操作和案例分析题七

【背景资料】

某公司承建某大学城项目，在装饰装修阶段，大学城建设单位追加新建校史展览馆，紧临在建大学城项目，总建筑面积2160m^2，总造价408万元，工期10个月。部分陈列室采用木龙骨石膏板吊顶。

考虑到工程较小，某公司也具有相应资质，建设单位经当地建设相关主管部门批准后，未通过招投标直接委托给该公司承建。

展览馆项目设计图纸已齐全，结构造型简单，且施工单位熟悉周边环境及现场条件，甲乙双方协商采用固定总价计价模式签订施工承包合同。

考虑到展览馆项目紧临大学城项目，用电负荷较小，且施工组织仅需6台临时用电设备，某公司依据《施工组织设计》编制了《安全用电和电气防火措施》，决定不单独设置总配电箱，直接从大学城项目总配电箱引出分配电箱，施工现场临时用电设备直接从分配电箱连接供电，项目经理安排了一名有经验的机械工进行用电管理。

施工过程中发生如下事件：

事件1：开工后，监理工程师对临时用电管理进行检查，认为存在不妥，责令整改。

事件2：吊顶石膏面板大面积安装完成，施工单位请监理工程师通过预留未安装面板部位对吊顶工程进行隐蔽验收，被监理工程师拒绝。

【问题】

1. 大学城建设单位将展览馆项目直接委托给某公司是否合法？说明理由。

2. 该工程采用固定总价合同模式，是否妥当？给出固定总价合同模式适用的条件。除背景资料中固定总价合同模式外，常用的合同计价模式还有哪些（至少列出三项）？

3. 指出校史展览馆工程临时用电管理中的不妥之处，并分别给出正确的做法。

4. 事件2中监理工程师的做法是否正确？并说明理由。木龙骨石膏板吊顶工程应对哪些项目进行隐蔽验收？

【参考答案】

1. 大学城建设单位将展览馆项目直接委托给某公司合法。

理由：在建工程追加的附属小型工程，且承包人未发生变更的，经县级以上地方人民政府建设行政主管部门批准，可以不进行施工招标。

2. 采用固定总价合同妥当。

固定总价合同模式适用的条件：

（1）工程量小、工期短，估计在施工过程中环境因素变化小，工程条件稳定并合理；

（2）工程设计详细，图纸完整、清楚，工程任务和范围明确；

（3）工程结构和技术简单，风险小；

（4）投标期相对宽裕，承包商可以有充足的时间详细考察现场，复核工程量，分析招标文件，拟订施工计划；

（5）合同条件中双方的权利和义务十分清楚，合同条件完备，期限短（1年以内）。

除背景资料中固定总价合同模式外，常用的合同计价模式还有：变动总价合同、固定单价合同、变动单价合同、成本加酬金合同。

3. 校史展览馆工程临时用电的不妥之处与正确做法如下：

（1）不妥之处：编制《安全用电和电气防火措施》。

正确做法：应编制《用电组织设计》（或临时用电专项施工方案）。

（2）不妥之处：施工现场临时用电设备直接从分配电箱连接供电。

正确做法：施工现场所有用电设备必须有各自专用的开关箱，用电设备从开关箱取电，开关箱再从分配电箱取电。

（3）不妥之处：项目经理安排了一名有经验的机械工进行用电管理。

正确做法：项目经理应安排持证电工进行用电管理。

4. 事件2中监理工程师的做法正确。

理由：吊顶石膏面板安装前就应该请监理工程师进行隐蔽验收。

木龙骨石膏板吊顶工程应对以下项目进行隐蔽验收：（1）吊顶内管道、设备的安装及水管试压；（2）木龙骨防火、防腐处理；（3）预埋件或拉结筋；（4）吊杆安装；（5）龙骨安装；（6）填充材料的设置。

实务操作和案例分析题八

【背景资料】

施工总承包单位与建设单位于2015年2月20日签订了某20层综合办公楼工程施工合同。合同中约定：（1）人工费综合单价为45元/工日；（2）施工总承包单位须配有应急备用电源。工程于3月15日开工，施工过程中发生如下事件：

事件1：3月19～20日遇罕见台风暴雨迫使基坑开挖暂停，造成人工窝工20工日，1台挖掘机陷入黏土中。

事件2：3月21日施工总承包单位租赁一台塔式起重机（1500元/台班）吊出陷入黏土中的挖掘机（500元/台班），并进行维修保养，导致停工2d，3月23日上午8时恢复基坑开挖工作。

事件3：5月10日上午地下室底板结构施工时，监理工程师口头紧急通知停工，5月11日监理工程师发出因设计修改而暂停施工令；5月14日施工总承包单位接到监理工程师要求5月15日复工的指令。期间共造成人工窝工300工日。

事件4：主体结构完成后，施工总承包单位把该工程会议室的装饰装修分包给某专业分包单位，会议室地面采用天然花岗岩石材饰面板，用量350m^2。会议室墙面采用人造木板装饰，其中细木工板用量600m^2，用量最大的一种人造饰面木板300m^2。

针对事件1～事件3，施工总承包单位及时向建设单位提出了工期和费用索赔。

【问题】

1. 事件1～事件3中，施工总承包单位提出的工期和费用索赔是否成立？分别说明理由。

2. 事件1～事件3中，施工总承包单位可获得的工期和费用索赔各是多少？

3. 事件4中，专业分包单位对会议室墙面、地面装饰材料是否需进行抽样复验？分别说明理由。

【参考答案】

1. 施工总承包单位就事件1～事件3提出的工期和费用索赔的判定及理由如下：

事件1：工期索赔成立，费用索赔不成立。

理由：由于不可抗力造成的工期可以顺延，但窝工费用不给予补偿。

事件2：工期和费用索赔均不成立。

理由：因不可抗力发生造成的施工机械设备损坏及停工损失费用由承包商自己承担。

事件3：工期和费用索赔成立。

理由：由于设计变更造成的工期延误和费用增加的责任应由建设单位承担。

2.（1）事件1～事件3中，施工总承包单位可获得的工期索赔。

事件1：可索赔工期2d。

事件3：可索赔工期5d。

共计可索赔工期7d。

（2）事件1～事件3中，施工总承包单位可获得的费用索赔：

300×45＝13500元。

3.（1）事件4中，专业分包单位对水泥、天然花岗石材饰面应进行抽样复验。

理由：粘贴墙面、地面所用的水泥应复验凝结时间、安定性和抗压强度。民用建筑工程室内装修采用天然花岗石石材和瓷质砖使用面积大于200m^{2}时，应对不同产品、不同批次材料分别进行放射性指标复验。本工程用量350m^2，因此需要复验。

（2）对细木工板不必抽样复验。

理由：民用建筑工程室内装修中采用的某一种人造木板或饰面人造木板面积大于500m^{2}时，应对不同产品、不同批次材料的游离甲醛含量或游离甲醛释放量分别进行复验。本工程最大一种细木工板用量300m^2，因此不必复验。

实务操作和案例分析题九

【背景资料】

甲公司投资建设一幢地下1层、地上5层的框架结构商场工程，乙施工企业中标后，双方采用《建设工程施工合同》（示范文本）GF—2017—0201签订了合同。合同采用固定总价承包方式，合同工期为405d，并约定提前或逾期竣工的奖罚标准为5万元/d。

合同履行中出现了以下事件：

事件1：乙方施工至首层框架柱钢筋绑扎时，甲方书面通知将首层及以上各层由原设计层高4.30m变更为4.80m，当日乙方停工。25d后甲方才提供正式变更图纸，工程恢复施工，复工当日乙方立即提出停窝工损失150万元和顺延工期25d的书面报告及相关索赔资料，但甲方收到后始终未予答复。

事件2：在工程装修阶段，乙方收到了经甲方确认的设计变更文件，调整了部分装修材料的品种和档次。乙方在施工完毕3个月后的结算中，申报了该项设计变更增加费80万元，但遭到甲方的拒绝。

事件3：从甲方下达开工令起至竣工验收合格止，本工程历时425d。甲方以乙方逾期竣工为由从应付款中扣减了违约金100万元。乙方认为逾期竣工的责任在于甲方。

【问题】

1. 事件1中，乙方的索赔是否生效？结合合同索赔条款说明理由。

2. 事件2中，乙方申报设计变更增加费是否符合约定？结合合同变更条款说明理由。

3. 事件3中，乙方是否逾期竣工？说明理由并计算奖罚金额。

【参考答案】

1. 事件1中，乙方的索赔是生效的。

理由：该事件是由非承包单位所引起，承包人应在知道或应当知道索赔事件发生后28d内，向监理人递交索赔意向通知书，并说明发生索赔事件的事由。承包人应在发出索赔意向通知书后28d内，向监理人正式递交索赔通知书。监理人应按相关规定商定或确定追加的付款和（或）延长的工期，并在收到上述索赔通知书或有关索赔的进一步证明材料后的42d内，将索赔处理结果答复承包人，未作答复的视为认可该索赔。

2. 事件2中，乙方申报设计变更增加费不符合约定。

理由：承包人申报时间超出了规定的14d的期限。这超出索赔时效，丧失要求索赔的权利，所以甲方可不赔偿。

3. 事件3中，乙方没有逾期竣工。

理由：因为造成工程延期是由建设单位提出设计变更引起的（造成延误25d），非施工单位责任，乙方已按规定在索赔有效期内提出索赔要求，所以甲方应给予工期补偿。合同工期为405d，再加上顺延工期25d，承包人完成工程的合理工期为430d，而本工程历时425d，说明工程提前5d竣工。

奖励金额=（430−425）×5=25万元。

实务操作和案例分析题十

【背景资料】

某施工单位对某公寓楼投标中标，建筑面积为4326m^2，与招标人签订了合同。合同工期1年，2014年9月1日开工。协议书合同价格为316万元。在专用条款中约定，价格的调整、执行通用条款有关规定；单价调整，执行《建设工程工程量清单计价规范》GB 50500—2013，工程量清单的工程量增减的约定幅度为10%。在2014年10月31日承包人进行工程量统计时，发现原工程量清单漏项1项；工程量比清单项目超过8%的和12%的各1项，当即向工程师提出了变更报告，工程师在11月8日确认了该两项变更。11月18日向工程师提出了变更工程价款的报告，工程师在11月25日确认了承包人提出的变更价款的报告。

【问题】

1. 按确定合同价格的方式看，该合同属于哪一类？

2. 该合同专用条款规定的调整合同价格的方式是否恰当？为什么？

3. 10月31日发现的清单漏项1项和工程量比清单超过的2项，在进行价格调整时，各用什么单价？

4. 承包人提出的变更工程价款的报告和工程师确认工程价款报告，时间是否有效？是否有效的依据是什么？

5. 如果工程师批准变更工程价款的报告生效，发包人何时支付该合同价款？

【参考答案】

1. 这是一份可调价格合同。合同造价的316万元属暂定合同价，根据专用条款的规定，允许根据通用条款进行调整。

2. 专用条款规定的调整合同价格的方式是恰当的，因为涉及的2个文件对工程价款变更有明确的规定，其中不明确的工程量变更幅度也在此明确了。

3. 1项漏项的单价，由承包人提出，工程师（或发包人）确认后使用；工程量超过清单工程量8%的1项，由于在规定的幅度10%以内，故调整合同价格时，使用原清单的综合单价；工程量超过清单工程量12%的1项，由于在规定的幅度10%以上，故调整合同价格时，综合单价由承包人提出，工程师（或发包人）确认后使用。

4. 承包人提出的变更工程价款的报告，是在工程师确认工程变更后第11d，没有超过14d的规定，因此有效。工程师确认工程价款报告，是在承包人提出的变更工程价款的报告8d后，没有超过14d的规定，因此有效。

5. 如果工程师批准变更工程价款的报告生效，发包人应将其作为追加合同价款，与工程款同期支付。

实务操作和案例分析题十一

【背景资料】

某豪华酒店工程项目，20层框架混凝土结构，全现浇混凝土楼板，主休工程已全部完工，经验收合格，进入装饰装修施工阶段。该酒店的装饰装修工程由某装饰公司承揽了施工任务，装饰装修工程施工工期为150d，装饰公司在投标前已领取了全套施工图纸，该装饰装修工程采用固定总价合同，合同总价为720万元。

该装饰公司在酒店装修的施工过程中采取了以下施工方法：地面镶边施工过程中，在靠墙处采用砂浆填补，在采用掺有水泥拌和料做踢脚线时，用石灰浆进行打底，木竹地面的最后一遍涂饰在裱糊工程开始前进行。对地面工程施工采用的水泥的凝结时间和强度进行复验后开始使用。在水磨石整体面层施工过程中，采用同类材料以分格条设置镶边。

【问题】

1. 该酒店的装饰装修工程合同采用固定总价是否妥当？为什么？

2. 建设工程合同按照承包工程计价方式可划分为哪几类？

3. 判断该装饰公司在酒店装修施工过程中采取的施工方法存在哪些不妥当之处，并说出正确的做法。

4. 按照《建筑装饰装修工程质量验收标准》GB 50210—2018和《民用建筑工程室内环境污染控制标准》GB 50325—2020的规定，一般情况下，装饰装修工程中应对哪些进场材料的种类和项目进行复验？

【参考答案】

1. 该酒店的装饰装修工程合同采用固定总价是妥当的。固定总价合同计价方式一般适用于工程规模较小、技术比较简单、工期较短，且核定合同价格时已经具备完整、详细的工程设计文件和必需的施工技术管理条件的工程建设项目。本案例工程基本符合上述条件，因此，采用固定总价合同是妥当的。

2. 建设工程合同按照承包工程计价方式可划分为固定价格合同、可调价格合同和成本加酬金合同。

3. 对该装饰公司在酒店装饰施工过程中采取的施工方法妥当与否的判定如下。

（1）不妥之处：地面镶边施工过程中，在靠墙处采用砂浆填补。

正确做法：地面镶边施工过程中，在靠墙处不得采用砂浆填补。

（2）不妥之处：在采用掺有拌合料做踢脚线时，用石灰浆进行打底。

正确做法：当采用掺有水泥拌合料做踢脚线时，不得用石灰浆打底。

（3）不妥之处：木竹地面的最后一遍涂饰在裱糊工程开始前进行。

正确做法：木竹地面的最后一遍涂饰在裱糊工程完成后进行。

（4）不妥之处：对地面工程施工采用的水泥的凝结时间和强度进行复验后开始使用。

正确做法：地面工程施工采用的水泥，需对其凝结时间、安定性和抗压强度进行复验后方可使用。

4. 按照《建筑装饰装修工程质量验收标准》GB 50210—2018和《民用建筑工程室内环境污染控制标准》GB 50325—2020的规定，一般情况下，装饰装修工程中应对水泥、防水材料、室内用人造木竹、室内用天然花岗石和室内饰面瓷砖工程、外墙面陶瓷面砖进行复验。

第七章　建筑工程施工现场管理

2011—2020 年度实务操作和案例分析题考点分布

考点＼年份	2011 年	2012 年	2013 年	2014 年	2015 年	2016 年	2017 年	2018 年	2019 年	2020 年
现场材料管理				●	●					●
高层钢结构安装准备工作及钢构件现场堆放要求					●					
现场文明施工管理	●		●	●			●	●		
现场宿舍的管理			●							●
施工现场环境保护技术要点		●					●			
项目管理规划的编制	●									
工程总承包管理的内容与程序							●	●		
施工平面图现场管理的总体要求	●									
违反民用建筑节能规定的法律责任	●									
劳动力需求计划			●				●		●	
劳务工人实名制管理		●								
绿色施工技术		●								
绿色建筑评价与等级划分									●	●
土方施工机械的选择依据	●									
排桩支护结构方式							●			
施工现场临时用电					●		●			
施工临时用水管理			●			●				
编制项目管理目标责任书的依据					●					
劳务用工基本规定					●					
项目资源管理的内容					●					
施工现场平面布置与文明施工					●					
施工现场消防管理		●	●	●				●		
施工现场食堂管理				●						●
节能与能源利用的技术要点			●					●		
节水与水资源利用的技术要点		●								
平面控制测量的基本工作		●								

续表

考点 \ 年份	2011年	2012年	2013年	2014年	2015年	2016年	2017年	2018年	2019年	2020年
施工机械设备选择的原则、方法及检查项目								●		
墙体节能									●	
施工现场混凝土浇筑常用的机械设备									●	

【专家指导】

关于施工现场相关知识点考核的力度越来越大。现场文明施工管理、施工现场平面布置与施工现场消防管理是高频考点。节能、环境保护与施工机械设备的选择与配置也是很重要的命题点，考生在复习过程中应熟练掌握。

要点归纳

1. 施工现场卫生与防疫**【高频考点】**

（1）现场宿舍：必须设置可开启式窗户，宿舍内的床铺不得超过2层，严禁使用通铺；现场宿舍内应保证有充足的空间，室内净高不得小于2.5m，通道宽度不得小于0.9m，每间宿舍居住人员不得超过16人。

（2）现场食堂：设置在远离厕所、垃圾站、有毒有害场所等污染源的地方；设置独立的制作间、储藏间，门扇下方应设不低于0.2m的防鼠挡板，配备必要的排风设施和冷藏设施，燃气罐应单独设置存放间，存放间应通风良好并严禁存放其他物品；必须办理卫生许可证，炊事人员必须持身体健康证上岗，上岗应穿戴洁净的工作服、工作帽和口罩，应保持个人卫生，不得穿工作服出食堂，非炊事人员不得随意进入制作间。

2. 现场文明施工管理的控制要点**【高频考点】**

（1）施工现场出入口明显处设置工程概况牌。

（2）施工现场必须实施封闭管理，现场出入口设门卫室，场地四周必须采用封闭围挡，围挡要坚固、整洁、美观，并沿场地四周连续设置。一般路段的围挡高度不得低于1.8m，市区主要路段的围挡高度不得低于2.5m。

（3）施工现场的施工区域应与办公、生活区划分清晰，并应采取相应的隔离防护措施。在建工程内严禁住人。

（4）高层建筑要设置专用的消防水源和消防立管，每层留设消防水源接口。

（5）施工现场应设宣传栏、报刊栏、悬挂安全标语和安全警示标志牌，加强安全文明施工宣传。

3. 建筑工程施工易发的职业病类型及其致因**【一般考点】**

（1）矽尘肺——碎石设备作业、爆破作业。

（2）一氧化碳中毒——手工电弧焊、电渣焊、气割、气焊作业。

（3）苯中毒——油漆作业、防腐作业。

（4）二甲苯中毒——油漆作业、防水作业、防腐作业。

（5）手臂振动病——操作混凝土振动棒、风镐作业。

（6）噪声致聋——木工圆锯、平刨操作，无齿锯切割作业，卷扬机操作，混凝土振捣作业。

（7）苯致白血病——油漆作业、防腐作业。

4. 绿色建筑评价标准**【重要考点】**

（1）绿色建筑评价

绿色建筑评价指标体系由安全耐久、生活便利、健康舒适、环境宜居、资源节约5类指标组成，且每类指标均包括控制项和评分项；评价指标体系还统一设置加分项。

（2）绿色建筑等级划分

绿色建筑分为基本级、一星级、二星级、三星级4个等级。

5. 绿色施工要点**【高频考点】**

（1）环境保护技术要点

1）夜间施工：办理夜间施工许可证明，并公告附近社区居民。

2）尽量避免或减少施工过程中的光污染。

3）污水处理：施工现场污水排放要与所在地县级以上人民政府市政管理部门签署污水排放许可协议，申领《临时排水许可证》。雨水排入市政雨水管网，污水经沉淀处理后二次使用或排入市政污水管网。施工现场泥浆、污水未经处理不得直接排入城市排水设施和河流、湖泊、池塘。

4）食堂设置：用餐人数在100人以上的，应设置简易有效的隔油池。

5）施工现场场地处理：主要道路必须进行硬化处理，土方集中堆放；裸露的场地和集中堆放的土方应采取覆盖、固化或绿化等措施；土方作业采取防止扬尘措施。

6）建筑物内施工垃圾：采用相应的容器或管道运输，严禁凌空抛掷。

（2）节材与材料资源利用技术要点

推广使用商品混凝土和预拌砂浆、高强钢筋和高性能混凝土，减少资源消耗。推广钢筋专业化加工和配送，优化钢结构制作和安装方案，装饰贴面类材料在施工前，应进行总体排版策划，减少资源损耗。采用非木质的新材料或人造板材代替木质板材。

（3）节水与水资源利用的技术要点

保护地下水环境。采用隔水性能好的边坡支护技术。在缺水地区或地下水位持续下降的地区，基坑降水尽可能少地抽取地下水；当基坑开挖抽水量大于50万m^3时，应进行地下水回灌，并避免地下水被污染。

（4）节能与能源利用的技术要点

优先使用国家、行业推荐的节能、高效、环保的施工设备和机具。合理安排工序，提高各种机械的使用率和满载率，降低各种设备的单位耗能。优先考虑耗用电能的或其他能耗较少的施工工艺。

临时设施宜采用节能材料，墙体、屋面使用隔热性能好的材料，减少夏天空调、冬天取暖设备的使用时间及耗能量。

施工现场分别设定生产、生活、办公和施工设备的用电控制指标，定期进行计量、核算、对比分析，并有预防和纠正措施。

（5）节地与施工用地保护的技术要点

应对深基坑施工方案进行优化，减少土方开挖和回填量，最大限度地减少对土地的扰动，保护周边自然生态环境。

施工现场道路按照永久道路和临时道路相结合的原则布置。施工现场内形成环形通路，减少道路占用土地。

6. 材料采购方案的选择**【一般考点】**

（1）方案优选原则：选择采购费和储存费之和最低的方案。

（2）采购费和储存费之和的计算公式：$F=Q/2\times P\times A+S/Q\times C$。

式中 Q——每次采购量；

P——采购单价；

A——年仓库储存费率；

S——总采购量；

C——每次采购费。

7. 最优采购批量的计算**【一般考点】**

$$Q_0=\sqrt{2SC/PA}$$

8. 施工机械设备选择的依据和原则**【重要考点】**

（1）施工机械设备选择的依据：施工项目的施工条件、工程特点、工程量多少及工期要求等。

（2）施工机械设备选择的原则主要有：适应性、高效性、稳定性、经济性和安全性。

9. 施工机械设备选择的方法**【重要考点】**

施工机械设备选择的方法有：单位工程量成本比较法；折算费用法（等值成本法）；界限时间比较法；综合评分法等。

10. 劳务用工的基本规定**【重要考点】**

总承包企业或专业承包企业支付劳务企业分包款时，应责成专人现场监督劳务企业将工资直接发放给劳务工本人，严禁发放给“包工头”或由“包工头”替多名劳务工代领工资，以避免出现“包工头”携款潜逃，劳务工资拖欠的情况。

11. 劳务实名制管理的主要措施**【重要考点】**

（1）总承包企业、项目经理部和作业分包单位必须按规定分别设置劳务管理机构和劳务管理员，制定劳务管理制度。

（2）作业分包单位的劳务员在进场施工前，应按实名制管理要求，将进场施工人员花名册、身份证、劳动合同文本、岗位技能证书复印件及时报送总承包商备案。

12. 劳动力计划的编制要求与劳动力需求计划**【高频考点】**

（1）劳动力计划编制要求

① 要保持劳动力均衡使用。劳动力使用不均衡，不仅会给劳动力调配带来困难，还会出现过多、过大的需求高峰，同时也增加了劳动力的管理成本，还会带来住宿、交通、饮食、工具等方面的问题。

② 要根据工程的实物量和定额标准分析劳动需用总工日，确定生产工人、工程技术人员的数量和比例，以便对现有人员进行调整、组织、培训，以保证现场施工的劳动力到位。

③ 要准确计算工程量和施工期限。

（2）劳动力投入量的计算

$$劳动力投入量=\frac{劳动力投入总工时}{班次/日\times工时/班次\times活动持续时间}=\frac{工时消耗量\times工程量/单位工程量}{班次/日\times工时/班次\times活动持续时间}$$

（3）劳动力需求计划的编制，需考虑的因素：工程量、劳动力投入量、持续时间、班次、劳动效率、每班工作时间。

13. 施工总平面图设计要点**【高频考点】**

（1）设置大门（两个以上），引入场外道路。

（2）布置仓库、堆场：接近使用地点，其纵向宜与现场临时道路平行，尽可能利用现场设施卸货；货物装卸需要时间长的仓库应远离路边。存放危险品类的仓库应远离现场单独设置，离在建工程距离不小于15m。

（3）布置加工厂：使材料和构件的运输量最小，垂直运输设备发挥较大的作用；工作有关联的加工厂适当集中。

（4）布置场内临时运输道路：主要道路进行硬化处理，主干道两侧应有排水措施。临时道路应把仓库、加工厂、堆场和施工点贯穿起来。主干道宽度单行道不小于4m，双行道不小于6m。木材场两侧应有6m宽通道，端头处应有12m×12m回车场，消防车道宽度不小于4m，载重车转弯半径不宜小于15m。

（5）布置临时水、电管网和其他动力设施：临时总变电站应设在高压线进入工地最近处，尽量避免高压线穿过工地。管网一般沿道路布置，供电线路应避免与其他管道设在同一侧，同时支线应引到所有用电设备使用地点。

14. 临时用电组织设计的编制与实施**【重要考点】**

（1）编制条件：临时用电设备在5台及以上或设备总容量在50kW及以上的。

（2）编制者：电气工程技术人员。

（3）实施：经相关部门审核，并经具有法人资格企业的技术负责人批准，现场监理签认后实施。

（4）投入使用前的共同验收者：编制、审核、批准部门、使用单位。

15. 安全特低电压照明器的应用**【重要考点】**

（1）隧道、人防工程、高温、有导电灰尘、比较潮湿或灯具离地面高度低于2.5m等场所的照明，电源电压不应大于36V。

（2）潮湿和易触及带电体场所的照明，电源电压不得大于24V。

（3）特别潮湿场所、导电良好的地面、锅炉或金属容器内的照明，电源电压不得大于12V。

16. 配电线路布置要求**【重要考点】**

（1）施工现场架空线必须采用绝缘导线，导线长期连续负荷电流应小于导线计算负荷电流。

（2）电缆线路中，五芯电缆必须包含淡蓝、绿/黄两种颜色绝缘芯线。淡蓝色芯线必须用作N线；绿/黄双色芯线必须用作PE线，严禁混用。

（3）室内配线必须有短路保护和过载保护。

17. 配电箱与开关箱的设置要求**【高频考点】**

（1）配电系统采用配电柜或总配电箱、分配电箱、开关箱三级配电方式。

（2）总配电箱应设在靠近进场电源的区域，分配电箱应设在用电设备或负荷相对集中的区域，分配电箱与开关箱的距离不得超过30m，开关箱与其控制的固定式用电设备的水平距离不宜超过3m。

（3）每台用电设备必须有各自专用的开关箱，严禁用同一个开关箱直接控制2台及2台以上用电设备（含插座）。

（4）固定式配电箱、开关箱的中心点与地面的垂直距离应为1.4～1.6m。移动式配电箱、开关箱的中心点与地面的垂直距离宜为0.8～1.6m。

（5）配电箱的电器安装板上必须分设N线端子板和PE线端子板。N线端子板必须与金属电器安装板绝缘；PE线端子板必须与金属电器安装板做电气连接。进出线中的N线必须通过N线端子板连接，PE线必须通过PE线端子板连接。

（6）配电箱、开关箱的金属箱体、金属电器安装板以及电器正常不带电的金属底座、外壳等，必须通过PE线端子板与PE线做电气连接，金属箱门与金属箱体必须采用编织软铜线做电气连接。

18. 施工临时用水量的分类**【重要考点】**

施工临时用水量的分类（5类）：现场施工用水量、施工机械用水量、施工现场生活用水量、生活区生活用水量、消防用水量。

19. 施工现场供水设施的设置**【重要考点】**

（1）管线穿路处均要套以铁管，并埋入地下0.6m处，以防重压。

（2）排水沟沿道路两侧布置，纵坡不小于0.2%，过路处须设涵管，在山地建设时应有防洪设施。

（3）消火栓间距不大于120m；距拟建房屋不小于5m且不宜大于25m，距路边不宜大于2m。

20. 施工现场总用水量的计算**【重要考点】**

（1）当（$q_1+q_2+q_3+q_4$）$\leqslant q_5$时，则$Q=q_5+(q_1+q_2+q_3+q_4)/2$；

（2）当（$q_1+q_2+q_3+q_4$）$>q_5$时，则$Q=q_1+q_2+q_3+q_4$；

（3）当工地面积小于$5hm^2$，而且（$q_1+q_2+q_3+q_4$）$<q_5$时，则$Q=q_5$。

21. 临时用水管径的计算**【高频考点】**

$$d=\sqrt{\frac{4Q}{\pi\cdot v\cdot 1000}}$$

式中 d——配水管直径，m；

Q——耗水量，L/s；

v——管网中水流速度（1.5～2m/s）。

22. 施工现场防火要求**【重要考点】**

（1）建立义务消防队，人数不少于施工总人数的10%。

（2）施工现场夜间应设置照明设施，保持车辆畅通，有人值班巡逻。

（3）不得在高压线下面搭设临时性建筑物或堆放可燃物品。

（4）危险物品之间的堆放距离不得小于10m，危险物品与易燃易爆品的堆放距离不得小于30m。

（5）乙炔瓶和氧气瓶的存放间距不得小于2m，使用时距离不得小于5m，距火源的距离不得小于10m。

23. 施工现场消防器材的配备及摆放【高频考点】

（1）临时搭设的建筑物区域内每100m²配备2只10L灭火器。

（2）临时木料间、油漆间、木工机具间等，每25m²配备一只灭火器。

（3）应有足够的消防水源，其进水口一般不应少于两处。

（4）室外消火栓之间的距离不应大于120m；消防箱内消防水管长度不小于25m。

（5）手提式灭火器设置在挂钩、托架上或消防箱内，其顶部离地面高度应小于1.5m，底部离地面高度不宜小于0.15m。

24. 施工现场消防管理【重要考点】

（1）动火证当日有效并按规定开具，动火地点变换，要重新办理动火证手续。

（2）氧气瓶、乙炔瓶工作间距不小于5m，两瓶与明火作业距离不小于10m。

（3）施工现场严禁吸烟。不得在建设工程内设置宿舍。

（4）配备足够的义务消防人员。

（5）易燃材料仓库应设在水源充足、消防车能驶到的地方，并应设在下风方向。

（6）有明火的生产辅助区和生活用房与易燃材料之间，至少应保持30m的防火间距。有飞火的烟囱应布置在仓库的下风地带。

（7）焊、割作业点与氧气瓶、乙炔瓶等危险物品的距离不得小于10m，与易燃易爆物品的距离不得少于30m。

（8）乙炔瓶和氧气瓶之间的存放距离不得小于2m，使用时两者的距离不得小于5m。

（9）施工现场的焊、割作业，必须符合防火要求，严格执行“十不烧”规定。

（10）油漆料库与调料间应分开设置，且应与散发火星的场所保持一定的防火间距。

（11）操作间的建筑应采用阻燃材料搭建，操作间内严禁吸烟和明火作业。

历 年 真 题

实务操作和案例分析题一［2020年真题］

【背景资料】

某工程项目部根据当地政府要求进行新冠疫情后复工，按照住建部《房屋市政工程复工复产指南》（建办质［2020］8号）规定，制定了《项目疫情防控措施》，其中规定有：

（1）施工现场采取封闭式管理。严格施工区等“四区”分离，并设置隔离区和符合标准的隔离室。

（2）根据工程规模和务工人员数量等因素，合理配备疫情防控物资。

（3）现场办公场所、会议室、宿舍应保持通风，每天至少通风3次，并定期对上述重点场所进行消毒。

项目部制定的《模板施工方案》中规定有：

（1）模板选用15mm厚木胶合板，木枋格栅、围檩。

（2）水平模板支撑采用碗扣式钢管脚手架，顶部设置可调托撑。

（3）碗扣式脚手架钢管材料为Q235级，高度超过4m，模板支撑架安全等级按Ⅰ级要求设计。

（4）模板及其支架的设计中考虑了下列各项荷载：

① 模板及其支架自重（G_1）。

② 新浇筑混凝土自重（G_2）。

③ 钢筋自重（G_3）。

④ 新浇筑混凝土对模板侧面的压力（G_4）。

⑤ 施工人员及施工设备产生的荷载（Q_1）。

⑥ 浇筑和振捣混凝土时产生的荷载（Q_2）。

⑦ 泵送混凝土或不均匀堆载等附加水平荷载（Q_3）。

⑧ 风荷载（Q_4）。

进行各项模板设计时，参与模板及支架承载力计算的荷载项见表7-1。

参与模板及支架承载力计算的荷载项（部分） **表7-1**

计算内容	参与荷载项
底面模板承载力	
支架水平杆及节点承载力	G_1、G_2、G_3、Q_1
支架立杆承载力	
支架结构整体稳定	

某部位标准层楼板模板支撑架设计剖面示意图见图7-1。

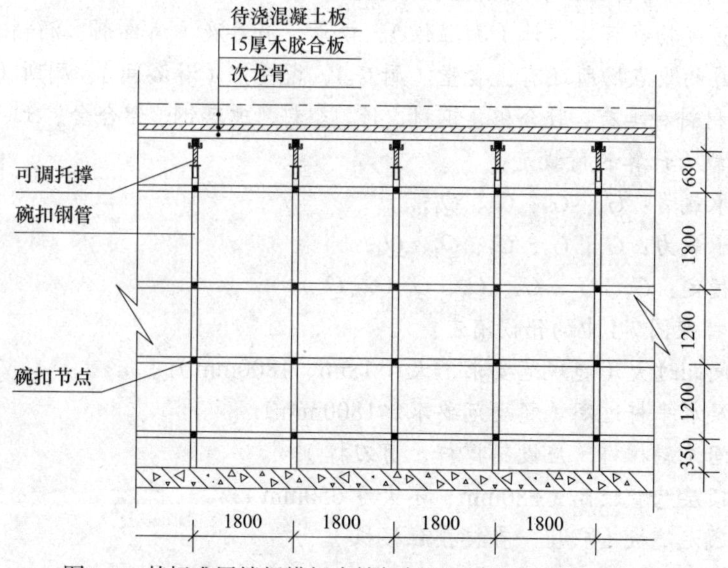

图7-1 某标准层楼板模板支撑架剖面示意图（单位：mm）

【问题】

1.《项目疫情防控措施》规定的“四区”中除施工区外还有哪些？施工现场主要防疫物资有哪些？需要消毒的重点场所还有哪些？

2. 作为混凝土浇筑模板的材料种类都有哪些？（如木材）

3. 写出表7-1中其他模板与支架承载力计算内容项目的参与荷载项。（如支架水平杆及节点承载力：G_1、G_2、G_3、Q_1）

4. 指出图7-1中模板支撑架剖面图中的错误之处。

【解题方略】

1. 本题考核的是施工现场准备和办公及生活场所管理。回答本题注意要结合《房屋市政工程复工复产指南》。《房屋市政工程复工复产指南》规定：（1）严格施工区、材料加工和存放区、办公区、生活区等"四区"分离，并设置隔离区和符合标准的隔离室；（2）根据工程规模和务工人员数量等因素，合理配备体温计、口罩、消毒剂等疫情防控物资；（3）定期对宿舍、食堂、盥洗室、厕所等重点场所进行消毒，并加强循环使用餐具清洁消毒管理，严格执行一人一具一用一消毒。

2. 本题考核的是混凝土浇筑模板的材料种类。本题考核的较为基础，应避免丢分。

3. 本题考核的是参与模板及支架承载力计算的荷载项。本题要根据背景资料和实际工作经验作答。

4. 本题考核的是模板支撑。（1）立杆顶端可调托撑伸出顶层水平杆的悬臂长度不应超过650mm。（2）立杆间距应通过设计计算确定，当立杆采用Q235级材质钢管时，立杆间距不应大于1.5m。（3）步距应通过立杆碗扣节点间距均匀设置；对安全等级为Ⅰ级的模板支撑架，架体顶层两步距应比标准步距缩小至少一个节点间距。（4）模板支撑架应设置竖向斜撑杆并且安全等级为Ⅰ级的模板支撑架应在架体周边、内部纵向和横向每隔4～6m各设置一道竖向斜撑杆。

【参考答案】

1.（1）还有：材料加工和存放区、办公区、生活区；

（2）主要防疫物资有体温计（测温仪）、口罩、消毒液（消毒剂、酒精）；

（3）需消毒的重点场所还有：食堂（厨房）、盥洗室（淋浴间）、厕所（卫生间）。

2. 模板的材料种类有：胶合板、钢材、竹、塑料、玻璃钢、铝合金、土、砖、混凝土。

3. 模架承载力计算的荷载是：

底面模板承载力：G_1、G_2、G_3、Q_1；

支架立杆承载力：G_1、G_2、G_3、Q_1、Q_4；

支架整体稳定：G_1、G_2、G_3、Q_1、Q_4（或Q_3）。

4. 模板支撑架图7-1中的错误有：

（1）立杆间距过大（超规范要求、大于1.5m、1800mm）；

（2）最上层水平杆过高（超规范要求、1800mm）；

（3）立柱间无斜撑杆（应设斜撑杆、剪刀撑）；

（4）立杆顶层悬臂较高（680mm、不大于650mm）；

（5）立杆底无垫板（底座、直接接触楼板）。

实务操作和案例分析题二［2018年真题］

【背景资料】

一建筑施工场地，东西长110m，南北宽70m，拟建建筑物首层平面80m×40m，地下2层，地上6/20层，檐口高26/68m，建筑面积约48000m^2。施工场地部分临时设施平面布置示意图如图7-2所示。图中布置施工临时设施有：现场办公室，木工加工及堆场，钢筋加工及堆场，油漆库房，塔吊，施工电梯，物料提升机，混凝土地泵，大门及围墙，车辆冲洗池（图中未显示的设施均视为符合要求）。

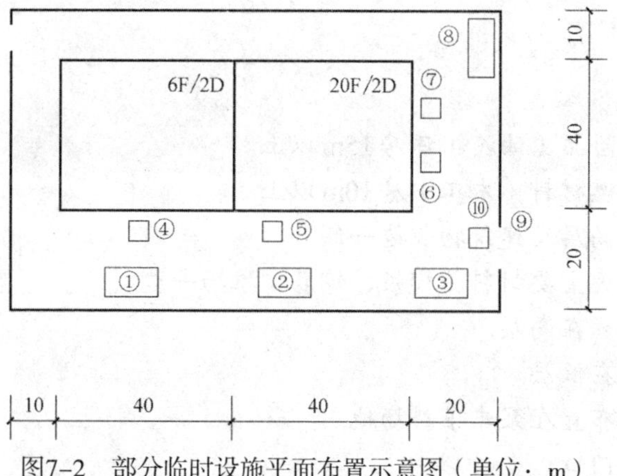

图7-2　部分临时设施平面布置示意图（单位：m）

【问题】

1. 写出图7-2中临时设施编号所处位置最宜布置的临时设施名称（如⑨大门及围墙）。

2. 简单说明布置理由。

3. 施工现场安全文明施工宣传方式有哪些？

【解题方略】

1. 本题考查的是施工总平面图设计的原则和要点。本题需要考生具有一定的实际工作经验，即可轻松作答。

2. 本题考查的是施工总平面图设计的原则和要点。本题包括施工平面管理中出入口管理的规定。施工总平面图设计的原则：（1）平面布置科学合理，施工场地占用面积少；（2）合理组织运输，减少二次搬运；（3）施工区域的划分和场地的临时占用区域应符合总体施工部署和施工流程的要求，减少相互干扰；（4）充分利用既有建（构）筑物和既有设施为项目施工服务，降低临时设施的建造费用；（5）临时设施应方便生产和生活；办公区、生活区、生产区宜分区域设置。考生要对施工总平面图设计要点及其相关管理规定有足够的了解。布置塔吊时，应考虑其覆盖范围、可吊构件的重量以及构件的运输和堆放；同时还应考虑塔吊的附墙杆件及使用后的拆除和运输。布置混凝土泵的位置时，应考虑泵管的输送距离、混凝土罐车行走方便，一般情况下立管位置应相对固定且固定牢固，泵车可以现场流动使用。

3. 本题考查的是现场文明施工管理的控制要点。施工现场应设宣传栏、报刊栏，悬挂安全标语和安全警示标志牌，加强安全文明施工宣传。

【参考答案】

1. 图7-2中临时设施编号所处位置最宜布置的临时设施：

① 木工加工及堆场；

② 钢筋加工及堆场；

③ 现场办公室；

④ 物料提升机；

⑤ 塔吊；

⑥ 混凝土地泵；

⑦ 施工电梯；

⑧ 油漆库房；
⑨ 大门及围墙；
⑩ 车辆冲洗池。

2. 布置理由：

（1）建筑物距危险品（油漆）库房15m以上。

（2）建筑物距易燃材料（木工）房10m以上。

（3）塔吊布置在高层及建筑物长边一侧。

（4）塔吊布置临近主要材料（模板、钢筋）堆场一边。

（5）施工电梯布置在高层。

（6）提升机布置在低层。

（7）混凝土地泵布置在泵车下料场地。

（8）冲洗池在大门口。

3. 宣传方式：宣传栏、报刊栏、黑板报、宣传标语、警示标志牌。

实务操作和案例分析题三［2017年真题］

【背景资料】

某新建办公楼工程，总建筑面积68000m²，地下2层，地上30层，人工挖孔桩基础，设计桩长18m，基础埋深8.5m，地下水为-4.5m；裙房6层，檐口高28m；主楼高度128m，钢筋混凝土框架-核心筒结构。建设单位与施工单位签订了施工总承包合同。施工单位制定的主要施工方案有：排桩＋内支撑式基坑支护结构；裙房用落地式双排扣件式钢管脚手架，主楼布置外附墙式塔吊，核心筒爬模施工，结构施工用胶合板模板。施工中，木工堆场发生火灾。紧急情况下值班电工及时断开了总配电箱开关，经查，火灾是因为临时用电布置和刨花堆放不当引起。部分木工堆场临时用电现场布置剖面示意图见图7-3。

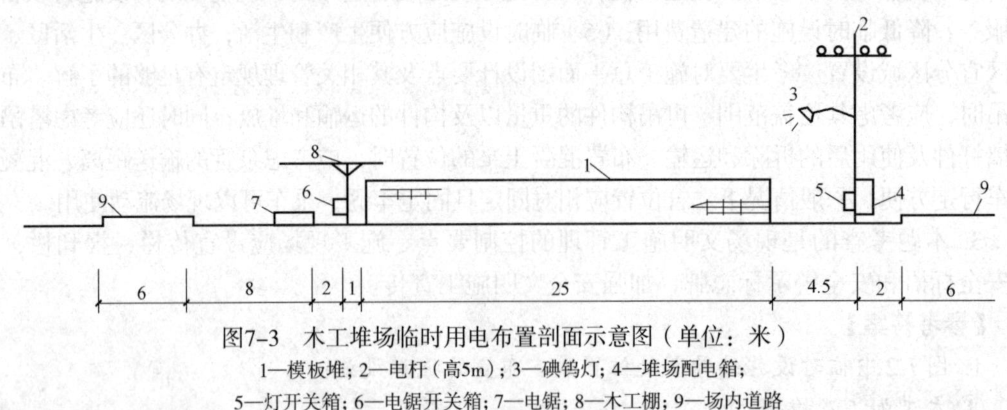

图7-3　木工堆场临时用电布置剖面示意图（单位：米）
1—模板堆；2—电杆（高5m）；3—碘钨灯；4—堆场配电箱；
5—灯开关箱；6—电锯开关箱；7—电锯；8—木工棚；9—场内道路

施工单位为接驳市政水管，安排人员在夜间挖沟、断路施工，被主管部门查处，要求停工整改。在地下室结构实体采用回弹法进行强度检验中，出现个别部位C35混凝土强度不足，项目部质量经理随机安排公司实验室检测人员采用钻芯法对该部位实体混凝土进行检测，并将检验报告报监理工程师。监理工程师认为其做法不妥，要求整改。整改后钻芯检测的试样强度分别为28.5MPa、31MPa、32MPa。该建设单位项目负责人组织对工程进行检查验收，施工单位分别填写了《单位工程质量竣工验收记录表》中的“验收记录”“验收结论”“综合验收结论”。“综合验收结论”为“合格”。参加验收单位人员分别进行了签字。政府质量监督部门认为一些做法不妥，要求改正。

【问题】

1. 背景资料中，需要进行专家论证的专项施工方案有哪些？排桩支护结构方式还有哪些？

2. 指出图7-3中措施做法的不妥之处。正常情况下，现场临时配电系统停电的顺序是什么？

3. 对需要市政停水、封路而影响环境时的正确做法是什么？

4. 说明混凝土结构实体检验管理的正确做法。该钻芯检验部位C35混凝土实体检验结论是什么？并说明理由。

5.《单位工程质量竣工验收记录表》中“验收记录”“验收结论”“综合验收结论”应该由哪些单位填写？“综合验收结论”应该包含哪些内容？

【解题方略】

1. 本题考查的是排桩支护结构方式。

排桩支护通常由支护桩、支撑（或土层锚杆）及防渗帷幕等组成。排桩可根据工程情况为悬臂式支护结构、拉锚式支护结构、内撑式支护结构和锚杆式支护结构。

适用条件：基坑侧壁安全等级为一级、二级、三级；适用于可采取降水或止水帷幕的基坑。

2. 本题考查的是临时用电的管理。

（1）配电系统应采用配电柜或总配电箱、分配电箱、开关箱三级配电方式。

（2）总配电箱应设在靠近进场电源的区域，分配电箱应设在用电设备或负荷相对集中的区域，分配电箱与开关箱的距离不得超过30m，开关箱与其控制的固定式用电设备的水平距离不宜超过3m。

（3）每台用电设备必须有各自专用的开关箱，严禁用同一个开关箱直接控制两台及两台以上用电设备（含插座）。

（4）配电箱、开关箱（含配件）应装设端正、牢固。固定式配电箱、开关箱的中心点与地面的垂直距离应为1.4～1.6m。移动式配电箱、开关箱应装设在坚固、稳定的支架上，其中心点与地面的垂直距离宜为0.8～1.6m。

（5）配电箱的电器安装板上必须分设N线端子板和PE线端子板。N线端子板必须与金属电器安装板绝缘；PE线端子板必须与金属电器安装板做电气连接。进出线中的N线必须通过N线端子板连接，PE线必须通过PE线端子板连接。

（6）配电箱、开关箱的金属箱体、金属电器安装板以及电器正常不带电的金属底座、外壳等，必须通过PE线端子板与PE线做电气连接，金属箱门与金属箱体必须采用编织软铜线做电气连接。

3. 本题考查的是施工现场环境保护的内容。

（1）在城市市区范围内从事建筑工程施工，项目必须在工程开工15d以前向工程所在地县级以上地方人民政府环境保护管理部门申报登记。

（2）施工期间应遵照《建筑施工场界环境噪声排放标准》GB 12523—2011制定降噪措施。确需夜间施工的，应办理夜间施工许可证明，并公告附近社区居民。

（3）尽量避免或减少施工过程中的光污染。夜间室外照明灯应加设灯罩，透光方向集中在施工范围。电焊作业采取遮挡措施，避免电焊弧光外泄。

（4）施工现场的主要道路必须进行硬化处理，土方应集中堆放。裸露的场地和集中堆放的土方应采取覆盖、固化或绿化等措施。施工现场土方作业应采取防止扬尘措施。

（5）拆除建筑物、构筑物时，应采用隔离、洒水等措施，并应在规定期限内将废弃物清理完毕。建筑物内施工垃圾的清运，必须采用相应的容器或管道运输，严禁凌空抛掷。

（6）施工中需要停水、停电、封路而影响环境时，必须经有关部门批准，事先告示，并设有标志。

4. 本题考查的是混凝土结构实体检验管理。

（1）对涉及混凝土结构安全的有代表性的部位应进行结构实体检验。结构实体检验应包括混凝土强度、钢筋保护层厚度、结构位置与尺寸偏差以及合同约定的项目；必要时可检验其他项目。

（2）结构实体检验应由监理单位组织施工单位实施，并见证实施过程。施工单位应制定结构实体检验专项方案，并经监理单位审核批准后实施。除结构位置与尺寸偏差外的结构实体检验项目，应由具有相应资质的检测机构完成。

（3）结构实体混凝土强度检验宜采用同条件养护试件方法；当未取得同条件养护试件强度或同条件养护试件强度不符合要求时，可采用回弹-取芯法进行检验。

5. 本题考查的是《单位工程质量竣工验收记录表》的内容和填写要求。本题可联系工程实际进行解答。

【参考答案】

1. 需要专家论证的方案有：土方开挖工程、支护工程、降水工程、核心筒爬模工程、人工挖孔桩工程。

支护方式还有：悬臂式、拉锚式、锚杆式。

2. 不妥之处：

不妥1：分配电箱距离开关箱太远（30.5m）；

不妥2：开关箱距离胶合板模板堆场太近（1m）；

不妥3：电杆距离胶合板堆场太近（4.5m）；

不妥4：碘钨灯的使用；

不妥5：木工棚没有封闭；

正常停电顺序是：开关箱→分配电箱→总配电箱。

3. 需要市政停水、封路的正确做法是：向主管部门提出申请、取得主管部门的批准，实施前的事先公示和对沟、槽覆盖，设置警示标志。

4. 混凝土取芯检验的正确做法是：

做法1：监理工程师见证取样；

做法2：由项目技术负责人组织实施；

做法3：具有资质的检测机构（实验室）承担检验。

C35混凝土实体检验结论：不合格。

原因是：混凝土试样的实测值强度平均值达到设计强度的87.1%＜88%（或未达到设计强度的88%），最低实测强度值达到设计强度值的81.4%＞80%。

5. 验收记录应由施工单位填写，验收结论应由监理单位填写，综合验收结论应由建设单位填写；

综合验收结论填写内容应该包括：是否符合设计要求，是否符合标准规范要求，总体质量评价。

实务操作和案例分析题四［2016年真题］

【背景资料】

某住宅楼工程，场地占地面积约10000m^2，建筑面积约14000m^2，地下2层，地上16层，层高2.8m，檐口高47m，结构设计为筏板基础，剪力墙结构，施工总承包单位为外地企业，在本项目所在地设有分公司。

本工程项目经理组织编制了项目施工组织设计，经分公司技术部经理审核后，报分公司总工程师（公司总工程师授权）审批；由项目技术部经理主持编制外脚手架（落地式）施工方案，经项目总工程师审批；专业承包单位组织编制塔吊安装拆卸方案，按规定经专家论证后，报施工总承包单位总工程师、总监理工程师、建设单位负责人签字批准实施。

在施工现场消防技术方案中，临时施工道路（宽4m）与施工（消防）用主水管沿在建住宅楼环状布置，消火栓设在施工道路两侧，距路中线5m，在建住宅楼外边线距道路中线9m，施工用水管计算中，现场施工用水量（$q_1+q_2+q_3+q_4$）为8.5L/s，管网水流速度1.6m/s，漏水损失10%，消防用水量按最小用水量计算。

根据项目试验计划，项目总工程师会同试验员选定1、3、5、7、9、11、13、16层各留置1组C30混凝土同条件养护试件。试件在浇筑点制作，脱模后放置在下一层楼梯口处，第5层C30混凝土同条件养护试件强度试验结果为28MPa。

施工过程中发生塔式起重机倒塌事故，在调查塔式起重机基础时发现：塔式起重机基础为6m×6m×0.9m，混凝土强度等级为C20，天然地基持力层承载力特征值（f_{ak}）为130kPa，施工单位仅对地基承载力进行计算，并据此判断满足安全要求。

针对项目发生的塔式起重机事故，当地建设行政主管部门认定为施工总承包单位的不良行为记录，对其诚信行为记录及时进行了公布、上报，并向施工总承包单位工商注册所在地的建设行政主管部门进行了通报。

【问题】

1. 指出项目施工组织设计、外脚手架施工方案、塔式起重机安装拆卸方案编制、审批的不妥之处，并写出相应的正确做法。

2. 指出施工现场消防技术方案的不妥之处，并写出相应的正确做法。施工总用水量是多少（单位：L/s）？施工用水主管的计算管径是多少（单位mm，保留两位小数）？

3. 题中同条件养护试件的做法有何不妥，并写出正确做法。第5层C30混凝土同条件养护试件的强度代表值是多少？

4. 分别指出项目塔式起重机基础设计计算和构造中的不妥之处，并写出正确做法。

5. 分别写出项目所在地和企业工商注册所在地建设行政主管部门对施工企业诚信行为记录的管理内容有哪些？

【解题方略】

1. 本题考查的是专项方案的编制、审批。对于专项方案的编制、审批，可抓住以下关键点进行掌握：

（1）专项方案的审核组织者：施工单位技术部门。

（2）专项方案的审核参加者：施工单位施工技术、安全、质量等部门的专业技术人员。

（3）签字：经审核合格的，由施工单位技术负责人签字；实行施工总承包的，由总承包单位技术负责人及相关专业承包单位技术负责人签字。

（4）执行：不需专家论证的专项方案，经施工单位审核合格后报监理单位，由项目总监理工程师审核签字后执行。

2. 本题考查的是施工临时用水管理。对于消火栓的设置，应掌握“消火栓间距、距拟建房屋的距离及与路边的距离”等内容。

消火栓距路边不应大于2m，所以“消火栓设在施工道路两侧，距路中线5m”不妥。

在建住宅楼外边线距道路中线9m时，消火栓与房屋距离为4m。但由于消火栓距拟建房屋不小于5m且不大于25m。所以，“在建住宅楼外边线距道路中线9m”不妥。

施工总用水量的计算公式如下：

（1）当（$q_1+q_2+q_3+q_4$）≤q_5时，则$Q=q_5+(q_1+q_2+q_3+q_4)/2$；

（2）当（$q_1+q_2+q_3+q_4$）>q_5时，则$Q=q_1+q_2+q_3+q_4$；

（3）当工地面积小于5hm^2，而且（$q_1+q_2+q_3+q_4$）<q_5时，则$Q=q_5$。

根据背景资料进行如下判断：

（1）该住宅楼工程，场地占地面积约10000m^2，建筑面积约14000m^2。故工地面积小于50000m^2。

（2）消防用水量按最小用水量计算，即q_5=10L/s。现场施工用水量（$q_1+q_2+q_3+q_4$）为8.5L/s<10L/s。

综上所述，施工总用水量$Q=q_5$=10L/s。由于考虑10%的漏水损失，则总用水量=10×（1+10%）=11L/s。

供水管径是在计算总用水量的基础上按公式计算的。若已知用水量，按规定设定水流速度，就可以计算出管径。所以本题第2小问中施工总用水量的计算是关键。此类题并无难点，只要对公式熟悉掌握，灵活运用即可。

3. 本题考查的是同条件养护试件的取样、留置与强度等级要求。根据《混凝土结构工程施工质量验收规范》GB 50204—2015，同条件养护时间的取样和留置应符合下列规定：

（1）同条件养护试件所对应的结构构件或结构部位，应由施工、监理等各方共同选定，且同条件养护试件的取样宜均匀分布于工程施工周期内；

（2）同条件养护试件应在混凝土浇筑入模处见证取样；

（3）同条件养护试件应留置在靠近相应结构构件的适当位置，并应采取相同的养护方法；

（4）同一强度等级的同条件养护试件不宜少于10组，且不应少于3组。每连续2层楼取样不应少于1组；每2000m^{3}取样不得少于1组。

4. 本题考查塔式起重机安全控制要点。根据《建筑机械使用安全技术规程》JGJ 33—2012的规定，起重机的轨道基础或混凝土基础应验收合格后，方可使用。起重机的轨道基础、混凝土基础应修筑排水设施，排水设施应与基坑保持安全距离。

5. 本题考查的是诚信行为信息管理。关于诚信行为信息管理，考生应分别了解住房和城乡建设部，各省、自治区和直辖市建设行政主管部门，各市、县建设行政主管部门，中央管理企业和企业工商注册所在地建设行政主管部门对诚信行为信息管理的内容。

【参考答案】

1.（1）不妥之处：由项目技术部经理主持编制外脚手架（落地式）施工方案，经项目总工程师审批。

正确做法：专项方案应当由施工单位技术部门组织本单位施工技术、安全、质量等部门的专业技术人员进行审核。不需专家论证的专项方案，经施工单位审核合格后报监理单位，由项目总监理工程师审核签字后执行。

（2）不妥之处：专业承包单位组织编制塔式起重机安装拆卸方案，按规定经专家论证后，报施工总承包单位总工程师、总监理工程师、建设单位负责人签字批准实施。

正确做法：实行施工总承包的，专项方案应当由总承包单位技术负责人及相关专业承包单位技术负责人签字。

2.（1）施工现场消防技术方案的不妥之处及正确做法如下：

1）不妥之处：消火栓设在施工道路两侧，距路中线5m。

正确做法：消火栓距路边不应大于2m。

2）不妥之处：在建住宅楼外边线距道路中线9m。

正确做法：在建住宅楼外边线距道路中线9m时，消火栓与房屋距离为4m。消火栓距拟建房屋不小于5m且不大于25m。

（2）施工总用水量（Q）的计算：

消防用水量（q_5）最小为10L/s。

当工地面积小于50000m^2，且（$q_1+q_2+q_3+q_4$）$<q_5$时，$Q=q_5$。即8.5L/s＜10L/s，$Q=$10L/s。若考虑10%的漏水损失，施工总用水量（Q）$=10\times(1+10\%)=11$L/s。

（3）管网水流速度（v）$=1.6$m/s。

施工用水主管的计算管径$d=\sqrt{\frac{4Q}{\pi\cdot v\cdot 1000}}=\sqrt{\frac{4\times 11}{3.14\times 1.6\times 1000}}=93.58$mm。

3.（1）同条件养护试件做法的不妥之处及正确做法如下：

1）不妥之处：项目总工程师会同试验员选定1、3、5、7、9、11、13、16层各留置1组C30混凝土同条件养护试件。

正确做法：项目总工程师会同监理（建设）共同决定每层不少于1组C30混凝土同条件养护试件。

2）不妥之处：脱模后放置在下一层楼梯口处。

正确做法：脱模后应放置在浇筑地点旁边（本层楼）。

（2）第5层C30混凝土同条件养护试件的强度代表值$=28\div 0.88=31.82$MPa。

4. 项目塔式起重机基础设计计算和构造中的不妥之处及正确做法如下：

（1）不妥之处：塔式起重机基础为6m×6m×0.9m，混凝土强度等级为C20。

正确做法：塔式起重机基础高度不应小于1m，混凝土强度等级不应低于C25。

（2）不妥之处：施工单位仅对地基承载力进行计算，并据此判断满足安全要求。

正确做法：还应增加变形和稳定性计算。

5. 项目所在地建设行政主管部门对施工企业诚信行为记录的管理内容包括：负责采集、审核、记录、汇总、公布、上报、通报。

注册所在地建设行政主管部门对施工企业诚信行为记录的管理内容包括：负责建立和完善信用档案。

实务操作和案例分析题五［2015年真题］

【背景资料】

某新建办公楼工程，建筑面积48000m^2，地下2层，地上6层，中庭高度为9m，钢筋混凝土框架结构。经公开招标投标，总承包单位以31922.13万元中标，其中暂定金额1000万元。双方依据《建设工程合同（示范文本）》GF—2013—0201签订了施工总承包合同，合同工期为2013年7月1日起至2015年5月30日止，并约定在项目开工前7d支付工程预付款。预付比例为15%，从未完施工工程尚需的主要材料的价值相当于工程预付款额时开始扣回，主要材料所占比重为65%。

自工程招标开始至工程竣工结算的过程中，发生了下列事件：

事件1：在项目开工之前，建设单位按照相关规定办理施工许可证，要求总承包单位做好制定施工组织设计中的各项技术措施，编制专项施工组织设计，并及时办理政府专项管理手续等相关配合工作。

事件2：总承包单位进场前与项目部签订了《项目管理日标责任书》，授权项日经理实施全面管理，项目经理组织编制了项目管理规划大纲和项目管理实施规划。

事件3：项目实行资金预算管理，并编制了工程项目现金流量表，其中2013年度需要采购钢筋总量为1800t，按照工程款收支情况，提出2种采购方案：

方案1：以1个月为单位采购周期，一次性采购费用为320元，钢筋单价为3500元/t，仓库月储存率为4‰。

方案2：以2个月为单位采购周期，一次性采购费用为330元，钢筋单价为3450元/t，仓库月储存率为3‰。

事件4：总承包单位于合同约定之日正式开工，截至2013年7月8日建设单位仍未支付工程预付款，于是总承包单位向建设单位提出如下索赔：购置钢筋资金占用费用1.88万元、利润18.26万元、税金0.58万元，监理工程师签认情况属实。

事件5：总承包单位将工程主体劳务分给某劳务公司，双方签订了劳务分包合同，劳务分包单位进场后，劳务分包单位将劳务施工人员的身份证等资料的复印件上报备案。某月总承包单位将劳务分包款拨付给劳务公司，劳务公司自行发放，其中木工班长代领木工工人工资后下落不明。

【问题】

1. 事件1中，为配合建设单位办理施工许可证，总承包单位需要完成哪些保证工程质量和安全的技术文件与手续?

2. 指出事件2中的不妥之处，并说明正确做法，编制《项目管理目标责任书》的依据有哪些?

3. 事件3中，列出计算采购费用和储存费用之和，并确定总承包单位应选择哪种采购方案？现金流量表中应包括哪些活动产生的现金流量?

4. 事件4中，列式计算工程预付款、工程预付款起扣点（单位：万元，保留小数点后两位）。总承包单位的哪些索赔成立。

5. 指出事件5中的不妥之处，并说明正确做法，按照劳务实名制管理劳务公司还应该将哪些资料的复印件报总承包单位备案?

【解题方略】

1. 本题考查的是施工许可证的办理。本题并无难点，也可联系工程实际进行解答。

2. 本题考查的是建设工程项目管理的有关规定。项目管理规划包括项目管理规划大纲和项目管理实施规划两类文件。项目管理规划大纲由组织的管理层或组织委托的项目管理单位编制；项目管理实施规划由项目经理组织编制。

项目管理目标责任书可依据项目合同文件；组织的管理制度；项目管理规划大纲；组织的经营方针和目标进行编制。

3. 本题考查的是材料采购和现金流量表的内容。在进行材料采购时，应进行方案优选，选择采购费和储存费之和最低的方案。计算公式如下：

$$F=Q/2\times P\times A+S/Q\times C$$

式中 F——采购费和储存费之和；

Q——每次采购量；

P——采购单价；

A——年仓库储存费率；

S——总采购量；

C——每次采购费。

对于现金流量表的考核，应用“建设工程经济”的相关内容进行解答。现金流量表的内容应当包括经营活动、投资活动和筹资活动产生的现金流量。

4. 本题考查的是工程预付款的计算及施工索赔。对于工程预付款，考核频率较高，考生应对公式熟练掌握。

施工索赔的判断应结合背景资料逐项进行分析，找出事故责任方，判断索赔是否成立。发包人没有按时支付预付款的，承包人可催告发包人支付；发包人在付款期满后的7d内仍未支付的，承包人可在付款期满后的第8天起暂停施工。发包人应承担由此增加的费用和（或）延误的工期，并向承包人支付合理的利润。

5. 本题考查的是劳务用工管理。关于劳务工人工资发放，只需考生明确的一点是“工资直接发放给农民工本人”。

总承包企业、项目经理部和劳务分包单位必须按规定分别设置劳务管理机构和劳务管理员，制定劳务管理制度。劳务分包单位的劳务员在进场施工前，应按实名制管理要求，将进场施工人员花名册、身份证、劳动合同文本、岗位技能证书复印件及时报送总承包商备案。总承包方劳务员根据劳务分包单位提供的劳务人员信息资料，逐一核对是否有身份证、劳动合同和岗位技能证书，不具备以上条件的不得使用，总承包商将不允许其进入施工现场。

【参考答案】

1. 事件1中，为配合建设单位办理施工许可证，总承包单位需要完成：施工组织设计、危险性较大的分部分项工程清单和安全管理措施、安全专项方案清单、专家论证的方案清单、文明施工措施、季节性施工措施等保证工程质量和安全的技术文件与手续。

2.（1）事件2中的不妥之处：项目经理组织编制了项目管理规划大纲和项目管理实施规划。

正确做法：项目管理规划大纲应由组织的管理层或组织委托的项目管理单位编制；项目管理实施规划应由项目经理组织编制。

（2）编制《项目管理目标责任书》的依据有：项目合同文件；组织的管理制度；项目管理规划大纲；组织的经营方针和目标。

3.（1）计算

① 方案1：每次采购数量为1800÷6=300t，则采购费用和储存费之和=300÷2×3500×4‰×6+1800÷300×320=14520元。

② 方案2：每次采购数量为1800÷3=600t，则采购费用和储存费之和=600÷2×3450×3‰×6+1800÷600×330=19620元。

③ 由于方案1的采购及储存费之和最小，故应以每个月为采购周期。因此总承包单位选择方案1。

（2）现金流量表中应包括经营活动、投资活动和筹资活动产生的现金流量。

4. 事件4中，工程预付款=（31922.13−1000）×15%=4638.32万元。

工程预付款起扣点=31922.13−1000−4638.32/65%=23786.25万元。

索赔成立的是钢筋资金占用费1.88万元、利润18.26万元。

5.（1）事件5中的不妥之处及正确做法。

不妥之处：总承包单位将劳务分包款拨付给劳务公司，劳务公司自行发放，其中木工班长代领木工工人工资后下落不明。

正确做法：总承包企业或专业承包企业支付劳务企业劳务分包款时，应责成专人现场监督劳务企业将工资直接发放给劳务工本人，严禁发放给“包工头”或由“包工头”替多名劳务工代领工资，以避免出现“包工头”携款潜逃，劳务工资拖欠的情况。

（2）劳务实名制管理劳务公司还应该将进场施工人员花名册、劳动合同文本、岗位技能证书复印件及时报送总承包商备案。

实务操作和案例分析题六［2015年真题］

【背景资料】

某建筑工程，占地面积8000m^2，地下3层，地上30层，框筒结构，结构钢筋采用HRB400等级，底板混凝土强度等级C35，地上3层及以下核心筒和柱混凝土强度等级为C60，局部区域为两层通高报告厅，其主梁配置了无粘结预应力筋，某施工企业中标后进场组织施工，施工现场场地狭小，项目部将所有材料加工全部委托给专业加工场进行场外加工。

在施工过程中，发生了下列事件：

事件1：在项目部依据《建设工程项目管理规范》GB/T 50326—2006编制的项目管理实施规划中，对材料管理等各种资源管理进行了策划，在资源管理计划中建立了相应的资源控制程序。

事件2：施工现场总平面布置设计中包含如下主要内容：（1）材料加工场地布置在场外；（2）现场设置一个出入口，出入口处设置办公用房；（3）场地周边设置3.8m宽环形载重单车道主干道（兼消防车道），并进行硬化，转弯半径10m；（4）在主干道外侧开挖400mm×600mm管沟，将临时供电线缆，临时用水管线置于管沟内，监理工程师认为总平面布置设计存在多处不妥，责令整改后再验收，并要求补充主干道具体硬化方式和裸露场地文明施工防护措施。

事件3：项目经理安排土建技术人员编制了《现场施工用电组织设计》，经相关部门审核、项目技术负责人批准、总监理工程师签认，并组织施工等单位的相关部门和人员共同验收后投入使用。

事件4：本工程推广应用《建筑业10项新技术（2010）》，针对“钢筋及预应力技术”大项，可以在本工程中应用的新技术均制订了详细的推广措施。

事件5：设备安装阶段，发现拟安装在屋面的某空调机组重量超出塔式起重机限载值（额定起重量）约6%。因特殊情况必须使用该塔式起重机进行吊装，经项目技术负责人安全验算后批准用塔式起重机起吊：起吊前先进行试吊，即将空调机组吊离地面30cm后停止提升，现场安排专人进行观察与监护。监理工程师认为施工单位做法不符合安全规定，要求整改，对试吊时的各项检查内容旁站监理。

【问题】

1. 事件1中，除材料管理外，项目资源管理工作还包括哪些内容？除资源控制程序外，资源管理计划还应包括哪些内容？

2. 针对事件2中施工总平面布置设计的不妥之处，分别写出正确做法。施工现场主干道常用硬化方式有哪些？裸露场地的文明施工防护通常有哪些措施？

3. 针对事件3中的不妥之处，分别写出正确做法，临时用电投入使用前，施工单位的哪些部门应参加验收？

4. 事件4中，按照《建筑业10项新技术（2010）》规定，“钢筋及预应力技术”大项中，在本工程中可以推广与应用的新技术都有哪些？

5. 指出事件5中施工单位做法不符合安全规定之处，并说明理由。在试吊时，必须进行哪些检查？

【解题方略】

1. 本题考查的是项目资源管理。类似对内容进行补充题型的考核，其实并无难点，主要在于考生对知识点熟悉掌握，同时，还应注意认真阅读资料，排除所给内容，以免出现重复。注意：《建设工程项目管理规范》GB/T 50326—2006被2017版代替。

2. 本题考查的是施工现场平面布置与文明施工。施工现场总平面布置设计中的不妥与改正如下：

（1）材料加工场地布置在场外不妥，应布置在场内。

（2）现场设置一个出入口，出入口处设置办公用房不妥，宜设置两个以上大门，办公用房宜设在工地入口处。

（3）3.8m宽环形载重单车道主干道（兼消防车道），转弯半径10m不妥，主干道宽度单行道不小于4m，载重车转弯半径不宜小于15m。

（4）在主干道外侧开挖400mm×600mm管沟，将临时供电线缆，临时用水管线置于管沟内不妥，管网一般沿道路布置，供电线路应避免与其他管道设在同一侧，同时支线应引到所有用电设备使用地点。

施工现场必须实行封闭管理，场地四周必须采用封闭围挡，一般路段和市政主要路段的围挡高度应注意区分，前者不得低于1.8m，后者不得低于2.5m。施工现场的主要道路应进行硬化处理，如采取铺设混凝土、碎石等方法。裸露的场地和堆放的土方应采取覆盖、固化或绿化等措施。

3. 本题考查的是施工临时用电管理。

临时用电组织设计的编制条件：临时用电设备在5台及以上或设备总容量在50kW及以上。

临时用电组织设计实施条件：电气工程技术人员编制，相关部门审核，具有法人资格企业的技术负责人批准，现场监理签认。

临时用电工程使用条件：经编制、审核、批准部门和使用单位共同验收合格。

4. 本题考查的是建筑业十项新技术的内容。《建筑业10项新技术（2010）》（2017年住房城乡建设部出台了2016版建筑业10项新技术）包含了地基基础和地下空间工程技术；混凝土技术；钢筋及预应力技术；模板及脚手架技术；钢结构技术；机电安装工程技术；绿色施工技术；防水技术；抗震加固与监测技术；信息化应用技术等10项新技术。考生应理解掌握、区别记忆各项新技术中所包含的子技术。

5. 本题考查的是塔式起重机安全控制要点。特殊情况下必须使用塔式起重机时，必须经过验算，经企业技术负责人批准，且要有专人现场监护。

在起吊荷载达到塔吊额定起重量的90%及以上时，应先将重物吊起离地面20～50cm停止提升，并对起重机的稳定性、制动器的可靠性、重物的平稳性、绑扎的牢固性进行检查。

【参考答案】

1. 事件1中，除材料管理外，项目资源管理工作还包括的内容有：人力资源管理、机械设备管理、技术管理和资金管理。

除资源控制程序外，资源管理计划还应包括的内容有：建立资源管理制度，编制资源使用计划、供应计划和处置计划，规定责任体系。

2. 事件2中，施工总平面图布置中不妥之处及正确做法为：

（1）不妥之处：设置3.8m宽环形载重单车道。

正确做法：主干道宽度单行（兼消防车道）应不小于4m。

（2）不妥之处：载重车转弯半径10m。

正确做法：载重车转弯半径不宜小于15m。

（3）不妥之处：在干道外侧开挖400mm×600mm管沟，将临时供电线缆、临时用水管线埋置于管沟内。

正确做法：临时用电线路应与临时用水管线分开设置。

施工现场主干道硬化方式包括：混凝土硬化，碎石硬化。

裸露场地文明施工防护措施通常包括：覆盖，固化，绿化。

3.（1）事件3中的不妥之处及正确做法。

不妥之处：项目经理安排土建技术人员编制了《现场施工用电组织设计》，经相关部门审核、项目技术负责人批准、总监理工程师签认。

正确做法：临时用电组织设计及变更必须由电气工程技术人员编制，相关部门审核，并经具有法人资格企业的技术负责人批准，现场监理签认后实施。

（2）临时用电投入使用前，施工单位的应参加验收的部门有：编制、审核、批准和使用部门共同参加。

4. 事件4中，按照《建筑业10项新技术（2010）》规定，“钢筋及预应力技术”大项中，在本工程中可以推广与应用的新技术有：高强钢筋应用技术、钢筋焊接网应用技术、大直径钢筋直螺纹连接技术、无粘结预应力技术、有粘结预应力技术、索结构预应力施工技术、建筑用成型钢筋制品加工与配送技术、钢筋机械锚固技术等。

5.（1）事件5中施工单位做法不符合安全规定之处及理由。

不符合安全规定之处：因特殊情况必须使用该塔式起重机进行吊装，经项目技术负责人安全验算后批准用塔式起重机起吊。

理由：特殊情况下必须使用时，必须经过验算，经企业技术负责人批准，且要有专人现场监护。

（2）在试吊时，必须进行的检查有：起重机的稳定性、制动器的可靠性、重物的平稳性、绑扎的牢固性。

实务操作和案例分析题七［2014年真题］

【背景资料】

某办公楼工程，建筑面积45000m^2，地下2层，地上26层，框架—剪力墙结构，设计基础底标高为−9.0m，由主楼和附属用房组成，基坑支护采用复合土钉墙，地质资料显示，该开挖区域为粉质黏土且局部有滞水层，施工过程中发生了下列事件：

事件1：监理工程师在审查《复合土钉墙边坡支护方案》时，对方案中制定的采用钢筋网喷射混凝土面层、混凝土终凝时间不超过4h等构造做法及要求提出了整改完善的要求。

事件2：项目部在编制的“项目环境管理规划”中，提出了包括现场文化建设、保障职工安全等文明施工的工作内容。

事件3：监理工程师在消防工作检查时，发现一只手提式灭火器直接挂在工人宿舍外墙的挂钩上，其顶部离地面的高度为1.6m，食堂设置了独立制作间和冷藏设施，燃气罐放置在通风良好的杂物间。

事件4：在砌体子分部工程验收时，监理工程师发现有个别部位存在墙体裂缝。监理工程师对不影响结构安全的裂缝砌体进行了验收，对可能影响结构安全的裂缝砌体提出了整改要求。

事件5：当地建设主管部门于10月17日对项目进行执法大检查，发现施工总承包单位项目经理为二级注册建造师。为此，当地建设主管部门做出对施工总承包单位进行行政处罚的决定：于10月21日在当地建筑市场诚信信息平台上做了公示；并于10月30日将确认的不良行为记录上报了住房和城乡建设部。

【问题】

1. 事件1中，基坑土钉墙护坡面层的构造还应包括哪些技术要求？

2. 事件2中，现场文明施工还应包含哪些工作内容？

3. 事件3中，有哪些不妥之处并说明正确做法。手提式灭火器还有哪些放置方法？

4. 事件4中，监理工程师的做法是否妥当？对可能影响结构安全的裂缝砌体应如何整改验收？

5. 事件5中，分别指出当地建设主管部门的做法是否妥当？并说明理由。

【解题方略】

1. 本题考查的是土钉墙护坡面层构造要求。该知识点涉及的数值较多，且需要考生进行熟练的掌握。

2. 本题考查的是现场文明施工工作内容。文明施工工作包括：进行现场文化建设；规范场容，保持作业环境整洁卫生；创造有序生产的条件；减少对居民和环境的不利影响。

3. 本题考查的是施工现场消防管理及食堂管理。

为了便于人们对灭火器进行保管和维护，方便扑救人员安全、方便取用，防止潮湿的地面对灭火器性能的影响，便于平时卫生清理。手提式灭火器应设置在挂钩、托架上或消防箱内，其顶部离地面高度应小于1.5m，底部离地面高度不宜小于0.15m。对于环境干燥、条件较好的场所，手提式灭火器也可直接放在地面上。

现场食堂应设置独立的制作间、储藏间，门扇下方应设不低于0.2m的防鼠挡板，配备必要的排风设施和冷藏设施，燃气罐应单独设置存放间，存放间应通风良好并严禁存放其他物品。此处需要特别注意"存放间应通风良好且无杂物"。

4. 本题考查的是砌体子分部工程验收。对有裂缝的砌体应按下列情况进行验收：

（1）对有可能影响结构安全性的砌体裂缝，应由有资质的检测单位检测鉴定，需返修或加固处理的，待返修或加固满足使用要求后进行二次验收；

（2）对不影响结构安全性的砌体裂缝，应予以验收，对明显影响使用功能和观感质量的裂缝，应进行处理。

5. 本题考查的是注册建造师执业工程规模标准及诚信行为记录的发布。单体建筑面积≥30000m^2的公共建筑工程，应由一级注册建造师担任项目经理。该办公楼工程，建筑面积45000m^2，由二级注册建造师担任项目经理不妥。

不良行为记录信息的公布时间为行政处罚决定做出后7d内，根据背景资料可以看出，做出行政处罚的时间至公示时间，即10月17日～10月21日满足要求。

各省、自治区、直辖市建设行政主管部门将确认的不良行为记录在当地发布之日起7d内报住房和城乡建设部。背景资料中给出确认的不良行为记录在当地发布之日为10月21日，所以上报时间最迟为10月28日。

【参考答案】

1. 事件1中，基坑土钉墙护坡面层的构造技术要求还应包括：

（1）面层混凝土强度等级不应低于C20，厚度不宜小于80mm。

（2）钢筋直径为6～10mm，间距为150～250mm，坡面上下段钢筋网搭接长度应大于300mm。

2. 事件2中，现场文明施工还应包含的内容有：规范场容，保持作业环境整洁卫生；创造有序生产的条件；减少对居民和环境的不利影响。

3. 事件3中的不妥之处及正确做法。

（1）不妥之处：手提式灭火器挂在顶部离地面高度为1.6m的挂钩上。

正确做法：应挂在顶部离地面高度小于1.5m，底部离地面高度不宜小于0.15m的挂钩上。

（2）不妥之处：燃气罐放置在通风良好的杂物间。

正确做法：燃气罐应单独设置存放间，存放间应通风良好并严禁存放其他物品。

手提式灭火器的放置方法还包括：设置在托架上、设置在消防箱内、直接放置于地面上。

4. 事件4中，监理工程师的做法妥当。

对可能影响结构安全的裂缝砌体应按以下方法整改验收：对有可能影响结构安全性的砌体裂缝，应由有资质的检测单位检测鉴定，需返修或加固处理的，待返修或加固满足使用要求后进行二次验收。

5. 事件5中，当地建设主管部门做法分析如下：

（1）当地建设主管部门发现施工总承包单位项目经理为二级注册建造师。为此，对施工总承包单位进行行政处罚。此做法妥当。

理由：该办公楼工程，建筑面积为45000m^2，超过30000m^2的公共建筑应由一级注册建造师担任项目经理。

（2）当地建设主管部门于10月21日在当地建筑市场诚信信息平台上做了公示。此做法妥当。

理由：不良行为记录信息的公布时间为行政处罚决定做出后7d内。

（3）当地建设主管部门于10月30日将确认的不良行为记录上报了住房和城乡建设部。此做法不妥。

理由：确认的不良行为记录应在当地发布之日起7d内报住房和城乡建设部，上报时间应在10月28日之前。

实务操作和案例分析题八［2013年真题］

【背景资料】

某教学楼工程，建筑面积1.7万m^2，地下1层，地上6层，檐高25.2m，主体为框架结构，砌筑及抹灰用砂浆采用现场拌制。施工单位进场后，项目经理组织编制了“某教学楼施工组织设计”，经批准后开始施工。在施工过程中，发生了以下事件：

事件1：根据现场条件，厂区内设置了办公区、生活区、木工加工区等生产辅助设施。临时用水进行了设计与计算。

事件2：为了充分体现绿色施工在施工过程中的应用，项目部在临建施工及使用方案中提出了在节能和能源利用方面的技术要点。

事件3：结构施工期间，项目有150人参与施工，项目部组建了10人的义务消防队，楼层内配备了消防立管和消防箱，消防箱内消防水龙带长度达20m；在临时搭建的95m^2钢筋加工棚内，配备了2只10L的灭火器。

事件4：项目总监理工程师提出项目经理部在安全与环境方面管理不到位，要求该企业对职业健康安全管理体系和环境管理体系在本项目的运行进行“诊断”，找出问题所在，帮助项目部提高现场管理水平。

事件5：工程验收前，相关单位对一间240m^2的公共教室选取4个监测点，进行了室内环境污染物浓度的检测，其中两个主要指标的检测数据见表7–2。

主要指标的检测数据表　　表7-2

点位	1	2	3	4
甲醛（mg/m^3）	0.08	0.06	0.05	0.05
氨（mg/m^3）	0.20	0.15	0.15	0.14

【问题】

1. 事件1中，“某教学楼施工组织设计”在计算临时总用水量时，根据用途应考虑哪些方面的用水量？

2. 事件2的临建施工及使用方案中，在节能和能源利用方面可以提出哪些技术要点？

3. 指出事件3中有哪些不妥之处，写出正确方法。

4. 事件4中，该企业为了确保上述体系在本项目的正常运行，应围绕哪些运行活动展开“诊断”？

5. 事件5中，该房间监测点的选取数量是否合理？说明理由。该房间两个主要指标的报告监测值为多少？分别判断该两项检测指标是否合格？

【解题方略】

1. 本题考查的是临时用水量的内容。临时用水量包括：现场施工用水量、施工机械用水量、施工现场生活用水量、生活区生活用水量、消防用水量。

2. 本题考查的是节能与能源利用的技术要点。节能与能源利用的技术要点如下：

（1）制定合理施工能耗指标，提高施工能源利用率。根据当地气候和自然资源条件，充分利用太阳能、地热等可再生能源。

（2）优先使用国家、行业推荐的节能、高效、环保的施工设备和机具。合理安排工序，提高各种机械的使用率和满载率，降低各种设备的单位耗能。优先考虑耗用电能的或其他能耗较少的施工工艺。

（3）临时设施宜采用节能材料，墙体、屋面使用隔热性能好的材料，减少夏天空调、冬天取暖设备的使用时间及耗能量。

（4）临时用电优先选用节能电线和节能灯具，照明设计以满足最低照度为原则，照度不应超过最低照度的20%。合理配置采暖设备、空调、风扇数量，规定使用时间，实行分段分时使用，节约用电。

（5）施工现场分别设定生产、生活、办公和施工设备的用电控制指标，定期进行计量、核算、对比分析，并有预防与纠正措施。

3. 本题考查的是施工现场防火要求。施工现场应建立义务消防队，人数不少于施工总人数的10%。即义务消防队人数≥150×10%≥15人。

消防箱内消防水龙带长度不符合要求，应不小于25m。

施工现场临时木料间、油漆间、木工机具间等，每25m²配备一只灭火器。所以95m²的钢筋加工棚内应该配备4只灭火器。

4. 本题考查的是职业健康安全管理体系与环境管理体系的运行。本题需要运用“建设工程项目管理”的相关内容进行解答，考察了考生对知识的掌握程度以及灵活运用能力。

职业健康安全管理体系与环境管理体系运行是指按照已建立体系的要求实施，其实施的重点包括培训意识和能力，信息交流，文件管理，执行控制程序，监测，不符合、纠正和预防措施，记录等。

5. 本题考查的是民用建筑工程室内环境污染控制管理的有关规定。民用建筑工程验收时，室内环境污染物浓度检测点数应按表7-3设置。

室内环境污染物浓度检测点数设置 表7-3

房间使用面积（m²）	检测点数（个）	房间使用面积（m²）	检测点数（个）
＜50	1	≥500、＜1000	不少于5
≥50、＜100	2	≥1000、＜3000	不少于6
≥100、＜500	不少于3	≥3000	每1000m²不少于3

背景资料中，该公共教室，房间使用面积为240m²，检测点数不应少于3个。故，选取4个监测点合理。

当房间内有2个及以上检测点时，应采用对角线、斜线、梅花状均衡布点，并取各点检测结果的平均值作为该房间的检测值。甲醛、氨监测值计算如下：

甲醛的报告监测值＝（0.08＋0.06＋0.05＋0.05）/4＝0.06mg/m^3。

氨的报告监测值＝（0.20＋0.15＋0.15＋0.14）/4＝0.16mg/m^3。

民用建筑工程根据控制室内环境污染的不同要求，划分为以下两类：

（1）Ⅰ类民用建筑工程：住宅、医院、老年建筑、幼儿园、学校教室等民用建筑工程；

（2）Ⅱ类民用建筑工程：办公楼、商店、旅馆、文化娱乐场所、书店、图书馆、展览馆、体育馆、公共交通等候室、餐厅、理发店等民用建筑工程。

该教学楼工程属于Ⅰ类民用建筑工程。

民用建筑工程室内环境污染物浓度限量检测结果应符合表7-4的规定。

民用建筑工程室内环境污染物浓度限量 **表7-4**

污染物	Ⅰ类民用建筑工程	Ⅱ类民用建筑工程	污染物	Ⅰ类民用建筑工程	Ⅱ类民用建筑工程
氡（Bq/m^3）	≤200	≤400	氨（mg/m^3）	≤0.2	≤0.2
甲醛（mg/m^3）	≤0.08	≤0.1	TVOC（mg/m^3）	≤0.5	≤0.6
苯（mg/m^3）	≤0.09	≤0.09			

经计算甲醛的报告监测值＝0.06mg/m^3≤0.08mg/m^3，合格。

氨的报告监测值＝0.16mg/m^3≤0.2mg/m^3，合格。

【参考答案】

1. 根据用途应考虑以下方面的用水量：现场施工用水量、施工机械用水量、施工现场生活用水量、生活区生活用水量、消防用水量。

2. 事件2的临建施工及使用方案中，在节能和能源利用方面可以提出的技术要点：临时设施宜采用节能材料，墙体、屋面使用隔热性能好的材料，减少夏天空调、冬天取暖设备的使用时间及耗能量。

3. 事件3中的不妥之处及正确方法。

（1）不妥之处：项目部组建了10人的义务消防队。

正确方法：义务消防队人数不少于施工总人数的10%，项目部应组建至少15人的义务消防队。

（2）不妥之处：消防箱内消防水龙带长度达20m。

正确方法：消防箱内消防水管长度不小于25m。

（3）不妥之处：钢筋加工棚内配备2只10L灭火器。

正确方法：应该是每25m^{2}配备1只灭火器，95m^{2}应该配备4只灭火器。

4. 确保上述体系在本项目的正常运行，应该围绕培训意识和能力，信息交流，文件管理，执行控制程序，监测，不符合、纠正和预防控制，记录控制等活动展开"诊断"。

5. 事件5中，该房间监测点的选取数量合理。理由：房屋建筑面积大于等于100m^{2}小于500m^{2}时，监测点数不少于3处。

甲醛的报告监测值＝（0.08＋0.06＋0.05＋0.05）/4=0.06mg/m^3。

氨的报告监测值＝（0.20＋0.15＋0.15＋0.14）/4=0.16mg/m^3。

该两项检测指标均合格。

理由：学校教室属于Ⅰ类建筑。Ⅰ类建筑的甲醛浓度应该低于0.08mg/m^3，氨浓度应该低于0.2mg/m^3，甲醛和氨的报告监测值均符合该规定。

实务操作和案例分析题九［2012年真题］

【背景资料】

某施工单位承接了两栋住宅楼，总建筑面积65000m^2，均为筏板基础（上反梁结构），地下2层，地上30层，地下结构连通，上部为两个独立单体一字设置，设计形式一致，地下室外墙南北向距离40m，东西向距离120m。施工过程中发生了以下事件：

事件1：项目经理部首先安排了测量人员进行平面控制测量定位，很快提交了测量成果，为工程施工奠定了基础。

事件2：项目经理部编制防火设施平面布置图后，立即交由施工人员按此进行施工。在基坑上口周边四个转角处分别设置了临时消火栓，在60m^{2}的木工棚内配备了2只灭火器及相关消防辅助工具。消防检查时对此提出了整改意见。

事件3：基坑及土方施工时设置有降水井。项目经理部针对本工程具体情况制订了《×××工程绿色施工方案》，对"四节一环保"提出了具体技术措施，实施中取得了良好的效果。

事件4：结构施工至12层后，项目经理部按计划设置了外用电梯，相关部门根据《建筑施工安全检查标准》JGJ 59—1999中《外用电梯检查评分表》的内容逐次进行检查，并通过验收准许使用。

事件5：房心回填土施工时正值雨期，土源紧缺，工期较紧，项目经理部在回填后立即浇筑地面混凝土面层。在工程竣工初验时，该部位地面局部出现下沉，影响使用功能，监理工程师要求项目经理部整改。

【问题】

1. 事件1中，测量人员从进场测设到形成细部放样的平面控制测量成果需要经过哪些主要步骤？

2. 事件2中存在哪些不妥之处？并分别给出正确做法。

3. 事件3中，结合本工程实际情况，《×××工程绿色施工方案》在节水方面应提出哪些主要技术要点？

4. 事件4中，《外用电梯检查评分表》检查项目包括哪些内容？

5. 分析事件5中导致地面局部下沉的原因有哪些？在利用原填方土料的前提下，给出处理方案中的主要施工步骤。

【解题方略】

1. 本题考查的是平面控制测量的基本工作。平面控制测量必须遵循"由整体到局部"的组织实施原则，以避免放样误差的积累。大中型的施工项目，应先建立场区控制网，再分别建立建筑物施工控制网，以建筑物平面控制网的控制点为基础，测设建筑物的主轴线，根据主轴线再进行建筑物的细部放样；规模小或精度高的独立项目或单位工程，可通过市政水准测控控制点直接布设建筑物施工控制网。

2. 本题考查的是施工现场防火管理。施工组织设计应含有消防安全方案及防火设施布置平面图，并按照有关规定报公安监督机关审批或备案。所以防火设施平面布置图编制完成后，立即交由施工人员按此进行施工的做法是不妥当的。

消火栓的设置应注意“两个消火栓间距不应大于120m；距拟建房屋5～25m，距路边不大于2m”。

临时木料间、油漆间、木工机具间等，每25m^{2}配备一只灭火器。60m^{2}的木工棚内应配备3只灭火器。

3. 本题考查的是节水与水资源利用的技术要点。此类题主要是考查考生对知识点的掌握程度及灵活运用能力，本题也可联系工程实际进行解答。

4. 本题考查的是安全检查项目。根据《建筑施工安全检查标准》JGJ 59—1999的规定，外用电梯（人货两用电梯）检查评分表是对施工现场外用电梯的安全状况及使用管理的评价。检查的内容应包括：安全装置、安全防护、司机、荷载、安装与拆卸、安装验收、架体稳定、联络信号、电气安全和避雷10项内容。

《建筑施工安全检查标准》JGJ 59—1999已被《建筑施工安全检查标准》JGJ 59—2011替代。

5. 本题考查的是建筑施工质量问题的原因与治理。地面质量问题与土方回填有一定的关联，本题可从土方回填入手，同时联系工程实际进行解答。

回填土经夯实或碾压后，其密实度达不到设计要求，在荷载作用下变形增大，强度和稳定性下降。导致此现象的原因如下：

（1）土的含水率过大或过小，因而达不到最优含水率下的密实度要求。

（2）填方土料不符合要求。

（3）碾压或夯实机具能量不够，达不到影响深度要求，使土的密实度降低。

针对上述原因可采取的治理措施有：

（1）将不符合要求的土料挖出换土，或掺入石灰、碎石等夯实加固；

（2）因含水量过大而达不到密实度的土层，可采用翻松晾晒、风干，或均匀掺入干土等吸水材料，重新夯实；

（3）因含水量小或碾压机能量过小时，可采用增加夯实遍数，或使用大功率压实机碾压等措施。

土方回填应从场地最低处开始，由下而上整个宽度分层铺填。每层虚铺厚度应根据夯实机械确定。若回填土每层铺填厚度过大，回填后立即浇筑地面混凝土面层均可导致地面下沉。所以，应夯实后间歇一段时间待回填土稳定后，再次夯实。并经监理工程师检查合格后，重新浇筑地面混凝土面层。

【参考答案】

1. 事件1中，测量人员从进场测设到形成细部放样的平面控制测量成果需要经过的主要步骤：先建立场区控制网，再分别建立建筑物施工控制网，以平面控制网的控制点为基础，测设建筑物的主轴线，根据主轴线再进行建筑物的细部放样。

2. 事件2中存在的不妥之处及正确做法如下：

（1）不妥之处：项目经理部编制防火设施平面布置图后，立即交由施工人员按此进行施工。

正确做法：编制防火设施平面布置图后应按照有关规定报公安监督机关审批或备案。

（2）不妥之处：在基坑上口周边四个转角处分别设置了临时消火栓，东西向距离120m，加上基坑工作面、支护等距离，临时消火栓间距超过东西向距离120m。

正确做法：东西向还应增加1个临时消火栓；消火栓间距不大于120m，距拟建房屋不少于5m且不大于25m，距路边不大于2m。

（3）不妥之处：60m^{2}的木工棚内配备了2只灭火器。

正确做法：由于临时木料间、油漆间、木工机具间等每25m^{2}配备1只灭火器，因此应配备3只灭火器。

3. 事件3中，结合本工程实际情况，《×××工程绿色施工方案》在节水方面应提出的主要技术要点：

（1）施工中采用先进的节水施工工艺；

（2）现场搅拌用水、养护用水应采取有效的节水措施，严禁无措施浇水养护混凝土。现场机具、设备、车辆冲洗用水必须设立循环用水装置；

（3）项目临时用水应使用节水型产品，对生活用水与工程用水确定用水定额指标，并分别计量管理；

（4）现场机具、设备、车辆冲洗、喷洒路面、绿化浇灌等用水，优先采用非传统水源，尽量不使用市政自来水。力争施工中非传统水源和循环水的再利用量大于30%；

（5）保护地下水环境。采用隔水性能好的边坡支护技术。在缺水地区或地下水位持续下降的地区，基坑降水尽可能少地抽取地下水；当基坑开挖抽水量大于50万m^{3}时，应进行地下水回灌，并避免地下水被污染。

4. 事件4中，“外用电梯检查评分表”检查项目包括的内容：安全装置、安全防护、司机、荷载、安装与拆卸、安装验收、架体稳定、联络信号、电气安全和避雷10项内容。

5. 导致地面局部下沉的原因有：

（1）土的含水率过大或过小，因而达不到最优含水率下的密实要求。

（2）填方土料不符合要求。

（3）碾压或夯实机具能量不够，达不到影响深度要求，使土的密实度降低。

（4）回填土每层铺填厚度过大。

（5）回填后，立即浇筑地面混凝土面层。

处理方案中的主要施工步骤：

（1）凿开地面混凝土面层。

（2）因含水量过大而达不到密实度的土层，可采用翻松晾晒、风干或均匀掺入干土等吸水材料，重新夯实。

（3）分层夯实，采用增加夯实遍数或使用大功率压实机碾压等措施。

（4）夯实后间歇一段时间待回填土稳定后，再次夯实。

（5）监理工程师检查合格。

（6）重新浇筑地面混凝土面层。

（7）加强地面养护和成品保护。

典型习题

实务操作和案例分析题一

【背景资料】

某住宅楼工程，地下2层，地上20层，建筑面积2.5万m^2，基坑开挖深度7.6m，地上

2层以上为装配式混凝土结构，施工单位中标后组建项目部组织施工。

基坑施工前，施工单位编制了《××工程基坑支护方案》，并组织召开了专家论证会，参建各方项目负责人及施工单位项目技术负责人，生产经理、部分工长参加了会议，会议期间，总监理工程师发现施工单位没有按规定要求的人员参会，要求暂停专家论证会。

预制墙板吊装前，工长对施工班组进行了预制墙板吊装工艺流程交底，内容包括从基层处理测量到摘钩、堵缝、灌浆全过程，最初吊装的两块预制墙板间留有“一”形后浇节点，该后浇节点和叠合楼层板混凝土一起浇筑。

公司相关部门对该项目日常管理检查时发现：进入楼层的临时消防竖管直径75mm，隔层设置一个出水口，平时作为施工用取水点；二级动火作业申请表由工长填写，生产经理审查批准；现场污水排放手续不齐，不符合相关规定；上述一些问题要求项目部整改。

根据合同要求，工程城建档案归档资料由项目部负责整理后提交建设单位，项目部在整理归档文件时，使用了部分复印件，并对重要的变更部位用红色墨水修改，同时对纸质档案中没有记录的内容在提交的电子文件中给予补充，在档案验收时，验收单位提出了整改意见。

【问题】

1. 施工单位参加专家论证会议人员还应有哪些？

2. 预制墙板吊装工艺流程还有哪些主要工序？后浇节点还有哪些形式？

3. 项目日常管理行为有哪些不妥之处？并说明正确做法。如何办理现场污水排放相关手续？

4. 指出项目部在整理归档文件时的不妥之处，并说明正确做法。

【参考答案】

1. 施工单位参加专家论证会议的人员还应包括：施工单位分管安全的负责人、技术负责人、项目负责人、项目技术负责人、专项方案编制人员、项目专职安全生产管理人员。

2.（1）预制墙板吊装工艺流程的主要工序还应包括：预制墙体起吊、下层竖向筋对孔、预制墙体就位、安装临时支撑、预制墙体校正、临时支撑固定。

（2）预制墙体间后浇节点主要还有：“L”形、“T”形。

3.（1）不妥之处一：消防竖管隔层设置一个出水口。

正确做法：高度超过24m的建筑工程，安装临时消防竖管每层必须设消火栓口，并配备足够的水龙带。

不妥之处二：出水口平时作为施工用取水点。

正确做法：严禁消防竖管作为施工用水管线。

不妥之处三：二级动火作业申请表由工长填写，生产经理审查批准。

正确做法：二级动火作业由项目责任工程师组织拟定防火安全技术措施，填写动火申请表，报项目安全管理部门和项目负责人审查批准后，方可动火。

（2）手续办理要求：施工现场污水排放要与所在地县级以上人民政府市政管理部门签署污水排放许可协议、申领《临时排水许可证》。

4. 不妥之处一：项目部在整理归档文件时，使用了部分复印件。

正确做法：归档的工程文件应为原件，内容必须真实、准确，与工程实际相符合。

不妥之处二：对重要的变更部位用红色墨水修改。

正确做法：工程文件应采用碳素墨水、蓝黑墨水等耐久性强的书写材料，不得使用红色墨水等易褪色的书写材料。

不妥之处三：对纸质档案中没有记录的内容在提交的电子文件中给予补充。

正确做法：归档的建设工程电子文件的内容必须与其纸质档案一致。

实务操作和案例分析题二

【背景资料】

某高校新建宿舍楼工程，地下1层，地上6层，钢筋混凝土框架结构。采用悬臂式钻孔灌注桩排桩作为基坑支护结构，施工总承包单位按规定在土方开挖过程中实施桩顶位移监测，并设定了检测预警值。

施工过程中，发生了如下事件：

事件1：项目经理安排安全员制作了安全警示标志牌，并设置于存在风险的重要位置，监理工程师在巡查施工现场时，发现仅设置了警告类标志，要求补充齐全其他类型警示标志牌。

事件2：土方开挖时，在支护桩顶设置了900mm高的基坑临边安全防护栏杆；在紧靠栏杆的地面上堆放了砌块、钢筋等建筑材料。挖土过程中，发现支护桩顶向坑内发生的位移超过预警值，现场立即停止挖土作业，并在坑壁增设锚杆以控制桩顶位移。

事件3：在主体结构施工前，与主体结构施工密切相关的某国家标准发生了重大修改并开始实施，现场监理机构要求修改施工组织设计，重新审批后才能组织实施。

事件4：由于学校开学在即，建设单位要求施工总承包单位在完成室内装饰装修工程后立即进行室内环境质量验收，并邀请了具有相应检测资质的机构到现场进行检测，施工总承包单位对此做法提出异议。

【问题】

1. 事件1中，除了警告标志外，施工现场通常还应设置哪些类型的安全警示标志？

2. 分别指出事件2中错误之处，并写出正确做法。针对该事件中的桩顶位移问题，还可采取哪些应急措施？

3. 除了事件3中国家标准发生重大修改的情况外，还有哪些情况发生后也需要修改施工组织设计并重新审批？

4. 事件4中，施工总承包单位提出异议是否合理？并说明理由。根据《民用建筑工程室内环境污染控制标准》GB 50325—2020，室内环境污染物浓度检测应包括哪些检测项目？

【参考答案】

1. 事件1中，除了警告标志外，施工现场通常还应设置的安全警示标志：禁止标志、指令标志、提示标志。

2. 事件2中错误之处及正确做法如下。

（1）错误之处：设置了900mm高的基坑临边安全防护栏杆。

正确做法：应设置1.0～1.2m高的基坑临时边安全防护栏杆，挂安全警示标志牌，夜间还应设红灯示警和红灯照明。

（2）错误之处：在紧靠栏杆的地面上堆放了砌块、钢筋等建筑材料。

正确做法：基坑边缘堆置土方和建筑材料，或沿挖方边缘移动运输工具和机械，应距基坑上部边缘不少于2m，堆置高度不应超过1.5m。在垂直的坑壁边，此安全距离还应适当加大。

针对该事件中的桩顶位移问题，还可采取的应急措施：采用支护墙背后卸载、土方回填、坑内加设支撑等方法及时处理。

3. 除了事件3中国家标准发生重大修改的情况外，还需要修改施工组织设计并重新审批的情形：

（1）工程设计有重大修改；

（2）有关法律、法规、规范和标准实施、修订和废止；

（3）主要施工方法有重大调整；

（4）主要施工资源配置有重大调整；

（5）施工环境发生重大改变。

4. 事件4中，施工总承包单位提出的异议合理。

理由：根据规范规定，民用建筑工程及室内装修工程的室内环境质量验收，应在工程完工至少7d以后、工程交付使用前进行。

根据《民用建筑工程室内环境污染控制标准》GB 50325—2020，室内环境污染物浓度检测应包括的检测项目：氡、甲醛、苯、甲苯、二甲苯、氨、总挥发性有机化合物（TVOC）浓度等检测项目。

实务操作和案例分析题三

【背景资料】

某建筑工程，地下1层，地上20层，总建筑面积为28000m^2，首层建筑面积为2300m^2，建筑红线内占地面积为6000m^2。该工程位于闹市中心，现场场地狭小。

施工单位为了降低成本，现场只设置了1条3m宽的施工道路兼作消防通道。现场平面呈长方形，在其斜对角布置了2个消火栓，两者之间相距86m，其中一个距拟建建筑3m，另一个距路边3m。

为了迎接上级单位的检查，施工单位临时在工地大门入口的临时围墙上悬挂“五牌一图”，检查小组离开后，项目经理立即派人将之拆下运至工地仓库保管，以备再查时用。

【问题】

1. 该工程设置的消防通道是否合理？并说明理由。

2. 该工程设置的临时消火栓是否合理？并说明理由。

3. 该工程还需考虑哪些类型的临时用水？在该工程临时用水总量中，起决定性作用的是哪种类型的临时用水？

4. 该工程对现场“五牌一图”的管理是否合理？并说明理由。

【参考答案】

1. 该工程设置的消防通道不合理。

理由：现场应设置专门的消防通道，而不能与施工道路共用，且路面宽度不应小于4m。

2. 该工程设置的临时消火栓不合理。

理由：室外临时消火栓应沿消防通道均匀布置，且数量依据消火栓给水系统用水量确定。距离拟建建筑物不宜小于5m，但不大于25m，距离路边不宜大于2m。在此范围内的市政消火栓可计入室外消火栓的数量。

3. 该工程还需考虑的临时用水类型有生产用水、机械用水、生活用水、消防用水。

在该工程临时用水总量中，起决定性作用的临时用水是消防用水。

4. 该工程对现场“五牌一图”的管理不合理。

理由：施工现场管理的总体要求中规定，应在施工现场入口明显处设置“五牌一图”。

实务操作和案例分析题四

【背景资料】

某工程建筑面积14000m²，地处繁华城区。东、南两面紧邻市区主要路段，西、北两面紧靠居民小区一般路段。在项目实施过程中发生如下事件：

事件1：对现场平面布置进行规划，并绘制了施工总平面图。

事件2：为控制成本，现场围墙分段设计，实施全封闭式管理。即东、南两面紧邻市区主要路段设计为1.8m高砖围墙，并按市容管理要求进行美化；西、北两面紧靠居民小区一般路段设计为1.8m高普通钢围挡。

事件3：为宣传企业形象，总承包单位在现场办公室前空旷场地树立了悬挂企业旗帜的旗杆，旗杆与基座预埋件焊接连接。

事件4：为确保施工安全，总承包单位委派1名经验丰富的同志到项目担任安全总监。项目经理部建立了施工安全管理机构，设置了以安全总监为第一责任人的项目安全管理领导小组。在工程开工前，安全总监向项目有关人员进行了安全技术交底。专业分包单位进场后，编制了相应的施工安全技术措施，报批完毕后交项目经理部安全部门备案。

【问题】

1. 施工总平面图通常应包含哪些内容（至少列出四项）？

2. 分别说明现场砖围墙和普通钢围挡设计高度是否妥当，如有不妥，请给出符合要求的最低设计高度。

3. 事件3中，旗杆与基座预埋件焊接是否需要开动火证？若需要，请说明动火等级并给出相应的审批程序。

4. 事件4中存在哪些不妥，并分别给出正确做法。

【参考答案】

1. 施工总平面图的内容包括：

（1）项目施工用地范围内的地形状况；

（2）全部拟建建（构）筑物和其他基础设施的位置；

（3）项目施工用地范围内的加工、运输、存储、供电、供水供热、排水排污设施以及临时施工道路和办公、生活用房；

（4）施工现场必备的安全、消防、保卫和环保设施；

（5）相邻的地上、地下既有建（构）筑物及相关环境。

2. 现场砖围墙设计高度不妥当。符合要求的最低设计高度为2.5m。

普通钢围挡设计高度妥当。

3. 事件3中，旗杆与基座预埋件焊接需要开动火证。

动火等级为三级动火。相应的审批程序：由所在班组填写动火申请表，经项目责任工程师和安全管理部门审查批准后，方可动火。

4. 事件4中存在的不妥及正确做法。

（1）不妥之处：项目经理部设置了以安全总监为第一责任人的项目安全管理领导小组。

正确做法：应设置以项目经理为第一责任人的项目安全管理领导小组。

（2）不妥之处：工程开工前，安全总监向项目有关人员进行了安全技术交底。

正确做法：工程开工前，应由项目经理部的技术人员向项目有关人员进行安全技术交底。

（3）不妥之处：专业分包单位编制的施工安全技术措施，报批完毕后交项目经理部安全部门备案。

正确做法：专业分包单位编制的施工安全技术措施，报批完毕后交项目经理部技术部门备案。

实务操作和案例分析题五

【背景资料】

某市中心区新建一座商业中心，建筑面积26000m^2，地下2层，地上16层，1～3层有裙房，结构形式为钢筋混凝土框架结构，柱网尺寸为8.4m×7.2m，其中2层南侧有通长悬挑露台，悬挑长度为3m。施工现场内有一条10kV高压线从场区东侧穿过，由于该10kV高压线承担周边小区供电任务，在商业中心工程施工期间不能改线迁移。某施工总承包单位承接了该商业中心工程的施工总承包任务。该施工总承包单位进场后，立即着手进行施工现场平面布置：

（1）在临市区主干道的南侧采用1.6m高的砖砌围墙作围挡。

（2）为节约成本，施工总承包单位决定直接利用原土便道作为施工现场主要道路。

（3）为满足模板加工的需要，搭设了一间50m^{2}的木工加工间，并配置了一只灭火器。

（4）受场地限制在工地北侧布置塔式起重机一台，高压线处于塔式起重机覆盖范围以内。

主体结构施工阶段，为赶在雨期来临之前完成基槽回填土任务，施工总承包单位在露台同条件混凝土试块抗压强度达到设计强度的80%时，拆除了露台下模板支撑。主体结构施工完毕后，发现2层露台根部出现通长裂缝，经设计单位和相关检测鉴定单位认定，该裂缝严重影响到露台的结构安全，必须进行处理，该事故造成直接经济损失8万元。

【问题】

1. 指出施工总承包单位现场平面布置（1）～（3）中的不妥之处，并说明正确做法。

2. 在高压线处于塔式起重机覆盖范围内的情况下，施工总承包单位应如何保证塔式起重机运行安全？

3. 完成表7-5中*a*、*b*、*c*的内容。

现浇混凝土结构底模及支架拆除时的混凝土强度要求 表7-5

构件类型	构件跨度（m）	达到设计的混凝土立方体抗压强度标准值的百分率（%）
梁	7.2	*a*
	8.4	*b*
悬挑露台	—	*c*

【参考答案】

1. 施工总承包单位现场平面布置（1）～（3）中的不妥之处及其正确做法如下：

（1）不妥之处：在邻市区主干道的南侧采用1.6m高的砖砌围墙作围挡。

正确做法：施工现场必须实施封闭管理，现场出入口应设门卫室，场地四周必须采用封闭围挡，围挡要坚固、整洁、美观，并沿场地四周连续设置。一般路段的围挡高度不得低于1.8m，市区主要路段的围挡高度不得低于2.5m。

（2）不妥之处：施工总承包单位决定直接利用原土便道作为施工现场主要道路。

正确做法：施工现场的主要道路必须进行硬化处理，土方应集中堆放。

（3）不妥之处：一间$50m^2$的木工加工间配置了一只灭火器。

正确做法：临时木料间、油漆间、木工机具间等，每$25m^2$应配置一个种类合适的灭火器；油库、危险品仓库应配备足够数量、种类的灭火器。至少应配置两只灭火器。

2. 在高压线处于塔式起重机覆盖范围内的情况下，施工总承包单位应在塔下设防护架，并限制塔式起重机的旋转范围。

3. a为75；b为100；c为100。

实务操作和案例分析题六

【背景资料】

某工程基坑深8m，支护采用桩锚体系，桩数共计200根，基础采用桩筏形式，桩数共计400根，毗邻基坑东侧12m处有既有密集居民区，居民区和基坑之间的道路下1.8m处埋设有市政管道。项目实施过程中，发生如下事件：

事件1：在基坑施工前，施工总承包单位要求专业分包单位组织召开深基坑专项施工方案专家论证会，本工程勘察单位项目技术负责人作为专家之一，对专项方案提出了不少合理化建议。

事件2：工程地质条件复杂，设计要求对支护结构和周围环境进行监测，对工程桩采用不少于总数1%的静载荷试验方法进行承载力检验。

事件3：基坑施工过程中，因为工期较紧，专业分包单位夜间连续施工。施工机械噪声较大，附近居民意见很大，到有关部门投诉，有关部门责成总承包单位严格遵守文明施工作业时间段规定，现场噪声不得超过国家标准《建筑施工场界环境噪声排放标准》GB 12523—2011的规定。

【问题】

1. 事件1中存在哪些不妥？并分别说明理由。

2. 事件2中，工程支护结构和周围环境监测分别包含哪些内容？最少需多少根桩做静载荷试验？

3. 根据《建筑施工场界环境噪声排放标准》GB 12523—2011的规定，昼间和夜间施工噪声限值分别是多少？

4. 根据文明施工的要求，在居民密集区进行强噪声施工，作业时间段有什么具体规定？特殊情况需要昼夜连续施工，需做好哪些工作？

【参考答案】

1. 事件1中的不妥之处及理由如下：

（1）施工总承包单位要求专业分包单位组织召开专项施工方案专家论证会不妥。

理由：专项施工方案的专家论证会应由施工总承包单位组织召开。

（2）勘察单位技术负责人作为专家不妥。

理由：本项目参建各方的人员不得以专家身份参加专家论证会。

2. 事件2中，工程支护结构监测应包含的内容：（1）对围护墙侧压力、弯曲应力和变形的监测；（2）对支撑（锚杆）轴力、弯曲应力的监测；（3）对腰梁轴力、弯曲应力的监测；（4）对立柱沉降、抬起的监测等。

事件2中，周围环境监测应包含的内容：（1）坑外地形的变形监测；（2）居民楼的沉降和倾斜监测；（3）市政管道的沉降和位移监测等。

最少需4根桩做静载荷试验。

3. 根据《建筑施工场界环境噪声排放标准》GB 12523—2011的规定，昼间施工噪声限值为70dB（A），夜间噪声限值为55dB（A）。

4. 根据文明施工的要求，在居民密集区进行强噪声施工，作业时间段的具体规定：晚间作业时间不超过22时，早晨作业时间不早于6时。

特殊情况需要昼夜连续施工，需要做好的工作：应尽量采取降噪措施，并会同建设单位做好周围居民的工作，同时报工地所在地环保部门备案后方可施工。

实务操作和案例分析题七

【背景资料】

某新建商用群体建设项目，地下2层，地上8层，现浇钢筋混凝土框架结构，桩筏基础，建筑面积88000m^2。某施工单位中标后组建项目部进场施工，在项目现场搭设了临时办公室、各类加工车间、库房、食堂和宿舍等临时设施；并根据场地实际情况，在现场临时设施区域内设置了环形消防通道、消火栓、消防供水池等消防设施。

施工单位在每月例行的安全生产与文明施工巡查中，对照《建筑施工安全检查标准》JGJ 59—2011中“文明施工检查评分表”的保证项目逐一进行检查；经统计，现场生产区临时设施总面积超过了1200m^2，检查组认为现场临时设施区域内消防设施配置不齐全，要求项目部整改。

针对地下室200mm厚的无梁楼盖，项目部编制了模板及其支撑架专项施工方案。方案中采用扣件式钢管支撑架体系，支撑架立杆纵横向间距均为1600mm，扫地杆距地面约150mm，每步设置纵横向水平杆，步距为1500mm，立杆伸出顶层水平杆的长度控制在150～300mm，顶托螺杆插入立杆的长度不小于150mm、伸出立杆的长度控制在500mm以内。

在装饰装修阶段，项目部使用钢管和扣件临时搭设了一个移动式操作平台用于顶棚装饰装修作业。该操作平台的台面面积8.64m^2，台面距楼地面高4.6m。

【问题】

1. 按照“文明施工检查评分表”的保证项目检查时，除现场办公和住宿之外，检查的保证项目还应有哪些？

2. 针对本项目生产区临时设施总面积情况，在生产区临时设施区域内还应增设哪些消防器材或设施？

3. 指出本项目模板及其支撑架专项施工方案中的不妥之处，并分别写出正确做法。

4. 现场搭设的移动式操作平台的台面面积、台面高度是否符合规定？现场移动式操作平台作业安全控制要点有哪些？

【参考答案】

1. 文明施工检查评定保证项目除现场办公和住宿外，还应包括：现场围挡、封闭管理、施工场地、材料管理、现场防火。

2. 还应增设至少24个10L的灭火器，以及专用的消防桶、消防锹、消防钩、盛水桶（池）等器材。

3.（1）不妥之处：支撑架立杆纵横向间距均为1600mm；

正确做法：立杆的纵、横向间距应满足设计要求，立杆的步距不应大于1.8m；顶层立杆步距应适当减小，且不应大于1.5m。

（2）不妥之处：顶托螺杆伸出立杆的长度控制在500mm以内；

正确做法：可调托撑螺杆伸出长度应控制在300mm以内，且应满足可调顶托伸出顶层水平杆的长度不大于500mm。

4.（1）现场搭设的移动式操作平台的台面面积和台面高度均符合规定。

（2）现场移动式操作平台作业安全控制要点有：移动式操作平台台面不得超过$10m^2$，高度不得超过5m。台面脚手板要铺满钉牢，台面四周设置防护栏杆；平台移动时，作业人员必须下到地面，不允许带人移动平台。操作平台上要严格控制荷载。应在平台上标明操作人员和物料的总重量，使用过程中不允许超过设计的容许荷载。

实务操作和案例分析题八

【背景资料】

某办公楼工程，建筑面积$153000m^2$，地下2层，地上30层，建筑物总高度136.6m，地下钢筋混凝土结构，地上型钢混凝土组合结构，基础埋深8.4m。

施工单位项目经理主持编制了项目管理实施规划，包括工程概况、组织方案、技术方案、风险管理计划、项目沟通管理计划、项目收尾管理计划、项目现场平面布置图、项目目标控制措施、技术经济指标等十六项内容。风险管理计划中将基坑土方开挖施工作为风险管理的重点之一，评估其施工时发生基坑坍塌的概率为中等，且风险发生后将造成重大损失。为此，项目经理部组织建立了风险管理体系，指派项目技术部门主管风险管理工作。

项目经理指派项目技术负责人组织编制了项目沟通计划。该计划中明确项目经理部与内部作业层之间依据“项目管理目标责任书”进行沟通和协调；外部沟通可采用电话、传真、协商会等方式进行；当出现矛盾和冲突时，应借助政府、社会、中介机构等各种力量来解决问题。

工程进入地上结构施工阶段，现场晚上11点后不再进行土建作业，但安排了钢结构焊接连续作业。由于受城市交通管制，运输材料、构件的车辆均在凌晨3～6点之间进出现场。项目经理部未办理夜间施工许可证。附近居民投诉：夜间噪声过大、光线刺眼，且不知晓当日施工安排。项目经理派安全员接待了来访人员。之后，项目经理部向政府环境保护部门进行了申报登记，并委托某专业公司进行了噪声检测。

项目收尾阶段，项目经理部依据项目收尾管理计划，开展各项工作。

【问题】

1. 项目管理实施规划还应包括哪些内容？（至少列出三项）

2. 指出上述项目沟通管理计划中的不妥之处，说明正确做法。外部沟通还有哪些常见方式？

3. 结构施工阶段昼间和夜间的场界噪声限值分别为多少？针对本工程夜间施工扰民事件，写出项目经理部应采取的正确做法。

4. 项目收尾管理主要包括哪些方面的管理工作？

【参考答案】

1. 项目管理实施规划还应包括的内容：总体工作计划、进度计划、质量计划、成本计划、资源需求计划、信息管理计划。

2.（1）项目沟通管理计划中的不妥之处与正确做法如下：

① 不妥之处：项目经理与内部作业层之间依据“项目管理目标责任书”进行沟通和协调。

正确做法：项目内部沟通应依据项目沟通计划、规章制度、项目管理目标责任书、控制目标等进行。

② 不妥之处：当出现矛盾或冲突时借助政府、社会、中介机构等各种力量来解决。

正确做法：当出现矛盾或冲突时，采用协商、让步、缓和、强制和退出等方法，使项目的相关方了解项目计划，明确项目目标，并搞好变更管理。

（2）外部沟通的常见方式还有：联合检查、宣传媒体和项目进展报告等。

3.（1）结构施工阶段昼间和夜间的场界噪声限值分别为70dB（A）与55dB（A）。

（2）针对本工程夜间施工扰民事件，项目经理部应采取的正确做法：办理夜间施工许可证；应公告附近社区居民；给受影响的居民予以适当的精神补偿；尽量采取降低施工噪声措施。

4. 项目收尾管理主要包括的管理工作：竣工收尾、验收、结算、决算、回访保修、管理考核评价等。